Intuitionistic Fuzzy Time Series Analysis

直觉模糊时间序列分析

范晓诗　王亚男　张雪超　雷　阳　著

U0214987

清华大学出版社

北京

内 容 简 介

直觉模糊时间序列是人工智能中模糊逻辑研究的重要方向,本书是根据作者多年的研究成果,结合经典集合论、信息论、模糊集与直觉模糊集、时间序列分析及机器学习等理论,形成的一种交叉融合的直觉模糊时间序列分析理论。全书系统地介绍了直觉模糊时间序列分析理论的产生和发展,及其在智能信息处理和网络信息安全等领域的应用。

本书可供计算机、自动化、电子信息、管理、控制、系统工程等学科专业的师生参考,也可作为智能信息融合、数据分析、智能决策等领域的从业人员在工程实践中的参考用书。

图书在版编目(CIP)数据

直觉模糊时间序列分析/范晓诗等著. —北京:清华大学出版社,2021.6(2021.12重印)
ISBN 978-7-302-56629-8

Ⅰ. ①直… Ⅱ. ①范… Ⅲ. ①时间序列分析 Ⅳ. ①O211.61

中国版本图书馆 CIP 数据核字(2020)第 194261 号

责任编辑:戚 亚
封面设计:傅瑞学
责任校对:刘玉霞
责任印制:宋 林

出版发行:清华大学出版社
　　　　　网　　址:http://www.tup.com.cn,http://www.wqbook.com
　　　　　地　　址:北京清华大学学研大厦 A 座　　　　邮　　编:100084
　　　　　社 总 机:010-62770175　　　　　　　　　　邮　　购:010-62786544
　　　　　投稿与读者服务:010-62776969,c-service@tup.tsinghua.edu.cn
　　　　　质量反馈:010-62772015,zhiliang@tup.tsinghua.edu.cn
印 装 者:天津鑫丰华印务有限公司
经　　销:全国新华书店
开　　本:170mm×240mm　　印　张:14.5　　插　页:7　　字　数:305 千字
版　　次:2021 年 6 月第 1 版　　　　　　　　　　印　次:2021 年 12 月第 2 次印刷
定　　价:95.00 元

产品编号:085756-01

前　言
PREFACE

　　模糊理论是人工智能领域的一个重要分支,直觉模糊集理论作为模糊理论的完善和拓展,自提出之日起就备受关注,随着智能信息处理技术的蓬勃发展,直觉模糊集已延伸到其他相关技术领域,在分类、预测、评估、目标识别和辅助决策等方面展现出强大的应用能力。目前已经有直觉模糊粗糙集理论、直觉模糊博弈论、直觉模糊 Petri 网等理论面世,直觉模糊集与其他智能信息处理理论的融合研究是未来一大发展趋势。

　　本书系统介绍了直觉模糊时间序列分析理论及其在智能信息系统等领域中的应用。全书共分为 10 章。第 1 章概述了直觉模糊集、时间序列预测、直觉模糊时间序列、长期直觉模糊时间序列等概念。第 2 章介绍了基于多重直觉模糊推理的一阶一元 IFTS 预测模型。第 3 章分析了基于多维直觉模糊推理的高阶 IFTS 预测模型。第 4 章介绍了启发式变阶 IFTS 预测模型。第 5 章阐述了自适应划分 IFTS 预测方法。第 6 章介绍了基于 DTW 的长期 IFTS 预测方法。第 7 章分析了基于 VQ 和曲线相似度测量的长期 IFTS 预测方法。第 8 章概述了 IFTS 分析在网络流量预测中的应用。第 9 章介绍了基于 IFTS 图挖掘的流量异常检测方法。第 10 章总结了 IFR 和 SIFE 理论在网络安全中的应用。

　　本书为国家自然科学基金资助项目(62002362)研究成果,内容新颖,逻辑严谨,将理论和实例相结合,注重基础,面向应用,是对直觉模糊时间序列分析理论系统性的总结和应用。本书既可以作为高等院校计算机、自动化、电子信息、管理、控制、系统工程等专业的高年级本科生或研究生在智能信息处理类课程的教材或教学参考书,也可供从事智能信息处理、智能信息融合、智能决策等研究的教师、研究生和科技人员自学或参考。由于作者水平有限,书中难免存在错误和疏漏,不足之处恳请读者批评指正。

作　者

2021 年 3 月

目　录

CONTENTS

第1章

概　述

随着模糊集和直觉模糊集理论的成熟和完善,出现了基础模糊理论向其他领域的拓展研究,本章针对直觉模糊集与时间序列分析理论的融合问题进行研究,主要内容包括基本理论、相关定义和运算操作。在总结现有直觉模糊时间序列研究内容的基础上,对两种直觉模糊时间序列进行归纳,着重给出推理直觉模糊时间序列模型的基本构成和相关理论。本章内容是直觉模糊时间序列分析理论的基础。

1.1　基础理论发展

1.1.1　模糊集理论

模糊数学是经典数学理论发展过程中产生的一种专门处理模糊性现象的新分支。它以模糊集合论(fuzzy sets,FS)为基础,为事物的不确定性研究提供了一种新的方法,是描述人类思维中关于"模糊"信息的有效工具,也是现代人工智能领域研究的一大方向。美国控制论、计算机领域专家扎德(Zadeh)教授多年来致力于研究"计算机为什么不能像人脑思维那样处理模糊信息呢?"其根本原因在于经典康托尔集合论(Cantor's sets)不能描述"亦此亦彼"和"非此非彼"的现象。集合是描述人脑思维体系中对客观事物识别和分类的数学方法,也是经典数学理论的基础。康托尔集合论的研究基础是分类对象必须遵从逻辑中的排中律,也就是说论域中的任何一个元素要么属于集合 A,要么不属于,二者取舍分明。而在现实世界中,存在着许许多多客观事物不确定、具有模糊性等的特征,比如"很老的年龄""非常多的人""一部分数据"的概念,对这些事物,经典集合理论就不具有表述能力。

所谓模糊现象,是指对客观事物或评判难以用确定的界限进行区分的状态,它的产生与不同人的个体认知差异息息相关。外延分明的概念,称为"分明概念",反映事物分明的现象。外延不分明的概念,称为"模糊概念",反映事物模糊的现象。模糊集合尽量如实地反映人们使用模糊概念时的本来含意。这是模糊数学与普通数学在方法论上的根本区别。

扎德教授在实践工作中总结出这样一条互克性原理:"当系统的复杂性日趋增长时,我们对系统特性做出精确并且有意义的描述的能力将相应降低,直至达到这样一个阈值,一旦超过它,精确性和有意义性将变成两个几乎互相排斥的特性。"这就是说,事物或者系统的复杂程度越高,有意义的精确化能力就越低。随着系统科学的发展,尤其是在多变量、非线性、时变、不确定的超大系统中,复杂性与精确性形成了尖锐的矛盾。复杂性意味着因素众多,时变性大,其中那些模糊、不确定性的因素及其变化过程是人们难以精确掌握的,而人们又常常不可能对全部因素和过程都进行精确的考察,因而只能抓住其中的主要部分,忽略所谓的次要部分。这样,在事实上就给系统的描述带来了模糊性。传统数学方法的应用对于本质上是模糊系统的分析来说是不协调的,它将引起理论和实际之间的巨大差距。因此,必须寻找一套研究和处理模糊性的数学方法,这就是模糊数学产生的历史必然性。模糊数学用精确的数学语言去描述模糊性现象,代表了一种与基于概率论处理不确定性和不精确性的传统方法不同的思想,是一种不同于传统理论的新的方法论。它能够更好地反映客观世界存在的模糊性现象,因而成为描述模糊系统的有力工具。

模糊数学诞生至今仅短短几十年,却发展迅速、应用广泛。它涉及纯粹数学、应用数学、其他自然科学、人文科学和管理科学等方方面面。尤其是伴随着现代科技的发展,在人工智能、自动控制、信息处理、图像识别、经济学、心理学、社会学、生态学、语言学、管理科学、医疗诊断和哲学等研究领域中,模糊数学都产生了深远的影响。

1.1.2　直觉模糊集理论

随着经典数学理论的不断发展和完善,人们在研究信息科学的过程中,不断地对模糊性问题进行思考和探索。1986 年,保加利亚著名学者阿塔纳索夫(Atanassov)[1]首次提出直觉模糊集(intuitionistic fuzzy sets,IFS)理论,该理论突破性地完善了模糊集理论,从此奠定了相关的研究基础。在语义描述上,不同于模糊集理论中描述外延不分明的"亦此亦彼"的模糊概念,直觉模糊集增加了一个新的属性参数——非隶属度函数,进而还可以描述"非此非彼"的模糊概念,亦即"中立状态"的概念或中立的程度,更加细腻地刻画客观世界的模糊性本质,因而引起众多学者的关注。与一般模糊集相比,直觉模糊集突破性地提出直觉指数概念,直觉模糊集具有的先天的负反馈性,比一般模糊集推理性能更好、更平稳,可有效改善控制或辨识结果。即使直觉指数为 0,所得结果的精度仍然显著提高,因为直觉指数为 0 仅是表述其中立程度为 0,仍然有隶属度函数和非隶属度函数来分别表示其支持程度和反对程度同时起作用,在推理合成计算时,它们同时起作用,这是与一般模糊集不同的,后者在推理合成计算时仅考虑支持证据的作用,而反对证据对推理结果不产生反馈影响,因而直觉模糊集理论也可以用于控制系统。这一特点,也正是直觉模糊集能够有效克服一般模糊集单一隶属度函数缺陷的原因。

模糊集理论和直觉模糊集理论相辅相成,两者的理论研究同时不断发展。直觉模糊集理论从定义、公理、运算定理到工程实践应用都得到了国内外许多专家的关注。Bustince[2]等从定义出发,证明了 Vague 集从本质上也是一种直觉模糊集,随后研究了 IFS 的关系理论、关系构建运算规则,证明了直觉模糊关系的自反性、对称性、逆对称性、完全逆对称性和传递性,并提出了直觉模糊熵的概念[3]。Glad[4]在 IFS 关系的基础上研究直觉模糊合成运算;Abbas[5]对直觉模糊拓扑空间和直觉模糊集紧凑性问题进行了研究,讨论了直觉模糊集的相关性质;Liang[6]研究了直觉模糊相似度测量,给出了 IFS 集合的测量方法,对于研究直觉模糊集合距离计算有十分重要的帮助。在国内,王艳平[7]等进行了直觉模糊逻辑算子及其性质的研究,李晓萍[8]等对直觉模糊群与它的同态像进行了研究。雷英杰[9]等系统研究了直觉模糊时态逻辑算子、直觉模糊逻辑语义算子、直觉模糊关系及合成运算、直觉模糊条件推理和直觉模糊等价矩阵构造方法等。这些研究基于直觉模糊集基本概念和定义,夯实了 IFS 的基础内容。随后许多学者将现有数学理论或智能算法与 IFS 进行有益的结合,不断丰富直觉模糊集理论,例如直觉模糊 C 均值聚类、直觉模糊核匹配、基于神经网络的直觉模糊推理方法等。

随着直觉模糊集理论不断丰富和发展,IFS 在其他领域的应用实践成果也卓有成效。如基于 IFS 理论的医学诊断、利用 IFS 进行身份识别与机械手控制的设计、基于直觉模糊集的决策分析问题。Mitchell[10]首先将 IFS 引入模式识别领域,研究基于直觉模糊集的识别和分类问题,Eulalia[11]最早提出 IFS 在群决策判断中的应用,Iakovidis 将 IFS 引入计算机视觉领域[12],雷英杰等将 IFS 引入信息领域和军事领域,完成了包括战场威胁和态势评估、网络群事件检测、敌意图识别、目标分配、弹道目标识别和弹道目标融合等军事应用问题的研究,提高了军事应用领域模糊信息处理的可信度和精度。IFS 理论是寻求解决各领域复杂性、混沌性和模糊不确定性难题的新思路。

由于直觉模糊集源于模糊集理论,其相关定义、公理和运算具有相关性。一方面,许多学者致力于证明和完善 IFS 的基础模糊性质理论研究;另一方面,一些研究关注经典康托尔集合与直觉模糊集合的关系,寻求经典集合理论定理、运算法则与 IFS 的统一。从目前 IFS 理论的发展来看,与现有智能算法广泛的结合既能突出智能算法的高效,还能表达客观事物模糊性的特征。基于直觉模糊集理论的旁支理论也随之兴起,比如和粗糙集结合形成了直觉模糊粗糙集理论、与 Petri 网结合形成了直觉模糊 Petri 网理论,以及直觉模糊博弈论、直觉模糊图论、直觉模糊综合评判理论等,都已经形成了相对完善的学术体系。本书主要关注直觉模糊集理论与时间序列分析这一理论的融合发展和应用。

1.1.3 直觉模糊时间序列

在客观世界的发展过程中,可以说一切事物从产生到消失都伴随着时间特征,在人类建立了时间概念之后,产生了年、季度、月份、日、时、刻、分、秒等不同的时间刻度,如果客观事物伴随着时间发生,具有先后的逻辑,产生不可交换的特征,我们就称这样的数据或者变量为"时间序列"。自然而然地,人类产生了对时间序列数据和问题的分析,形成了时间序列分析理论。时间序列分析可以说是数理统计学的一个分支,是研究探索与时间因素相关的序列数据关联性的方法。时间序列分析的主要工作是通过对历史序列数据内在规律的挖掘和分析,观察、估计、计算数据在长期变化过程中产生的规律,期望完成对未来数据的预测、判断,进而达到决策和控制的目的,时间序列可以反映社会现象发展的过程,描述发展趋势和状态,反映经济变化规律,进行经济现象预测。日常我们看到的天气预报、股票市场分析和人口数量变化等都是时间序列分析问题。经典的时间序列已经发展成一门相对成熟和完善的科学理论,从模型特征上可以分为平稳时间序列模型和非平稳时间序列模型。其中,常见的平稳时间序列模型有自回归(autoregressive,AR)模型、移动平均(moving average,MA)模型、自回归移动平均(autoregressive moving average,ARMA)模型和自回归积分移动平均(autoregressive integrated moving average,ARIMA)模型等。这些模型大多是基于统计学原理的时间序列分析模型,需要依靠大量精确历史数据拟合预测函数,但对历史数据缺失、数据不确定等模糊预测问题没有处理能力。因此,模糊时间序列(fuzzy time series,FTS)理论逐渐得到了人们的关注。模糊时间序列方法对不确定、模糊性问题的描述能力在各个领域取得了丰富的研究成果。

Song 和 Chissom 在 1993 年首先提出 FTS 预测理论,融合 FS 理论和时间序列分析,以模糊逻辑推理建立时间序列预测模型,建立时变性和非时变性 FTS 预测模型。从此,FTS 预测的概念进入专家学者们的视线。早期的 FTS 模型结构单一,仅仅考虑对历史数据模糊化和解模糊化,虽然这样的模型运算相对简单,但是效率低,算法复杂的程度也相对较高,预测精度和适应性都很有限,很难进行复杂场景的扩展。随着对 FTS 理论研究的深入,有学者尝试利用一个简单的逻辑运算代替最大-最小合成(max-min operation)运算,出现了一些新的模糊关系运算方法,模糊时间序列模型逐渐丰富起来。Chen[13] 较早研究了高阶 FTS 模型的概念,并结合遗传算法和聚类算法进一步优化传统模型,提高了传统 FTS 模型的预测性能。Huarng[14] 开始考量模糊时间序列论域划分的问题,提出了根据绝对误差平均划分论域,改进了模型预测过程,初步构建了非时变 FTS 预测模型;同时,通过分析发现论域区间的划分对模型预测精度有影响,提出了针对论域划分的改进 FTS 模型;后续又结合神经网络算法,研究了基于神经网络的 FTS 应用问题。此后,许多研究者对 FTS 模型进行了大量改进工作:Song 定义了模糊加减运算,建立了一个基于自相关函数的线性 FTS 分析模型;Park[15] 提出了基于粒子群优化的混合 FTS 预测模型,分别应用于股票指数和入学人数预测问题,取得了良好的效果;Cheng 研究了 FTS 模型中去模糊化算法,提出了基于熵的 FTS 模型,并应用于 IT 工程成本计算。这些研究表明,模糊时间序列的多元和高阶优化能有效提高预测模型的性能,也是 FTS 理论研究的另一热点方向。Li[16]首先提出了长期模糊时间序列理念,初步建立了长期预测模型,进一步扩大了 FTS 理论的应用范围。FTS 模型可以与其他智能算法结合,包括禁忌搜索、信息粒、蚁群优化及自回归、证据理论等。目前,FTS 的理论研究成果十分丰富,也被广泛应用于经济指标预测、电力负荷评估、环境监测等领域。

伴随着 FTS 预测模型的不断发展,其单一隶属度函数描述客观事物的局限性逐渐体现,人们为了进一步完善 FTS 预测模型对模糊数据的处理能力,结合直觉模糊集理论,引入隶属度、非隶属度和直觉指数这三个函数同时表示数据信息的模糊性。2007 年 Catillo[17]首次提出基于直觉模糊系统的时间序列分析模型,直觉模糊时间序列(intuitionistic fuzzy time series,IFTS)理论崭露头角,然而该模型仅仅基于隶属度函数模糊推理和非隶属度函数模糊推理的直接加权合成,并没有深入研究和分析 IFTS 理论。樊雷[18]系统研究了直觉模糊随机理论,给出了直觉模糊平稳时间序列的分析方法,分析模型的相关函数的截尾性和拖尾性,提出该类模型的识别、参数估计、定阶、误差分析等准则,是结合经典时间序列分析模型的一种尝试。Joshi[19]等人结合模糊时间序列模型设计了一个直觉模糊时间序列预测模型。从此,IFTS 形成了一些初步的研究成果,渐渐形成了一定的基础理论共识。之后,Hung[20]等人基于直觉模糊最小二乘向量机提出了一个预测长期交易的预测模型;Gangwar[21]利用概率分布进行了论域划分,结合直觉模糊逻辑关系库提出了模糊时间序列预测模型;郑寇全[22]研究了一系列直觉模糊时间序列的建模和预测方法,提出了基于矢量和确定性转换的 IFTS 预测模型。可以说,直觉模糊时间序列模型逐渐得到了发展。

综上所述,IFTS 理论已经有了一些研究基础。但是,随着应用领域不断扩展,客观现实中系统的复杂性和不确定性需求不断增加,现有研究的深度和广度还有一定局限性,缺乏标准化定义和模型,没有统一的理论体系,预测精度有限。尤其对长期预测没有理论性的研究成果,部分长期预测模型仅仅给出了多个预测值,没有深入分析每种模型的适用范围。因此,直觉模糊时间序列分析方法是具有研究价值和应用前景的理论。本书希望通过对直觉模糊时间序列的研究,系统地给出 IFTS 分析理论的整体结构,对相关领域的研究起到积极的推动作用。

1.2　模糊集与直觉模糊集

1.2.1　模糊集定义

在模糊集理论中,一个对象(元素)是否属于某个模糊集的隶属度函数(特征函数)可以通过在[0,1]中取值判断,这就突破了传统的二值逻辑的束缚。模糊集理论使数学的理论与应用研究范围从精确问题拓展到了模糊现象。模糊集理论在近代科学发展中有着积极的作用：它为软科学和应用科学（如经济管理、人工智能、心理教育、医学等）提供了数学语言与计算工具。它的发展使计算机模仿人脑对复杂系统进行识别得以实现，提高了自动化水平。1975 年，曼达尼（Mamdani）和阿西里安（Assilian）创立了模糊控制器的基本框架，并将模糊控制器用于控制蒸汽机，可以说是模糊理论工程实现的先河，这是关于模糊集理论的一篇开创性文章，它标志着模糊集理论有其实践应用价值。

近年来兴起的模糊推理方法是针对带有模糊性的推理问题而提出的，模糊控制的理论基础就是模糊推理理论。通过用模糊集表示模糊概念，扎德于 1973 年提出了著名的推理合成规则算法，即 CRI(compositional rule of inference)算法。可以说模糊推理是模糊集理论与其他相关理论融合后产生的最具特色的能力。

模糊集理论的核心思想是把取值仅为 1 或 0 的特征函数扩展到可在闭区间 $[0,1]$ 中任意取值的隶属度函数，而把取定的值称为"元素 x 对集合的隶属度"。下面简要介绍模糊集的基本概念。

定义 1.1（模糊集）

设 U 为非空有限论域，所谓 U 上的一个模糊集 A，即从 U 到 $[0,1]$ 的一个函数 $\mu_A(x):U \to [0,1]$，对于每个 $x \in U$，$\mu_A(x)$ 是 $[0,1]$ 中的某个数，称为"x 对 A 的隶属度"，即 x 属于 A 的程度，称 $\mu_A(x)$ 为 A 的"隶属度函数"，称 U 为 A 的"论域"。

模糊集完全由隶属度函数刻画，$\mu_A(x)$ 的值越接近 1，x 隶属于模糊集合 A 的程度越高，越趋近于精确；$\mu_A(x)$ 越接近 0，x 隶属于模糊集合 A 的程度越低，越趋近于模糊；当 $\mu_A(x)$ 的值域为 $\{0,1\}$ 时，A 便退化为经典集合，因此可以认为模糊集合是普通集合理论的一般化。

模糊集可以表示为以下两种形式：

(1) 当 U 为连续论域时，U 上的模糊集 A 可以表示为

$$A = \int_U \mu_A(x)/x, \quad x \in U \tag{1.1}$$

(2) 当 $U = \{x_1, x_2, \cdots, x_n\}$ 为离散论域时，

$$A = \sum_{i=1}^n \mu_A(x_i)/x_i, \quad x_i \in U \tag{1.2}$$

定义 1.2（模糊集的运算）

若 A 和 B 为 X 上的两个模糊集，它们的和集、交集和余集都是模糊集，其隶属度函数分别定义为

$$\begin{cases} (A \vee B)(x) = \max(A(x), B(x)) \\ (A \wedge B)(x) = \min(A(x), B(x)) \\ A^C(x) = 1 = A(x) \end{cases} \tag{1.3}$$

其中，"$\vee$"和"$\wedge$"为取大和取小运算，关于模糊集的和、交等运算，可以推广到任意多个模糊集中。

定义 1.3（模糊关系）

设 U 和 V 为论域，则 $U \times V$ 的一个模糊子集 R 称为"从 U 到 V 的一个二元模糊关系"。

对于有限论域 $U=\{u_1,u_2,\cdots,u_m\}$，$V=\{v_1,v_2,\cdots,v_n\}$，则 U 对 V 的模糊关系 R 可以用一个矩阵来表示：

$$\boldsymbol{R} = (r_{ij})_{m \times n}, \quad r_{ij} = \mu_R(u_i,v_j) \tag{1.4}$$

隶属度 $r_{ij}=\mu_R(u_i,v_j)$ 表示 u_i 与 v_j 具有关系 R 的程度。特别地，当 $U=V$ 时，R 称为"U 上的模糊关系"。如果论域为 n 个集合（论域）的直积，则模糊关系 R 不再是二元的，而是 n 元的，其隶属度函数也不再是两个变量的函数，而是 n 个变量的函数。

定义 1.4（模糊关系的合成）

设 R 和 Q 分别是 $U \times V$ 和 $V \times W$ 上的两个模糊关系，R 与 Q 的合成指从 U 到 W 上的模糊关系，记为 $R \circ Q$，其隶属度函数为

$$\mu_{R \circ Q}(u,w) = \bigvee_{u \in V}(\mu_R(u,v) \wedge \mu_Q(v,w)) \tag{1.5}$$

特别地，当 R 是 $U \times U$ 的关系时，有

$$R^2 = R \circ R, \quad R^n = R^{n-1} \circ R \tag{1.6}$$

利用模糊关系的合成，可以推论事物之间的模糊相关性。

模糊集理论最基本的特征是：承认差异的中介过渡，也就是说承认渐变的隶属关系，即一个模糊集 F 是满足某个（或几个）性质的一类对象，每个对象都有一个互不相同的隶属于 F 的程度，隶属度函数给每个对象分派了一个 0 或 1 之间的数，作为它的隶属度。但是要注意的是隶属度函数给每个对象分派的是 0 或 1 之间的一个单值。模糊集中的这个单值一旦给定，就固定了支持和反对证据，这个单值不能仅仅表示支持或反对，这是因为当 x 表示一方面证据时，$1-x$ 自然而然地表示了其对立面。另外，由于我们承认了隶属关系的渐变性，即并不是支持证据的对立面全部是反对证据，那么单值就无法同时表示支持和反对证据了。

1.2.2 直觉模糊集定义

类似地，在模糊集理论的基础上，阿塔纳索夫对直觉模糊集的定义如下。

定义 1.5（直觉模糊集）

设 X 是一个给定论域，那么集合 A 是论域 X 上的一个直觉模糊集合，记作

$$A = \{\langle x, \mu_A(x), \gamma_A(x)\rangle \mid x \in X\} \tag{1.7}$$

其中，$\mu_A(x):X \to [0,1]$ 和 $\gamma_A(x):X \to [0,1]$ 分别称为直觉模糊集 A 的"隶属度函数"和"非隶属度函数"，且满足对于 A 上所有 $x \in X$，都有 $0 \leqslant \mu_A(x)+\gamma_A(x) \leqslant 1$，那么由 $\mu_A(x)$ 和 $\gamma_A(x)$ 组成的有序区间对 $\langle \mu_A(x), \gamma_A(x)\rangle$ 称为"直觉模糊数"。

对于论域 X 为连续空间，记作

$$A = \int_X \langle \mu_A(x), \gamma_A(x)\rangle / x, \quad x \in X \tag{1.8}$$

对于 $X = \{x_1, x_2, \cdots, x_n\}$ 为离散空间,记作

$$A = \sum_{i=1}^{n} \langle \mu_A(x_i), \gamma_A(x_i) \rangle / x_i, \quad x_i \in X \tag{1.9}$$

直觉模糊集 A 也可以记作 $A = \langle x, \mu_A, \gamma_A \rangle$ 或 $A = \langle \mu_A, \gamma_A \rangle / x$。直觉模糊集合可以看作模糊集合的推广形式,模糊集合也可以写成直觉模糊集的形式,每一个模糊子集对应一个直觉模糊子集,即 $A = \{\langle x, \mu_A(x), 1 - \mu_A(x) \rangle \mid x \in X\}$。论域 X 上的直觉模糊集和的全体记作 $\mathrm{IFS}(X)$。

对于 X 中的每一个直觉模糊子集,定义 $\pi_A(x) = 1 - \mu_A(x) - \gamma_A(x)$ 且 $0 \leqslant \pi_A(x) \leqslant 1$ 为 A 中 x 的直觉指数(intuitionistic index),或者犹豫度(hesitancy degree)。直觉指数反映了 x 对 A 的不确定程度或中立程度,也就是人们对事物"不确定""不清楚"的状态。对于一般模糊子集 A,$\pi_A(x) = 1 - \mu_A(x) - [1 - \mu_A(x)] = 0$,$\forall x \in X$,即一般模糊子集没有犹豫度。

模糊子集单一隶属度函数 $\mu_A(x) \in [0,1]$ 表示支持 x 的证据,相应地,$1 - \mu_A(x)$ 表示反对 x 的证据,对于既不支持也不反对的中立证据没有表述能力。直觉模糊子集 $A \in \mathrm{IFS}(X)$,隶属度函数 $\mu_A(x)$、非隶属度函数 $\gamma_A(x)$ 和直觉指数 $\pi_A(x)$ 分别表示 x 属于直觉模糊集 A 的支持、反对和中立三种证据的度量。因此,IFS 集是扎德模糊集的延伸和泛化,也是模糊集更一般性的表达。

定义 1.6(直觉模糊集基本运算)

设 A 和 B 分别是论域 X 上的两个直觉模糊子集,那么直觉模糊集有以下运算和关系:

(1) 交运算:$A \bigcap B = \{\langle x, \mu_A(x) \bigwedge \mu_B(x), \gamma_A(x) \bigvee \gamma_B(x) \rangle \mid \forall x \in X\}$;

(2) 并运算:$A \bigcup B = \{\langle x, \mu_A(x) \bigvee \mu_B(x), \gamma_A(x) \bigwedge \gamma_B(x) \rangle \mid \forall x \in X\}$;

(3) 补运算:$\overline{A} = A^c = \{\langle x, \gamma_A(x), \mu_A(x) \rangle \mid x \in X\}$;

(4) 包含关系:$A \subseteq B \Leftrightarrow \forall x \in X, \mu_A(x) \mu_B(x) \bigwedge \gamma_A(x) \geqslant \gamma_B(x)$;

(5) 真包含关系:$A \subset B \Leftrightarrow \forall x \in X, \mu_A(x) \langle \mu_B(x) \bigwedge \gamma_A(x) \rangle \gamma_B(x)$;

(6) 等价关系 $A = B \Leftrightarrow \forall x \in X, \mu_A(x) = \mu_B(x) \bigwedge \gamma_A(x) = \gamma_B(x)$。

1.2.3　直觉模糊关系

由于加入新的非隶属度属性函数,直觉模糊关系相比模糊关系更复杂,需要重新研究包括隶属度函数和非隶属度函数的合成关系运算、直觉模糊集计算限定条件和运算边界值等问题,与模糊关系类似,直觉模糊关系也包括自反性、对称性、传递性等性质,其定义如下。

定义 1.7(直觉模糊关系)

设 X 和 Y 是有限的非空论域。在直积空间 $X \times Y$ 上定义直觉模糊子集 R 为从 X 到 Y 之间的二元直觉模糊关系。记为

$$R = \{\langle (x,y), \mu_R(x,y), \gamma_R(x,y) \rangle \mid x \in X, y \in Y\} \tag{1.10}$$

对于 $\mu_R : X \times Y \rightarrow [0,1]$ 和 $\gamma_R : X \times Y \rightarrow [0,1]$，满足 $0 \leqslant \mu_R(x,y) + \gamma_R(x,y) \leqslant 1$，$\forall (x,y) \in X \times Y$。IFR$(X \times Y)$ 表示 $X \times Y$ 上的直觉模糊子集的全体。

当 X 和 Y 均为有限集时，即 $X = \{x_1, x_2, \cdots, x_m\}$，$Y = \{y_1, y_2, \cdots, y_n\}$，则从 X 到 Y 之间的二元直觉模糊关系 R 可以用矩阵表示。即，对于 $\forall (x_i, y_j) \in X \times Y$，令 $(\mu_{ij})_{m \times n}$ 和 $(\gamma_{ij})_{m \times n}$ 分别表示元素 x_i 与 y_j 之间关系 R 存在的和不存在的度量，其中 $\mu_{ij} = \mu_R(x_i, y_j)$，$\gamma_{ij} = \gamma_R(x_i, y_j)$，$i = 1,2,\cdots,m$，$j = 1,2,\cdots,n$，则 R 可以记为

$$\boldsymbol{R} =$$
$$\begin{bmatrix} \langle \mu_R(x_1,y_1), \gamma_R(x_1,y_1) \rangle & \langle \mu_R(x_1,y_2), \gamma_R(x_1,y_2) \rangle & \cdots & \langle \mu_R(x_1,y_n), \gamma_R(x_1,y_n) \rangle \\ \langle \mu_R(x_2,y_1), \gamma_R(x_2,y_1) \rangle & \langle \mu_R(x_2,y_2), \gamma_R(x_2,y_2) \rangle & \cdots & \langle \mu_R(x_2,y_n), \gamma_R(x_2,y_n) \rangle \\ \vdots & \vdots & & \vdots \\ \langle \mu_R(x_m,y_1), \gamma_R(x_m,y_1) \rangle & \langle \mu_R(x_m,y_2), \gamma_R(x_m,y_2) \rangle & \cdots & \langle \mu_R(x_m,y_n), \gamma_R(x_m,y_n) \rangle \end{bmatrix}$$

$$(1.11)$$

$\boldsymbol{R} = (\mu_{ij}, \gamma_{ij})_{m \times n}$ 称为"二元直觉模糊关系矩阵"。

当二元直觉模糊关系推广至多元直觉模糊关系时，设 $X_1, X_2, \cdots, X_n$ 是 n 个集合，则直积空间 $X_1 \times X_2 \times \cdots \times X_n$ 上的一个 n 元直觉模糊关系 R 定义为 $X_1 \times X_2 \times \cdots \times X_n$ 上的一个直觉模糊子集。记为

$$R = \{\langle (x_1, x_2, \cdots, x_n), \mu_R(x_1, x_2, \cdots, x_n),$$
$$\gamma_R(x_1, x_2, \cdots, x_n) \rangle \mid x_i \in X_i, i = 1,2,\cdots,n\} \quad (1.12)$$

其中，$\mu_R : X_1 \times X_2 \times \cdots \times X_n \rightarrow [0,1]$ 和 $\gamma_R : X_1 \times X_2 \times \cdots \times X_n \rightarrow [0,1]$ 满足条件：$0 \leqslant \mu_R(x_1, x_2, \cdots, x_n) + \gamma_R(x_1, x_2, \cdots, x_n) \leqslant 1$，$\forall (x_1, x_2, \cdots, x_n) \in X_1 \times X_2 \times \cdots \times X_n$。

由以上定义可以看出，直觉模糊关系是一般模糊关系的一种推广。

设映射 $T : [0,1] \times [0,1] \rightarrow [0,1]$ 表示直觉模糊集 A 和 B 的隶属度函数和非隶属度函数向 A 和 B 的交集的隶属度函数和非隶属度函数转换的一个函数，即

$$T[\langle \mu_A(x), \gamma_A(x) \rangle, \langle \mu_B(x), \gamma_B(x) \rangle] = \langle \mu_{A \cap B}(x), \gamma_{A \cap B}(x) \rangle \quad (1.13)$$

由直觉模糊运算规则可知 $\mu_{A \cap B}(x) = \mu_A(x) \wedge \mu_B(x)$，$\gamma_{A \cap B}(x) = \gamma_A(x) \vee \gamma_B(x)$。

为使函数 T 适合于计算直觉模糊交的隶属度函数和非隶属度函数，它应满足以下 4 个条件：

(1) 有界性：$T(0,0) = 0$，$T(x,1) = 1$，$T(x,0) = 0$，$\forall x \in [0,1]$；

(2) 交换性：$T(x,y) = T(y,x)$，$\forall x, y \in [0,1]$；

(3) 交合性：$T[T(x,y),z] = T[x,T(y,z)]$，$\forall x, y, z \in [0,1]$；

(4) 单调性：若 $x \leqslant z$ 且 $y \leqslant t$，则 $T(x,y) \leqslant T(z,t)$，$\forall x, y, z, t \in [0,1]$。

定义 1.8（直觉模糊集 T-范数）

任何满足上述 4 个条件的函数 $T : [0,1] \times [0,1] \rightarrow [0,1]$ 称为"T-范数"。

设映射 $S:[0,1]\times[0,1]\rightarrow[0,1]$ 表示直觉模糊集 A 和 B 的隶属度函数和非隶属度函数向 A 和 B 的并集的隶属度函数和非隶属度函数转换的一个函数,即

$$S[\langle\mu_A(x),\gamma_A(x)\rangle,\langle\mu_B(x),\gamma_B(x)\rangle]=\langle\mu_{A\cup B}(x),\gamma_{A\cup B}(x)\rangle \quad (1.14)$$

由直觉模糊运算规则可知 $\mu_{A\cup B}(x)=\mu_A(x)\vee\mu_B(x),\gamma_{A\cup B}(x)=\gamma_A(x)\wedge\gamma_B(x)$。

为使函数 S 适合于计算直觉模糊并的隶属度函数和非隶属度函数,它应满足以下 4 个条件:

(1) 有界性: $S(1,1)=1,S(x,1)=1,S(x,0)=x,\forall x\in[0,1]$;

(2) 交换性: $S(x,y)=S(y,x),\forall x,y\in[0,1]$;

(3) 交合性: $S[S(x,y),z]=S[x,S(y,z)],\forall x,y,z\in[0,1]$;

(4) 单调性: 若 $x\leqslant z$ 且 $y\leqslant t$,则 $S(x,y)\leqslant S(z,t),\forall x,y,z,t\in[0,1]$。

定义 1.9(直觉模糊集 S-范数)

任何满足上述条件的函数 $S:[0,1]\times[0,1]\rightarrow[0,1]$ 称为"S-范数"。

在上述定义中,有界性给出直觉模糊集并、交运算在边界处的特性;交换性保证运算结果与直觉模糊集的顺序无关;结合性把直觉模糊运算扩展到两个直觉模糊集合以上;单调性给出了直觉模糊集运算的通用必要条件:即两个直觉模糊集合的隶属度值上升与非隶属度值下降会导致这两个直觉模糊集的并集、交集的隶属度值的升高与非隶属度值的下降,而两个直觉模糊集合的隶属度值下降与非隶属度值上升会导致这两个直觉模糊集的并集、交集的隶属度值的下降和非隶属度值的升高。

定义 1.10(对偶范数)

设 $T(x,y)$ 为 T-范数, $S(x,y)$ 为 S-范数,若 $\forall x,y\in[0,1]$,有 $T(x,y)=1-S(1-x,1-y)$,则称 $T(x,y)$ 与 $S(x,y)$ 为一对"对偶范数"。这时,称 S-范数为"T-协范数"。

定义 1.11(直觉模糊合成关系)

设 $\alpha,\beta,\lambda,\rho$ 是 T-范数或 S-范数,但不必是两两对偶范数, $R\in\text{IFR}(X\times Y)$ 且 $P\in\text{IFR}(Y\times Z)$,则合成关系 $R_\lambda^\alpha{}_\rho^\beta P\in\text{IFR}(X\times Z)$ 由下式定义:

$$R_\lambda^\alpha{}_\rho^\beta P=\{\langle(x,z),\mu_{R_\lambda^\alpha{}_\rho^\beta P}(x,z),\gamma_{R_\lambda^\alpha{}_\rho^\beta P}(x,z)\rangle\mid x\in X,z\in Z\} \quad (1.15)$$

其中,

$$\begin{cases}\mu_{R_\lambda^\alpha{}_\rho^\beta P}(x,z)=\underset{y}{\alpha}\{\beta[\mu_R(x,y),\mu_P(y,z)]\}\\ \gamma_{R_\lambda^\alpha{}_\rho^\beta P}(x,z)=\underset{y}{\lambda}\{\rho[\lambda_R(x,y),\gamma_P(y,z)]\}\end{cases} \quad (1.16)$$

且满足 $0\leqslant\mu_{R_\lambda^\alpha{}_\rho^\beta P}(x,z)+\gamma_{R_\lambda^\alpha{}_\rho^\beta P}(x,z)\leqslant1,\forall(x,z)\in X\times Z$。

这里, α 和 β 作用于隶属度函数, λ 和 ρ 作用于非隶属度函数。本书取 $\alpha=\vee$, $\beta=\wedge,\lambda=\wedge,\rho=\vee$。简明起见,将上述合成关系记作 $R\circ P\in\text{IFR}(X\times Z)$。

若 X,Y,Z 均为有限集,设 $X=\{x_1,x_2,\cdots,x_m\},Y=\{y_1,y_2,\cdots,y_n\},Z=$

$\{z_1,z_2,\cdots,z_l\}$,则 $R\in\mathrm{IFR}(X\times Y)$ 可以表示为一对 $m\times n$ 的模糊矩阵 $[\langle\mu_R(x_i,y_j),\gamma_R(x_i,y_j)\rangle]_{m\times n}$,$P\in\mathrm{IFR}(Y\times Z)$ 可以表示为一对 $n\times l$ 的模糊矩阵 $[\langle\mu_P(y_j,z_k),\gamma_P(y_j,z_k)\rangle]_{n\times l}$。$S=R\cdot P\in\mathrm{IFR}(X\times Z)$ 是 X 到 Z 的直觉模糊关系,它可以表示为一对 $m\times l$ 的模糊矩阵 $[\langle\mu_S(x_i,z_k),\gamma_S(x_i,z_k)\rangle]_{m\times l}$,由定义可得

$$\begin{cases} \mu_S(x_i,z_k)=\bigvee\limits_{j}^{n}\ (\mu_R(x_i,y_j)\wedge\mu_P(y_j,z_k)) \\ \gamma_S(x_i,z_k)=\bigwedge\limits_{j}^{n}\ (\gamma_R(x_i,y_j)\vee\gamma_P(y_j,z_k)) \end{cases} \tag{1.17}$$

其中,$i=1,2,\cdots,m$,$k=1,2,\cdots,l$。该公式表示直觉模糊关系矩阵的合成运算,它完全是直觉模糊关系合成的一种矩阵表达形式。

定理 1.1(直觉模糊合成运算定律)

设 R,S,T 为三个直觉模糊关系,且可进行合成运算,则有

(1) 结合律:$(R\cdot S)\cdot T=R\cdot(S\cdot T)$;

(2) 左右分配律:$(R\vee S)\cdot T=(R\cdot T)\vee(S\cdot T)$,$T\cdot(R\vee S)=(T\cdot R)\vee(T\cdot S)$;

(3) 单调性:$R\leqslant S\Rightarrow(R\cdot T)\leqslant(S\cdot T)$;

(4) $(R\wedge S)\cdot T\leqslant(R\cdot T)\wedge(S\cdot T)$,$T\cdot(R\wedge S)\leqslant(T\cdot R)\wedge(T\cdot S)$。

性质 1.1(直觉模糊合成运算性质)

设直觉模糊关系 $R\in\mathrm{IFR}(X\times Y)$,则它具有如下性质:

(1) $R\cdot I=I\cdot R=R$;

(2) $R\cdot 0=0\cdot R=0$;

(3) $R^{m+1}=R^m\cdot R$,$R^0=I$。

与模糊集理论相对应的,直觉模糊集理论还有其他几种特殊的直觉模糊关系:直觉模糊零关系、直觉模糊全关系和直觉模糊恒等关系,定义分别如下。

定义 1.12(直觉模糊零关系)

设 $0\in\mathrm{IFR}(X\times Y)$,那么零关系 0 的隶属度和非隶属度函数定义为

$$\mu_0(x,y)=0,\quad\gamma_0(x,y)=1,\quad\forall(x,y)\in X\times Y \tag{1.18}$$

定义 1.13(直觉模糊全关系)

设 $E\in\mathrm{IFR}(X\times Y)$,那么全关系 E 的隶属度和非隶属度函数定义为

$$\mu_E(x,y)=1,\quad\gamma_E(x,y)=0,\quad\forall(x,y)\in X\times Y \tag{1.19}$$

定义 1.14(直觉模糊恒等关系)

设 $I\in\mathrm{IFR}(X\times Y)$,那么恒等关系 I 的隶属度与非隶属度函数定义为

$$\begin{cases} x=y,\mu_I(x,y)=1,\gamma_I(x,y)=0,\forall(x,y)\in X\times Y \\ x\neq y,\mu_I(x,y)=0,\gamma_I(x,y)=1,\forall(x,y)\in X\times Y \end{cases} \tag{1.20}$$

由此可见,直觉模糊关系是一般模糊关系的推广形式,符合模糊集合运算逻辑

和理论体系,相关定理、计算公式可以相互借鉴和类比。

1.2.4　直觉模糊条件推理

直觉模糊逻辑(intuitionistic fuzzy logic,IFL)是基于 IFS 理论基础上的扩展模糊逻辑,是直觉模糊集运算的基础。直觉模糊条件推理包括直觉模糊蕴涵式、条件式、多重式、多维式和多重多维式推理等。

若命题 P 对应直觉模糊集 A,则根据隶属度函数和非隶属度函数两个因素,加权计算命题 P 的真值为

$$T(P) = \alpha \cdot \mu_A(x) + \beta \cdot \pi_A(x) \tag{1.21}$$

一种简单的合成方式认为 x 对直觉模糊集 A 的隶属度与犹豫度的对称合成,即 $\alpha = 1, \beta = 0.5$。几种不同的直觉模糊推理形式如下。

(1) 蕴涵式直觉模糊推理

设 A,B 分别为论域 X 上和论域 Y 上的直觉模糊命题,且 $A,B \in [0,1]$。IFL 中的蕴涵式"$A \rightarrow B$"的关系矩阵 $\boldsymbol{R}(A;B)$ 是一个双矩阵,即

$$\begin{aligned}
\boldsymbol{R}_{A \rightarrow B} &= (A \times B) \bigcup (\overline{A} \times Y) \\
&= \int_{X \times Y} \langle \mu_{A \rightarrow B}(x,y), \gamma_{A \rightarrow B}(x,y) \rangle / (x,y)
\end{aligned} \tag{1.22}$$

其中,

$$\begin{cases}
\mu_{A \rightarrow B}(x,y) = (\mu_A(x) \wedge \mu_B(y)) \vee \gamma_A(x) \\
\gamma_{A \rightarrow B}(x,y) = (\gamma_A(x) \vee \gamma_B(y)) \wedge \mu_A(x)
\end{cases} \tag{1.23}$$

其真值为

$$T(A \rightarrow B) = (T(A) \wedge T(B)) \vee (1 - T(A)) \tag{1.24}$$

若已知 B',则 A' 可由 R 与 B' 的合成运算推理求得,即

$$A' = R_{A \rightarrow B} \circ B' = \int_X \langle \mu_{A_1}(x), \gamma_{A_1}(x) \rangle / x \tag{1.25}$$

其中,

$$\begin{cases}
\mu_{A'}(x) = \bigvee_{y \in Y} (\mu_{A \rightarrow B}(x,y) \wedge \mu_{B'}(y)) \\
\gamma_{A'}(x) = \bigwedge_{y \in Y} (\gamma_{A \rightarrow B}(x,y) \vee \gamma_{B'}(y))
\end{cases} \tag{1.26}$$

(2) 条件式直觉模糊推理

设 $A,B,C \in [0,1]$ 是直觉模糊命题,且 A 在论域 X 上取值,B,C 在论域 Y 上取值。则 IFL 中的条件式"$A \rightarrow B, \overline{A} \rightarrow C$"的关系矩阵 $\boldsymbol{R}$ 为

$$\boldsymbol{R} = (A \times B) \bigcup (\overline{A} \times C) = \int_{X \times Y} \langle \mu_R(x,y), \gamma_R(x,y) \rangle / (x,y) \tag{1.27}$$

其中,

$$\begin{cases} \mu_R(x,y)=[\mu_A(x) \wedge \mu_B(y)] \vee [\mu_{\overline{A}}(x) \wedge \mu_C(y)] \\ \qquad\quad =[\mu_A(x) \wedge \mu_B(y)] \vee [\gamma_A(x) \wedge \mu_C(y)] \\ \gamma_R(x,y)=[\gamma_A(x) \vee \gamma_B(y)] \wedge [\gamma_{\overline{A}}(x) \vee \gamma_C(y)] \\ \qquad\quad =[\gamma_A(x) \vee \gamma_B(y)] \wedge [\mu_A(x) \vee \gamma_C(y)] \end{cases} \quad (1.28)$$

若已知 A'，则 B' 可由 A' 与 R 的合成运算求得，即

$$B'=A' \circ R=\int_Y \langle \mu_{B'}(y),\gamma_{B'}(y) \rangle/y \quad (1.29)$$

其中，

$$\begin{cases} \mu_{B'}(x)=\bigvee_{x \in X} (\mu_{A'}(x) \wedge \mu_R(x,y)) \\ \gamma_{B'}(x)=\bigwedge_{x \in X} (\gamma_{A'}(x) \vee \gamma_R(x,y)) \end{cases} \quad (1.30)$$

（3）多重式直觉模糊推理

设 $A_i,B_i \in [0,1]$，$i=1,2,\cdots,n$ 分别是论域 X 上和论域 Y 上的直觉模糊命题。$A_i \rightarrow B_i$ 存在关系 R_i，那么（$A_1 \rightarrow B_1,A_2 \rightarrow B_2,\cdots,A_n \rightarrow B_n$）称为"多重条件推理"，总的合成关系 R 为

$$R=\bigcup_{i=1}^n R_i(A_i \times B_i)=\int_{X \times Y} \langle \mu_R(x,y),\gamma_R(x,y) \rangle/(x,y) \quad (1.31)$$

其中，

$$\begin{cases} \mu_R(x,y)=\bigvee_{i=1}^n (\mu_{A_i}(x) \wedge \mu_{B_i}(y)) \\ \gamma_R(x,y)=\bigwedge_{i=1}^n (\gamma_{A_i}(x) \vee \gamma_{B_i}(y)) \end{cases} \quad (1.32)$$

若已知 A'，则 B' 可由 A' 与 R 的合成运算 $B'=A' \circ R$ 求得。反之，若已知 B'，则 A' 可由 R 与 B' 的合成运算 $A'=R \circ B'$ 求得。

（4）多维式直觉模糊推理

设 $A_i,B \in [0,1]$，$i=1,2,\cdots,n$ 分别是论域 X 上和论域 Y 上的直觉模糊命题，则多维条件推理的形式为 $A_1 \times A_2 \times \cdots \times A_n \rightarrow B$。令 $A=A_1 \times A_2 \times \cdots \times A_n$，简化推理形式为 $A \rightarrow B$，即

$$\begin{cases} \mu_A(x)=\bigwedge_{i=1}^n \mu_{A_i}(x)=\mu_{A_1}(x) \wedge \mu_{A_2}(x) \wedge \cdots \wedge \mu_{A_n}(x) \\ \gamma_A(x)=\bigvee_{i=1}^n \gamma_{A_i}(x)=\gamma_{A_1}(x) \vee \gamma_{A_2}(x) \vee \cdots \vee \gamma_{A_n}(x) \end{cases} \quad (1.33)$$

关系矩阵 $\boldsymbol{R}$ 为

$$\boldsymbol{R}=(A \times B) \bigcup (\overline{A} \times Y)=\int_{X \times Y} \langle \mu_R(x,y),\gamma_R(x,y) \rangle/(x,y) \quad (1.34)$$

其中，

$$\begin{cases} \mu_R(x,y) = (\mu_A(x) \wedge \mu_B(y)) \vee \mu_{\overline{A}}(x) \\ \gamma_R(x,y) = (\gamma_A(x) \vee \gamma_B(y)) \wedge \gamma_{\overline{A}}(x) \end{cases} \tag{1.35}$$

若已知 $A' = A'_1 \times A'_2 \times \cdots \times A'_n$，则 B' 可由 A' 与 R 的合成运算 $B' = A' \circ R$ 求得。

（5）多重多维式直觉模糊推理

由于多重多维式直觉模糊推理包括多重推理和多维推理的形式，可以先根据式（1.31）和式（1.32）进行多重推理，再根据式（1.33）～式（1.35）进行多维推理，最后进行推理合成多重多维式直觉模糊推理运算。

1.3 直觉模糊时间序列

正如 1.1 节分析的，现有的直觉模糊时间序列理论研究主要分为两个方向。一是基于传统经典时间序列分析方法，以模糊数为对象构建时间序列模型，其主要内容是对时间序列模型识别、参数估计和定阶等问题的研究。二是基于直觉模糊推理、直觉模糊合成运算及相关直觉模糊算法的时间序列模型。下面将分别对其进行介绍。

1.3.1 平稳时间序列

对复杂系统观察，按时间顺序排列得到一组统计随机变量：

$$X_1, X_2, \cdots, X_t, \cdots \tag{1.36}$$

记 $\{X_t | t \in T\}$ 或 $\{X_t\}$ 为一个随机事件序列，那么其观察值为

$$x_1, x_2, \cdots, x_n, \cdots \tag{1.37}$$

定义 1.15（严平稳时间序列）

设 $\{X_t\}$ 为一时间序列，对于任意正整数 m，取 $t_1, t_2, \cdots, t_m \in T$，对于任意整数 τ，有

$$F_{t_1, t_2, \cdots, t_m}(x_1, x_2, \cdots, x_m) = F_{t_{1+\tau}, t_{2+\tau}, \cdots, t_{m+\tau}}(x_1, x_2, \cdots, x_m) \tag{1.38}$$

其中，$F_{t_1, t_2, \cdots, t_m}(x_1, x_2, \cdots, x_m)$ 为 m 维随机向量 $(X_{t_1}, X_{t_2}, \cdots, X_{t_m})$ 的联合概率分布，即一维分布函数是时间不变的，那么称时间序列 $\{X_t\}$ 为"严平稳时间序列"。

定义 1.16（宽平稳时间序列）

如果时间序列 $\{X_t\}$ 满足以下条件：

（1）对于 $t \in T$，有 $E(X_t^2) < \infty$；

（2）对于 $t \in T$，有 $E(X_t) = \mu$，μ 为常数；

（3）对于 $k, s, t \in T$，且 $k+s-t \in T$，有 $\gamma(t,s) = \gamma(k, k+s-t)$；

其中，$\gamma(t,s) = E(X_t - \mu_t)(X_s - \mu_s)$ 为时间序列自相关函数，则称时间序列 $\{X_t\}$ 为"宽平稳时间序列"。宽平稳也称为"弱平稳"或"二阶平稳"。

定义 1.17（纯随机序列）

如果时间序列$\{X_t\}$满足如下条件：

（1）任取$t\in T$,有$E(X_t)=\mu$；

（2）任取$t,s\in T$,有

$$\gamma(t,s)=\begin{cases}\sigma^2, & t=s\\ 0, & t\neq s\end{cases} \tag{1.39}$$

那么$\{X_t\}$为纯随机序列或白噪声序列。

根据经典时间序列分析方法,提取序列数据特征并拟合数据趋势,将序列数据建立线性模型,那么可以得到一个自回归模型（AR 模型）。

定义 1.18（AR 模型）

当一组时间序列的观测值满足具以下结构时,称为"p 阶自回归模型",记为$AR(p)$：

$$\begin{cases}x_t=\phi_0+\phi_1 x_{t-1}+\phi_2 x_{t-2}+\cdots+\phi_p x_{t-p}+\varepsilon_t\\ \phi_p\neq 0\\ E(\varepsilon_t)=0,D(\varepsilon_t)=\sigma_\varepsilon^2,E(\varepsilon_t\varepsilon_s)=0,s\neq t\\ E(x_s\varepsilon_t)=0,\forall s<t\end{cases} \tag{1.40}$$

当缺省限制条件时,AR 模型简记为

$$x_t=\phi_0+\phi_1 x_{t-1}+\phi_2 x_{t-2}+\cdots+\phi_p x_{t-p}+\varepsilon_t \tag{1.41}$$

其中,$\phi_0,\phi_1,\phi_2,\cdots,\phi_p$为待估计参数,$\varepsilon_t$为白噪声。

当复杂模糊系统的观测值为直觉模糊数时,系统 t 时刻的输出作为模糊因变量,将 t 以前 p 个时刻的输出作为模糊自变量,根据经典时间序列分析可以直接进行直觉模糊时间序列建模。

1.3.2　非平稳时间序列分析

虽然对平稳时间序列的研究已经较为成熟和深入,但是在实际中遇到的多为非平稳时间序列,分析研究非平稳时间序列更为实用和重要。其分析方法主要分为确定性时序分析和随机时序分析两种,它们的理论基础是相同的,都基于以下两个分解定理而建立。

定理 1.2（沃尔德分解定理（Wold decomposition theorem））

任何一个离散平稳过程$\{x_t\}$都可以分解为两个不相关的平稳序列之和,记作

$$x_t=V_t+\xi_t \tag{1.42}$$

其中,$\{V_t\}$为确定性序列；$\{\xi_t\}$为随机序列,且$\xi_t=\sum_{j=0}^{\infty}\varphi_j\varepsilon_{t-j}$。它们需要满足如下条件：

$$\begin{cases} \{\varepsilon_t\}:WN(0,\sigma_\varepsilon^2) \\ \varphi_0=1,\displaystyle\sum_{j=0}^{\infty}\varphi_j^2<\infty \\ \mathrm{Cov}(V_t,\varepsilon_s)=E(V_t\varepsilon_s),\forall\, t\neq s \end{cases} \tag{1.43}$$

其中,确定性序列和随机序列的定义为

对任意序列$\{y_t\}$,令y_t关于q期之前的序列值$\{y_{t-q},y_{t-q-1},\cdots\}$作线性回归:

$$y_t=\alpha_0+\alpha_1y_{t-q}+\alpha_2y_{t-q-1}+\cdots+v_t \tag{1.44}$$

其中,$\{v_t\}$为回归残差序列,$D(v_t)=\tau_q^2$。

显然,$\tau_q^2\leqslant D(y_t)$,且随着q的增大而增大,也就是说τ_q^2是非减的有界序列,它的大小可以衡量历史信息对当前值的预测精度。τ_q^2越小,预测越准确;τ_q^2越大,预测效果越差。

如果$\lim\limits_{q\to\infty}\tau_q^2=0$,则说明序列的发展有很强的规律性或确定性,历史数据可以很好地预测将来,此时称$\{y_t\}$为"确定性序列"。

如果$\lim\limits_{q\to\infty}\tau_q^2=D(y_t)$,则说明序列的发展随机性很强,历史数据对于当前值的预测效果很差,此时称$\{y_t\}$为"随机序列"。

定理 1.3(格莱姆分解定理(Gramer decomposition theorem))

任何一个时间序列$\{x_t\}$都可以分解为两个部分的和:由多项式决定的确定性趋势成分和平稳的零均值误差成分,记为

$$x_t=\mu_t+\varepsilon_t=\sum_{j=0}^{d}\beta_jt^j+\Psi(B)a_t \tag{1.45}$$

其中,$d<\infty$;$\beta_1,\beta_2,\cdots,\beta_d$为常数系数;$\{a_t\}$为一个零均值白噪声序列;$B$为延迟算子。

实际应用中遇到的时间序列,如果其非平稳特性是由确定性因素引起的,那么这种非平稳通常会表现出明显的趋势性或周期性,即具有明显的规律性,而规律性信息又往往是比较容易提取的,因此又可以将序列记为

$$x_t=\mu_t+\varepsilon_t \tag{1.46}$$

其中,$\{\varepsilon_t\}$为零均值白噪声序列。这种分析方法就称为"确定性分析方法"。

由以上分解定理得到的确定性因素分解是进行确定性分析最常用的方法,这种分解方法把影响序列变化的各种因素总结为以下4种。

(1) 长期趋势(trend):导致序列呈现明显的长期趋势,例如递增、递减等。

(2) 循环波动(circle):导致序列呈现由低到高再由高到低的反复循环波动。

(3) 季节性变化(season):导致序列呈现随着季节变化而变化的稳定的周期性波动。

(4) 随机波动(immediate):除以上3种因素之外的其他因素的综合影响,导

致序列呈现一定的随机波动。

基于以上 4 种因素的相互作用而建立的分析模型主要有以下两种。

(1) 加法模型

$$x_t = T_t + C_t + S_t + I_t \tag{1.47}$$

(2) 乘法模型

$$x_t = T_t \cdot C_t \cdot S_t \cdot I_t \tag{1.48}$$

随机时序分析方法的典型代表是基于求和 ARIMA 模型的分析方法。

定义 1.19（ARIMA 模型）

具有如下结构的模型称为"求和自回归移动平均模型"，简记为 ARIMA(p,d,q)：

$$\begin{cases} \Phi(B)\,\nabla^d x_t = \Theta(B)\varepsilon_t \\ E(\varepsilon_t)=0, D(\varepsilon_t)=\sigma_\varepsilon^2, E(\varepsilon_t\varepsilon_s)=0, s \neq t \\ E(x_s\varepsilon_t)=0, \forall s < t \end{cases} \tag{1.49}$$

其中，$\nabla^d=(1-B)^d$；$\Phi(B)=1-\phi_1 B-\cdots-\phi_p B^p$，为平稳可逆 ARMA$(p,q)$ 模型的自回归系数多项式；$\Theta(B)=1-\theta_1 B-\cdots-\theta_q B^q$，为平稳可逆 ARMA$(p,q)$ 模型的移动平滑系数多项式。

经典时间序列分析方法在实际中根据不同的时间序列分布情况，拟合出相应的时间序列模型，包括 AR 模型、MA 模型和 ARMA 模型。

1.3.3 推理直觉模糊时间序列

上述直觉模糊时间序列模型从本质上讲是基于传统时间序列分析理论建模的，其建模方法与传统时间序列并没很大的区别，所利用的基本理论也是经典时间序列分析理论，仅研究对象变成了直觉模糊集或直觉模糊数，这样的研究思路没有在本质上体现直觉模糊集描述客观事物不确定性的优势，尤其是没有发挥直觉模糊集合的模糊计算和推理能力。直觉模糊时间序列的另一个研究方向是基于直觉模糊推理和相关算法的时间序列模型，主要以直觉模糊逻辑推理和直觉模糊关系合成理论为基础，辅助智能信息处理方法建模，本书统称这一类模型为"推理直觉模糊时间序列"。

首先给出模糊时间序列的相关定义。

定义 1.20（模糊时间序列）

设集合 $\{Y(t), t=0,1,\cdots,n\}$ 是定义在 $\mathbf{R}$ 上的一个子集，$f_i(t),(t=0,1,\cdots,n)$，$f_i(t)\in[0,1]$ 是定义在子集上的一组观察值，设 $F(t)$ 是 $f_1(t),f_2(t),\cdots f_n(t)$ 的集合，那么 $F(t)$ 被称为"一个定义在 $Y(t)$ 上的模糊时间序列"。

这里 $F(t)$ 可以是语言变量，$f_i(t)$ 是语言变量值。比如 $F(t)$ 描述"速度"变量，那么 $f_i(t)$ 可以赋值"很慢""慢""较慢""快""很快"等。又比如 $F(t)$ 为语言变量"年龄"，则 $f_i(t)$ 可以是"很老""老""较老""较年轻""年轻""年幼"等。$F(t)$ 是 t 的函数，表示随时序变化。

定义 1.21（模糊时间序列表示）

设 A 是一个定义在全局论域 U 上的模糊集：

$$A = f(\mu_1)/A_1 + f(\mu_2)/A_2 + \cdots + f(\mu_n)/A_n \tag{1.50}$$

其中，$f(\mu_i)$ 是 A 的隶属度函数，且 $f(\mu_i) \rightarrow [0,1]$，$1 \leqslant i \leqslant n$，+ 为连接符号。

定义 1.22（一阶模糊时间序列）

设一个 FTS $F(t)$ 仅由 $F(t-1)$ 决定，表示为 $F(t) = F(t-1) \circ \boldsymbol{R}(t, t-1)$。其中，$\boldsymbol{R}(t, t-1)$ 是模糊关系矩阵，$\circ$ 是模糊合成算子，那么 $F(t)$ 为一阶模糊时间序列。如果对于任意的 $\boldsymbol{R}(t, t-1) = \boldsymbol{R}(t-1, t-2)$，称 $F(t) = F(t-1) \circ \boldsymbol{R}$ 为"时不变模糊时间序列"，否则为"时变模糊时间序列"。

基于 FTS 的相关定义，给出 IFTS 相关定义。

定义 1.23（直觉模糊时间序列）

设 $\{Y(t), t = 0, 1, \cdots, n\}$ 是论域 U 上的时间序列，A 是论域 U 上的一个划分集，即 $\{A_i, i = 1, 2, \cdots, k; \bigcup\limits_{i=1}^{k} A_i = U\}$，其中，$A$ 是语言变量。如果时间序列 $F(t)$ 由包含隶属度和非隶属度函数 $\mu_i(Y(t)), \gamma_i(Y(t))$ 对应的 $\{A_i\}$ 构成，那么记 $F_I(t)$ 是定义在 $Y(t)$ 上的一个直觉模糊时间序列，表示为

$$F_I(t) = \langle \mu_1(Y(t)), \gamma_1(Y(t)) \rangle / A_1 + \langle \mu_2(Y(t)), \gamma_2(Y(t)) \rangle / A_2 + \cdots +$$
$$\langle \mu_n(Y(t)), \gamma_n(Y(t)) \rangle / A_n \tag{1.51}$$

其中，$f_i(t) = \langle \mu_i(Y(t)), \gamma_i(Y(t)) \rangle / A_i$ 表示直觉模糊时间序列 $Y(t)$ 相对于变量 A_i 隶属度和非隶属度函数的关系。

定义 1.24（直觉模糊时间序列关系）

令 $F_I(t)$ 为定义在 $Y(t)$ 上的一个 IFTS，$F_I(t) = F_I(t-1) \circ \boldsymbol{R}_I(t, t-1)$，其中，$\boldsymbol{R}_I(t, t-1)$ 称为"直觉模糊关系矩阵"，通常可用矩阵 $\boldsymbol{R}_{ij}$ 表示：

$$\boldsymbol{R}_{ij} = \langle \boldsymbol{R}(\mu_{ij}), \boldsymbol{R}(\gamma_{ij}) \rangle = F_I(t)^{\mathrm{T}} \circ F_I(t-1) = [\boldsymbol{R}_{ij}]_{r \times r} \tag{1.52}$$

设 $F_I(t)$ 和 $F_I(t-1)$ 的隶属度函数和非隶属度函数分别为 $\langle \mu_{1i}, \gamma_{1i} \rangle$ 和 $\langle \mu_{2i}, \gamma_{2i} \rangle$，那么 $\boldsymbol{R}(\mu_{ij})$ 和 $\boldsymbol{R}(\gamma_{ij})$ 可以由以下公式求得：

$$\boldsymbol{R}(\mu_{ij}) = \bigvee_{k=1}^{r} (\mu_{1ik} \wedge \mu_{2ik}), \quad \boldsymbol{R}(\gamma_{ij}) = \bigwedge_{k=1}^{r} (\gamma_{1ik} \vee \gamma_{2ik}) \tag{1.53}$$

定义 1.25（高阶直觉模糊时间序列）

如果一个 IFTS $F_I(t)$ 仅由 $F_I(t-1)$ 决定，即 $F_I(t) = F_I(t-1) \circ \boldsymbol{R}_I(t, t-1)$，那么称 $F_I(t)$ 为"一阶直觉模糊时间序列"，如果 $F_I(t)$ 由 $F_I(t-1), F_I(t-2), \cdots, F_I(t-m)$ 共同决定，那么称 $F_I(t)$ 是一个"m 阶直觉模糊时间序列"，表示为

$$F_I(t) = F_I(t-1) \times F_I(t-2) \times \cdots \times F_I(t-m) \circ \boldsymbol{R}_I(t, t-m) \tag{1.54}$$

其中，$\boldsymbol{R}(t, t-m)$ 是一个 m 阶合成直觉模糊关系，可以由以下公式求得：

$$\boldsymbol{R}_I(t, t-m) = f_I(t) \times f_I(t-1) \bigcup f_I(t-1) \times f_I(t-2) \bigcup \cdots$$
$$\bigcup f_I(t-m+1) \times f_I(t-m) \tag{1.55}$$

定义 1.26（时变直觉模糊时间序列）

令 $F_I(t)$ 为定义在 $Y(t)$ 上的一个 IFTS,对于任意的 t,如果有 $\boldsymbol{R}_I(t, t-1) = \boldsymbol{R}_I(t-1, t-2)$,那么 $F_I(t)$ 称为"时不变直觉模糊时间序列",否则称为"时变直觉模糊时间序列"。

根据上述定义,可以看出直觉模糊关系 $\boldsymbol{R}_I$ 是直觉模糊时间序列的关键,其实质是直觉模糊推理关系,描述了推理前件 $F_I(t-1)$ 和推理后件 $F_I(t)$ 的逻辑关系,可以表示为

$$F(t-1) \rightarrow F(t) \tag{1.56}$$

因此,为了与基于传统时间序列分析方法区分,我们称这一类 IFTS 为"推理直觉模糊时间序列",通过比较和分析,可以发现这样的 IFTS 更能体现直觉模糊集理论模糊性描述和推理的优势。在随后的章节中,如无特殊说明,IFTS 均指推理直觉模糊时间序列。

1.4 长期直觉模糊时间序列

根据直觉模糊时间序列建模基础理论方法的不同,将 IFTS 区分为直觉模糊平稳时间序列、直觉模糊非平稳时间序列和推理直觉模糊时间序列,那么针对 IFTS 预测输出的能力不同,可以将 IFTS 分为短期 IFTS 模型和长期 IFTS 模型。在 IFTS 模型研究过程中,主要包括 IFTS 的表示、IFTS 直觉模糊关系、阶数和时变性等问题。那么类似地,长期 IFTS 模型也可以得到如下定义。

定义 1.27（长期直觉模糊时间序列）

令 $F_I(t)$ 为定义在 $Y(t)$ 上的一个 IFTS,对于任意的时间 t,如果后 $q(q \geqslant 1)$ 个未知的直觉模糊时间序列观测值 $F_I(t+1), F_I(t+2), \cdots, F_I(t+q)$ 由前 $p(p \geqslant 1)$ 个已知的历史时间序列观测值 $F_I(t), F_I(t-1), \cdots, F_I(t-p+1)$ 决定,那么称 $F_I(t)$ 为"长期直觉模糊时间序列",也称"$(p-q)$ 直觉模糊时间序列",可表示为

$$F_I(t), F_I(t+1), \cdots, F_I(t+q-1)$$
$$= F_I(t-1) \times F_I(t-2) \times \cdots \times F_I(t-p) \circ \boldsymbol{R}_I(t, t-p) \tag{1.57}$$

定义 1.28（高阶长期直觉模糊时间序列）

若 $F_I(t)$ 是一个 $(p-q)$ 直觉模糊时间序列,当 $p=1$ 时,称 $F_I(t)$ 为"一阶长期直觉模糊时间序列";当 $p>1$ 时,称 $F_I(t)$ 为"高阶长期直觉模糊时间序列"。

根据该定义可以看出,当 $q=1$ 时,$(p-q)$ 直觉模糊时间序列等价于定义 1.23 中的直觉模糊时间序列,因此 $(p-q)$ 直觉模糊时间序列是一般直觉模糊时间序列的广泛表达式。

定义 1.29（长期直觉模糊时间序列关系）

若 $F_I(t)$ 是一个 $(p-q)$ 直觉模糊时间序列,其中 $\boldsymbol{R}_I(t, t-p)$ 是 p 阶长期直觉模糊关系矩阵,表示已知时间序列观测值和未知时间序列观测值的直觉模糊逻

辑关系,即

$$F_I(t),F_I(t+1),\cdots,F_I(t+q-1) \to F_I(t-1) \times F_I(t-2) \times \cdots \times F_I(t-p)$$

$$(1.58)$$

定义 1.30(时变长期直觉模糊时间序列)

若 $F_I(t)$ 为定义在 $Y(t)$ 上的一个 $(p-q)$ 直觉模糊时间序列,对于任意的 t,如果有 $\boldsymbol{R}_I(t,t-p)=\boldsymbol{R}_I(t-1,t-1-p)$,那么 $F_I(t)$ 称为"时不变长期直觉模糊时间序列",否则称为"时变长期直觉模糊时间序列"。

综上所述,$(p-q)$IFTS 可以看作一个多输入多输出(multi-input multi-output,MIMO)直觉模糊时间序列,是一般 IFTS 模型的通用表达形式。

本章对全书研究内容的基础知识进行了系统介绍,主要包括:模糊集和直觉模糊集的定义及其基本运算法则;直觉模糊集的 3 种基本关系;直觉模糊条件推理的 5 种形式和计算方法。分别介绍了两种不同的直觉模糊时间序列基础理论,第一种是基于经典时间序列分析理论的 IFTS 模型,第二种是基于直觉模糊推理的 IFTS 模型,并将第二种概括为推理直觉模糊时间序列。最后给出了长期直觉模糊时间序列的相关定义,提出了一种扩展的 $(p-q)$ 直觉模糊时间序列定义,使长期直觉模糊时间序列与一般直觉模糊时间序列的定义统一。

参考文献

[1]　ATANASSOV K. Intuitionistic fuzzy sets[J]. Fuzzy Sets and Systems,1986,20(1): 87-96.

[2]　BUSTINCE H,BURILLO P. Vague sets are intuitionistic fuzzy sets[J]. Fuzzy Sets and Systems,1996,79(3);403-405.

[3]　BURILLO. P,BUSTINCE H. Entropy on intuitionistic fuzzy sets and interval valued fuzzy sets[J]. Fuzzy Sets and Systems,1996,78(1):305-316.

[4]　GLAD D, ETIENNE E K. On the composition of intuitionistic fuzzy relations[J]. Fuzzy Sets and Systems,2003,136(3): 333-361.

[5]　ABBAS S E. On intuitionistic fuzzy compactness [J]. Information Sciences,2005, 173(1-3): 75-91.

[6]　LIANG Z Z, SHI P F. Similarity measures on intuitionistic fuzzy sets[J]. Pattern Recognition Letters,2003,24(15):2687-2693.

[7]　王艳平,王涛.直觉模糊逻辑算子组的研究[J].辽宁工学院学报,2000,20(2): 12-15.

[8]　李晓萍,王贵君.直觉模糊集的扩张运算[J].模糊系统与数学,2003,16(1): 40-46.

[9]　雷英杰,赵杰,贺正洪,等.直觉模糊集合[M]. 北京:科学出版社,2014.

[10]　MITCHELL H B. Pattern recognition using type-II fuzzy sets[J]. Information Sciences,2005,170(2/4): 409-418.

[11]　EULALIA S, JANUSZ K. A concept of similarity for intuitionistic fuzzy sets and its use in group decision making [C]//IEEE International Conference on Fuzzy Systems,July 25-29,2004,Budapest,Hungary. Piscataway: IEEE Press,2004,2: 1129-1134.

[12] IAKOVIDIS D K，PELEKIS N，KOTSIFAKOS E. Intuitionistic fuzzy clustering with applications in computer vision[J]. Lecture Notes in Computer Science,2008,5259(1)：764-774.

[13] CHEN S M. Forecasting enrollments based on high-order fuzzy time series [J]. Cybernetics and Systems,2002,33(1):1-16.

[14] HUARNG K. Heuristic models of fuzzy time series for forecasting[J]. Fuzzy Sets Systems. 2001,123(2):369-386.

[15] PARK J，LEE D J,SONG C K,et al. TAIFEX and KOSPI 200 forecasting based on two-factor high-order fuzzy time series and particle swarm optimization[J]. Expert Systems with Applications. 2010,37(2):959-967.

[16] LI S T，KUO S C,CHEN Y C,et al. Deterministic vector long-term forecasting for fuzzy time series[J]. Fuzzy Sets and Systems. 2010,161(13):1852-1870.

[17] CASTILLO O，ALANIS A,GARCIA M,et al. An intuitionistic fuzzy system for time series analysis in plant monitoring and diagnosis[J]. Applied Soft Computing,2007,7(4)：1227-1233.

[18] 樊雷. 基于直觉模糊随机理论的平稳时间序列分析方法研究[D]. 西安：空军工程大学,2011.

[19] JOSHI B P，KUMAR S. Intuitionistic fuzzy sets based method for fuzzy time series forecasting[J]. Cybernetics and Systems：An International Journal,2012,43(1)：34-47.

[20] HUNG K C，LIN K P. Long-term business cycle forecasting through a potential intuitionistic fuzzy least-squares support vector regression approach [J]. Information Sciences,2013,224：37-48.

[21] GANGWAR S S，KUMAR S. Probabilistic and Intuitionistic fuzzy sets-based method for fuzzy time series forecasting[J]. Cybernetics and Systems. 2014,45(4)：349-361.

[22] 郑寇全,雷英杰,王睿,等. 直觉模糊时间序列建模及应用[J]. 控制与决策,2013,28(10)：1525-1530.

第2章

一阶一元多重直觉模糊推理的 IFTS预测

由于受到模糊集理论的限制,模糊时间序列预测理论在不确定数据集的描述上有失客观,针对这种局限性,本章提出一种直觉模糊时间序列预测模型。首先,利用最大生成树模糊聚类算法实现论域的非等分划分;然后,针对直觉模糊时间序列的数据特性,提出一种更具客观性的隶属度和非隶属度函数的确定方法;最后,提出一种基于直觉模糊近似推理的模型预测规则。在亚拉巴马大学入学人数和中国社会消费品零售总额两组数据集上分别与典型方法进行对比实验,结果表明该模型可以有效提高预测精度,证明了该模型的有效性和优越性。

2.1 引言

时间序列分析是一种有效的数据预测方法,事实上,传统的时间序列模型并不能有效处理模糊信息数据,比如语言值变量。自 Song[1]首次提出了模糊时间序列(FTS)预测模型以来,许多研究者致力于这一领域的研究,开展了大量关于模糊时间序列的建模和应用的工作。模糊时间序列建模的核心思想在于利用模糊逻辑推理,对原本模糊不确定甚至缺失的历史数据信息进行处理,最终达到预测分析的目的。根据经典模糊时间序列中的有关定义,我们可以总结归纳出 FTS 的建模过程主要包括以下 6 个步骤:

(1) 定义历史数据的论域;

(2) 将给定论域划分区间;

(3) 根据论域区间对历史数据进行模糊化处理;

(4) 计算模糊关系矩阵;

(5) 根据模糊关系矩阵合成预测模糊集;

(6) 对预测结果去模糊化。

可以说,绝大部分 FTS 的建模研究就是围绕这几个方面开展的。直觉模糊时间序列(IFTS)作为模糊时间序列理论的拓展,具有描述客观事物的模糊性更加合理和全面的优点,是对 FTS 理论的延伸和完善。相应地,类比于 FTS 建模,IFTS 预测模型也可以总结为以下 7 个建模步骤:

(1) 定义历史数据的论域;

(2) 将给定的论域划分;

(3) 根据论域划分建立直觉模糊集;

(4) 历史数据直觉模糊化;

(5) 建立直觉模糊关系;

(6) 根据直觉模糊关系矩阵合成预测直觉模糊集;

(7) 去直觉模糊化。

IFTS 预测模型与 FTS 预测模型既有相似点也有不同点,相关算法可以相互借鉴和比较,具有相辅相成的特点。IFTS 模型由于需要对历史数据进行直觉模糊化,模型更复杂一些,相应地,IFTS 可以更加完整地描述模糊集的特性,获得更多的信息,实现直觉模糊推理功能,并且在一定条件下可以向 FTS 模型转换。因此可以说 IFTS 是 FTS 模型的泛化理论。那么就需要对 IFTS 模型进行更全面的讨论和证明,使其理论体系更加完备。

在论域划分上,FTS 模型的理论和方法在 IFTS 模型上也同样适用。研究初期的 FTS 模型均采用等分方法划分论域[1-2],显而易见,平均论域区间划分方法虽然操作简单,但是得到的预测结果精度往往不够理想,并且各区间与对应模糊集的语义解释颇为牵强,因此,需要一些非等分划分方法以应对更复杂和现实的情况。Huarng[3-4] 首次系统地讨论了怎样确定论域划分的有效长度,提出了基于分布和基于平均的两种划分方法,从理论上尝试总结了论域划分对时间序列模型的影响,且 Chen 和 Huang 等人的研究成果已经表明,在 FTS 模型中使用非等分划分方法,对于特定数据集会产生比等分方法更好的预测结果。Lu 等[5-6] 将信息粒理论引入论域划分,提出运用模型信息度量的机制对模型进行有效的非等分划分,使模型具有了一定的适应能力。郑寇全[7] 等研究了直觉模糊聚类方法在模糊时间序列建模过程中的应用,利用一种 IFCM 聚类的方法实现论域的自动非等分划分。此外有很多学者还尝试采用遗传算法[8]、粒子群算法[9] 和聚类算法[10] 等智能信息处理算法来实现模型的非等分论域划分。这些算法可以概括出一个共同的特征是,希望在时间序列建模过程中,每个划分的区间都可以具有相对明显的实际意义,也就是数据集可以对应到实际的物理含义,能够更容易进行数据预处理,也更符合人们的理解习惯。但是,这类算法通常需要在数据样本足够充足的条件下才能充分发挥其优良性能,而这又与 FTS 和 IFTS 预测模型原本希望不需要大量历史数据的优势相背离。

由于 IFTS 预测模型采用了直觉模糊集表示历史数据,那么直觉模糊集的建立方法,也就是隶属度函数和非隶属度函数的确定方法就成为历史数据直觉模糊化的关键所在。而另一方面,由于受直觉指数的影响,确定直觉模糊集的隶属度函数和非隶属度函数的方法呈现出极大的复杂性。例如,在 Joshi 等[11]建立的 IFTS 预测模型中,引用了 Jurio[12]提出的直觉模糊集构造方法,但该方法本身存在的缺陷导致隶属度和非隶属度之和恒为 0.8,其他方法如模糊统计法、三分法、二元对比排序法等[13]也多将直觉指数固定为一个常数,这样就大大降低了直觉指数在描述数据的客观性方面所做的贡献。

直觉模糊逻辑关系和预测规则是密不可分的,预测规则的建立以直觉模糊关系为基础,而直觉模糊关系的形式直接决定了应采取何种规则进行预测。鉴于此,本章将首先采取更简捷、更具实时性的基于最大生成树的模糊聚类算法对论域进行非等分划分,然后针对划分数据的特性,提出一种更具客观性的隶属度函数和非隶属度函数的确定方法,使直觉指数可以随隶属度函数的变化平滑变化,更符合复杂系统模糊时间序列预测的需求,最后结合直觉模糊多重推理方法确定直觉模糊关系和预测规则,进而建立一个完整的一阶一元 IFTS 预测模型。

2.2　FTS 预测模型

由于不同文献对于模糊时间序列具体建模过程中的定义和表述略有差异,这里,我们结合第 1 章给出的相关定义,通过一个例子,介绍一般模糊时间序列预测模型的建模过程,作为后续直觉模糊时间序列建模的参考。

例 2.1　对于一个数据集合的论域 $U=\{u_1,u_2,\cdots,u_n\}$,定义在 U 上的一个模糊集合 A_i 可以表示为

$$A_i=\frac{f_{A_i}(u_1)}{u_1}+\frac{f_{A_i}(u_2)}{u_2}+\cdots+\frac{f_{A_i}(u_n)}{u_n}$$

其中,f_{A_i} 是模糊集 A_i 的隶属度函数,$f_{A_i}:U\rightarrow[0,1]$,$f_{A_i}(u_i)$ 表示 u_i 属于语言值变量 A_i 的程度,$f_{A_i}(u_j)\in[0,1]$,$1\leqslant i\leqslant n$。在实数集 $\mathbf{R}$ 上的一个子集 $Y(t)$($t=0,1,2,\cdots$)表示论域,在论域 $Y(t)$ 上定义模糊集 $f_i(t)$($t=0,1,2,\cdots$),所有 $f_i(t)$ 的集合为 $F(t)$,则 $F(t)$ 是定义在论域 $Y(t)$ 上的一个模糊时间序列。设 $\mu_1(t),\mu_2(t),\cdots,\mu_n(t)$ 表示 t 时刻观测值 $F(t)$ 的模糊子集隶属度函数,取最大隶属度函数 $\mu_{\max}(t)$ 对应的模糊子集 A_i 表示该时刻的观测值 $F(t)$,$\mu_1(t+1),\mu_2(t+1),\cdots,\mu_n(t+1)$ 表示 $t+1$ 时刻观测值 $F(t+1)$ 的模糊子集隶属度函数,取最大隶属度函数 $\mu_{\max}(t+1)$ 对应的模糊子集 A_j 表示 $t+1$ 时刻的观测值 $F(t+1)$,那么可以得到一个模糊逻辑关系 $A_i\rightarrow A_j$,其中,A_i 和 A_j 分别为模糊逻辑关系的前件和后件。那么一个 FTS 预测模型可以经过以下几个步骤得到。

(1) 定义论域

对于给定的时间序列数据集,设论域 U 的最大和最小观测样本为 $x_{\max}$ 和 $x_{\min}$,则 $U=[x_{\min}-\varepsilon_1,x_{\max}+\varepsilon_2]$,其中,$\varepsilon_1\geqslant0$,$\varepsilon_2\geqslant0$,目的是为了讨论和计算上

的方便,使 $x_{\min}$ 和 $x_{\max}$ 分别向下、向上取合适的整数,在直觉模糊时间序列建模过程中也通常延续这一思路。

(2) 论域区间划分

通过对数据集合的分析,结合人们对事物认知的模糊性,将论域进行合理的划分,即表示为语言变量 A_j ,假设论域划分为 n 个子区间,采用等分划分,子区间长度为 $l = D/n$,其中, $D = (x_{\max} + \varepsilon_2) - (x_{\min} - \varepsilon_1)$ 。那么,可以得到论域的划分结果为

$$
\begin{cases}
u_1 = [d_1, d_2] \\
u_2 = [d_2, d_3] \\
\vdots \\
u_n = [d_n, d_{n+1}]
\end{cases}
$$

且 $d_2 - d_1 = d_3 - d_2 = d_{n+1} - d_n = l$, $d_1 = x_{\min} - \varepsilon_1$, $d_{n+1} = x_{\max} + \varepsilon_2$,第 i 个模糊子区间的中间值 $m_i = (d_i + d_{i+1})/2$ 。

(3) 数据模糊化

采用简单的三角函数数据模糊化来定义语言值变量 A_i 为

$$
\begin{cases}
A_1 = \dfrac{1}{u_1} + \dfrac{0.5}{u_2} + \dfrac{0}{u_3} \cdots \dfrac{0}{u_{n-1}} + \dfrac{0}{u_n} \\
\vdots \\
A_i = \dfrac{0}{u_1} + \cdots + \dfrac{0.5}{u_{i-1}} + \dfrac{1}{u_i} + \dfrac{0.5}{u_{i+1}} + \cdots + \dfrac{0}{u_n} \\
\vdots \\
A_n = \dfrac{0}{u_1} + \cdots + \dfrac{0}{u_{n-2}} + \dfrac{0.5}{u_{n-1}} + \dfrac{1}{u_n}
\end{cases}
$$

其中, A_i 为第 i 个模糊概念, n 为划分模糊概念数。在早期的 FTS 模型中,直接根据上式,对样本数据模糊化处理为语言值变量,得到模糊关系。可以看到这是相对粗糙的模糊化处理方法,在之后的研究中,许多更加合理和完善的模糊化方法被提出,这里不再展开说明。

(4) 建立模糊逻辑关系

根据最大隶属度原则建立模糊逻辑关系,若 $F(t-1) = A_i$, $F(t) = A_j$,则两个连续的观测值直觉可以用模糊逻辑关系 $A_i \to A_j$ 表示,将所有样本数据确定的模糊关系构成集合,例如: $A_1 \to A_1$, $A_1 \to A_2$, $A_2 \to A_3$ 。

(5) 计算模糊关系矩阵

由计算得到的模糊关系集合,根据模糊关系矩阵 $\boldsymbol{R} = \bigcup \boldsymbol{R}^{i,j}$ 的定义,通过最大最小合成运算,计算得到模糊关系矩阵,例如有两个模糊关系 $\boldsymbol{R}^{1,2}$ 和 $\boldsymbol{R}^{2,3}$,分别由两个隶属度函数向量相乘得到,最后由这两个模糊关系合成得到模糊关系矩阵,即

$$\boldsymbol{R}^{1,2} = \boldsymbol{A}_1^{\mathrm{T}} \times \boldsymbol{A}_2 = \begin{bmatrix} 1 \\ 0.5 \\ 0 \\ 0 \\ 0 \\ 0 \\ 0 \end{bmatrix} \times [0.5, 1, 0.5, 0, 0, 0, 0] = \begin{bmatrix} 0.5 & 1 & 0.5 & 0 & 0 & 0 & 0 \\ 0.5 & 0.5 & 0.5 & 0 & 0 & 0 & 0 \\ 0 & 0 & 0 & 0 & 0 & 0 & 0 \\ 0 & 0 & 0 & 0 & 0 & 0 & 0 \\ 0 & 0 & 0 & 0 & 0 & 0 & 0 \\ 0 & 0 & 0 & 0 & 0 & 0 & 0 \\ 0 & 0 & 0 & 0 & 0 & 0 & 0 \end{bmatrix}$$

$$\boldsymbol{R}^{2,3} = \boldsymbol{A}_1^{\mathrm{T}} \times \boldsymbol{A}_2 = \begin{bmatrix} 0.5 \\ 1 \\ 0.5 \\ 0 \\ 0 \\ 0 \\ 0 \end{bmatrix} \times [0, 0.5, 1, 0.5, 0, 0, 0] = \begin{bmatrix} 0 & 0.5 & 0.5 & 0.5 & 0 & 0 & 0 \\ 0 & 0.5 & 1 & 0.5 & 0 & 0 & 0 \\ 0 & 0.5 & 0.5 & 0.5 & 0 & 0 & 0 \\ 0 & 0 & 0 & 0 & 0 & 0 & 0 \\ 0 & 0 & 0 & 0 & 0 & 0 & 0 \\ 0 & 0 & 0 & 0 & 0 & 0 & 0 \\ 0 & 0 & 0 & 0 & 0 & 0 & 0 \end{bmatrix}$$

那么

$$\boldsymbol{R} = \boldsymbol{R}^{1,2} \bigcup \boldsymbol{R}^{2,3} = \begin{bmatrix} 0.5 & 1 & 0.5 & 0.5 & 0 & 0 & 0 \\ 0.5 & 0.5 & 1 & 0.5 & 0 & 0 & 0 \\ 0 & 0.5 & 0.5 & 0.5 & 0 & 0 & 0 \\ 0 & 0 & 0 & 0 & 0 & 0 & 0 \\ 0 & 0 & 0 & 0 & 0 & 0 & 0 \\ 0 & 0 & 0 & 0 & 0 & 0 & 0 \\ 0 & 0 & 0 & 0 & 0 & 0 & 0 \end{bmatrix}$$

最后通过合成得到全部模糊逻辑构成的关系矩阵 $\boldsymbol{R}$。

(6) 预测输出

假设通过计算得到的模糊逻辑关系矩阵为 $\boldsymbol{R}$，在模糊逻辑关系前件已知的情况下就可以通过模糊逻辑关系矩阵运算，得到模糊逻辑关系后件，即进行预测输出。在不同的模型中，需要详细给出计算的限定条件，比如在早期 FTS 模型中，如果模糊隶属度向量中只有一个最大值，则选择该值所对应的模糊集中心值作为下一时刻的预测值；如果模糊隶属度向量中有两个或者多个联系最大值(如例 2.1 中出现的多个 0.5)，那么选择这些点对应的模糊集形成的整个区间中心作为下一时刻的预测值；如果有多个不同模糊隶属度集，那么将所有模糊集对应中心的加权作为下一时刻的预测值。

(7) 去模糊化

最后根据所用的模糊化公式对得到的预测结果进行反向去模糊化操作，得到最终的 FTS 模型的输出结果，完成系统预测。

通过上述例子可以很直观地看出 FTS 模型的建模过程，模糊时间序列建模对直觉模糊时间序列建模产生了良好的启发作用,是 IFTS 建模的基础。下面给出基于非等分论域划分的一阶一元 IFTS 预测模型。

2.3 一阶一元 IFTS 预测模型

本节按照 IFTS 预测模型的基本步骤,分别对构建一阶一元模型时涉及的论域划分方法、直觉模糊集的建立方法、直觉模糊逻辑的获取、预测规则的建立方法和预测结果的解模糊算法进行详细介绍,然后给出模型的完整预测步骤。

2.3.1 论域非等分划分

首先,给出一个基于最大树的非等分论域划分方法,通过 F 统计量得到论域最优划分的计算结果。设 $\{x_1,x_2,\cdots,x_t\}$ 是一个 IFTS 的历史数据,首先定义模型的讨论范围,即论域 $U=[x_{\min}-\varepsilon_1,x_{\max}+\varepsilon_2]$,与 FTS 模型类似,其中 $x_{\min}=\min\{x_1,x_2,\cdots,x_t\}$,$x_{\max}=\max\{x_1,x_2,\cdots,x_t\}$,$\varepsilon_1$ 和 ε_2 为适合 $x_{\min}$ 和 $x_{\max}$ 分别向下、向上取整参数。

利用一种最大生成树的模糊聚类方法对论域进行划分,$\{x_1,x_2,\cdots,x_t\}$ 是待分类对象的全体,其中,$x_i(i=1,2,\cdots,t)$ 有 m 维特征,即 $x_i=(x_{i1},x_{i2},\cdots,x_{im})$。最大生成树法就是以任意两个对象间的相似度为元素,建立相似矩阵 $\mathbf{R}=(r_{ij})_{t\times t}$,然后以 $x_1,x_2,\cdots,x_t$ 为顶点,以 r_{ij} 为边的权重建立一棵最大树,取定阈值 $\lambda\in[0,1]$,去掉 $r_{ij}<\lambda$ 的边,在剩下的非连通图中,各连通分支上的顶点就组成了一个类别,所有类别组成一个在 λ 水平上的分类,具体步骤如下。

步骤 1:数据标准化。将不同量纲的数据进行变换,根据模糊矩阵的要求压缩到[0,1]区间上。通常需要做以下两种变换。

(1)平移-标准差变换

$$x'_{ik}=\frac{x_{ik}-\bar{x}}{s_k} \tag{2.1}$$

其中,$\bar{x}_k=\frac{1}{t}\sum_{i=1}^{t}x_{ik}$;$s_k=\sqrt{\frac{1}{t}\sum_{i=1}^{t}(x_{ik}-\bar{x}_k)^2}$;$i=1,2,\cdots,t$;$k=1,2,\cdots,m$。经过变换后,每个变量的均值为 0,标准差为 1,并消除了量纲的影响,但还不能保证 x'_{ik} 就一定能位于区间[0,1]上,那么就要进行平移-极差变换。

(2)平移-极差变换

$$x''_{ik}=\frac{x'_{ik}-\min_{1\leqslant i\leqslant t}\{x'_{ik}\}}{\max_{1\leqslant i\leqslant t}\{x'_{ik}\}-\min_{1\leqslant i\leqslant t}\{x'_{ik}\}} \tag{2.2}$$

经过变换后,显然有 $0\leqslant x''_{ik}\leqslant 1$,而且也消除了量纲的影响。

步骤 2:建立模糊相似矩阵。令 r_{ij} 表示 x_i 与 $x_j=(i,j=1,2,\cdots,t)$ 之间的相似度,确定 r_{ij} 后即可建立模糊相似矩阵 $\mathbf{R}=(r_{ij})_{t\times t}$。选取 r_{ij} 的方法有很多,

这里采用距离法，即 $r_{ij}=1-d(x_i,x_j)$，$d(x_i,x_j)$ 表示 x_i 与 x_j 之间的距离，这里采用常用的欧氏距离：

$$d(x_i,x_j)=\sqrt{\sum_{k=1}^{m}(x_{ik}-x_{jk})^2} \tag{2.3}$$

步骤 3：建立最大树，进行聚类。本书采用克鲁斯卡尔算法（Kruskal algorithm）建立最大树，即先画出全部顶点 x_i，然后按照在矩阵 **R** 中 r_{ij} 由小至大的顺序依次画边，但图中不能出现环，直到图中任意两个顶点都连通为止，得到的图便称为"最大树"。去掉树中权重小于 λ 的边，就得到在 λ 水平上的分类。用克鲁斯卡尔法建立的最大树是不唯一的，但可以证明得到的分类结果是唯一的。

步骤 4：确定最佳阈值 λ。对于不同的 λ 可以得到不同的分类，从而得到一组动态分类，在应用中往往需要确定一个最佳阈值 λ 从而对应一个最优分类。这里采用 F 统计量方法来确定最佳阈值 λ。设 r 为对应于 λ 的分类数，n_p 为第 p（$p=1,2,\cdots,r$）类包含的对象个数，$n_1+n_2+\cdots+n_r=t$。

令

$$\bar{x}_{pk}=\frac{1}{n_p}\sum_{i=1}^{n_p}x_{ik} \tag{2.4}$$

为第 p 类对象的第 k 个特征的平均值。

令

$$\bar{x}_k=\frac{1}{t}\sum_{i=1}^{t}x_{ik} \tag{2.5}$$

为全体对象的第 k 个特征的平均值。

引入 F 统计量

$$F=\frac{\sum_{p=1}^{r}n_p\sum_{k=1}^{m}(\bar{x}_{pk}-\bar{x}_k)^2/(r-1)}{\sum_{p=1}^{r}\sum_{i=1}^{n_p}\sum_{k=1}^{m}(x_{ik}-\bar{x}_{pk})^2/(n-r)} \tag{2.6}$$

它是服从自由度为 $(r-1,n-r)$ 的 F 分布。其中，分子表征不同类别之间的距离，分母表征同一类别内各对象之间的距离，因此 F 值越大，说明类与类之间的距离越大，同一类之内的距离越小，即该分类越好。对给定的置信度 α，查表得 F_α，根据数理统计方差理论，当 $F>F_\alpha$ 时，不同类之间的差异显著。因此，在满足 $F>F_\alpha$ 的所有分类中选取最大的 F 对应的阈值 λ 作为最佳阈值，对应的分类就是最佳分类。

通过聚类可以得到 $\{x_1,x_2,\cdots,x_t\}$ 的一个最佳分类（设为 r 类），这里记为

$$\{x_1^1,x_2^1,\cdots,x_{n_1}^1\},\cdots,\{x_1^{p-1},x_2^{p-1},\cdots,x_{n_{p-1}}^{p-1}\},\{x_1^p,x_2^p,\cdots,x_{n_p}^p\},$$

$$\{x_1^{p+1},x_2^{p+1},\cdots,x_{n_{p+1}}^{p+1}\},\cdots,\{x_1^r,x_2^r,\cdots,x_{n_r}^r\}$$

其中，$x_{n_{p-1}}^{p-1} < x_1^p$；$x_1^p \leqslant x_2^p \leqslant \cdots \leqslant x_{n_p}^p$；$x_{n_p}^p < x_1^{p+1}$；$p = 1, 2, \cdots, r$。

记

$$d_p = \begin{cases} x_{\min} - \varepsilon_1, & p = 0 \\ \dfrac{x_{n_p}^p + x_1^{p+1}}{2}, & p = 1, 2, \cdots, r-1 \\ x_{\max} + \varepsilon_2, & p = r \end{cases} \quad (2.7)$$

则论域 U 被划分成 r 个非等长的区间：$u_1 = [d_0, d_1], u_2 = [d_1, d_2], \cdots, u_r = [d_{r-1}, d_r]$。

2.3.2　直觉模糊集建立

对应论域的 r 个划分区间，可以建立 r 个代表语言值变量的直觉模糊集，即

$$A_j = \{\langle x, \mu_{A_j}(x), \gamma_{A_j}(x)\rangle \mid x \in U\} \quad (2.8)$$

其中，$j = 1, 2, \cdots, r$。

本章针对 IFTS 预测模型实际应用情况和划分区间的特性，给出以下隶属度函数和非隶属度函数的确定方法。

首先，通过客观的分析，给出两条规则，用于模型处理 x 位于区间的中点和边界点的情况：

规则 2.1：当 x 位于区间 u_j 的中点，即 $x = \dfrac{d_{j-1} + d_j}{2}$ 时，$\mu_{A_j}(x) = 1, \gamma_{A_j}(x) = 0$。

规则 2.2：当 x 位于区间 u_j 的边界，即 $x = d_{j-1}$ 或 $x = d_j$ 时，直觉指数取得最大值，且隶属度函数和非隶属度函数相等。根据具体情况，可以令 $\pi_{A_j}(x) = \alpha(0 \leqslant \alpha \leqslant 1)$，则 $\mu_{A_j}(x) = \gamma_{A_j}(x) = \dfrac{1-\alpha}{2}$。

接着，从上述给定的规则出发，可以确定隶属度函数，这里采用典型的高斯函数（Gaussian function）的形式：

$$\mu_{A_j}(x) = \exp\left(-\frac{(x - c_{\mu j})^2}{2\sigma_{\mu j}^2}\right) \quad (2.9)$$

那么非隶属度函数可以由高斯函数变形得到：

$$\gamma_{A_j}(x) = 1 - \exp\left(-\frac{(x - c_{\gamma j})^2}{2\sigma_{\gamma j}^2}\right) \quad (2.10)$$

根据直觉指数函数的定义，可以得到 $\pi_{A_j}(x)$ 的计算公式为

$$\pi_{A_j}(x) = 1 - \mu_{A_j}(x) - \gamma_{A_j}(x) \quad (2.11)$$

其中，$j = 1, 2, \cdots, r$；$c_{\mu j}, \sigma_{\mu j}$ 和 $c_{\gamma j}, \sigma_{\gamma j}$ 为函数的参数，是确定隶属度函数和非隶属度函数的关键。

最后，可以根据上述规则计算得到隶属度函数和非隶属度函数公式中各参数值，分别如式（2.12）～式（2.14）所示。

$$c_{\mu j} = c_{\gamma j} = \frac{d_{j-1} + d_j}{2} \tag{2.12}$$

$$\sigma_{\mu j}^2 = -\frac{(d_j - d_{j-1})^2}{8\ln\frac{1-\alpha}{2}} \tag{2.13}$$

$$\sigma_{\gamma j}^2 = -\frac{(d_j - d_{j-1})^2}{8\ln\frac{1+\alpha}{2}} \tag{2.14}$$

这样,一个基于高斯函数的隶属度函数和非隶属度函数计算方法就可以确定了。接下来需要证明由上述规则建立的直觉模糊集是正规直觉模糊集。

定义 2.1(正规直觉模糊集[13])

设 A 为有限论域 X 上的直觉模糊集,如果 A 满足:

(1) $0 \leqslant \mu_A(x) \leqslant 1, 0 \leqslant \gamma_A(x) \leqslant 1$;

(2) $0 \leqslant \pi_A(x) \leqslant 1, 0 \leqslant \mu_A(x) + \gamma_A(x) \leqslant 1$;

(3) $\mu_A(x) + \gamma_A(x) + \pi_A(x) = 1$。

则称 A 为一个"正规直觉模糊集"。

定理 2.1　本章提出的隶属度函数、非隶属度函数和直觉指数函数的计算方法是规范的,即 A_j 是正规直觉模糊集。

证明

(1) 由高斯函数的定义,有

$$0 \leqslant \exp\left(-\frac{(x-c)^2}{2\sigma^2}\right) \leqslant 1$$

从而有

$$0 \leqslant 1 - \exp\left(-\frac{(x-c)^2}{2\sigma^2}\right) \leqslant 1$$

故得

$$0 \leqslant \mu_{A_j}(x) \leqslant 1$$

$$0 \leqslant \gamma_{A_j}(x) \leqslant 1$$

(2) 由 $0 \leqslant \alpha \leqslant 1$ 且 $\ln\frac{1-\alpha}{2} \leqslant \ln\frac{1+\alpha}{2}$,有 $\sigma_{\mu j}^2 \leqslant \sigma_{\gamma j}^2$。从而有

$$\exp\left(-\frac{(x-c_{\mu j})^2}{2\sigma_{\mu j}^2}\right) - \exp\left(-\frac{(x-c_{\gamma j})^2}{2\sigma_{\gamma j}^2}\right) \leqslant 0$$

又由

$$0 \leqslant \exp\left(-\frac{(x-c_{\mu j})^2}{2\sigma_{\mu j}^2}\right) \leqslant 1$$

$$0 \leqslant \exp\left(-\frac{(x-c_{\gamma j})^2}{2\sigma_{\gamma j}^2}\right) \leqslant 1$$

有

$$-1 \leqslant \exp\left(-\frac{(x-c_{\mu j})^2}{2\sigma_{\mu j}^2}\right) - \exp\left(-\frac{(x-c_{\gamma j})^2}{2\sigma_{\gamma j}^2}\right) \leqslant 1$$

故得

$$-1 \leqslant \exp\left(-\frac{(x-c_{\mu j})^2}{2\sigma_{\mu j}^2}\right) - \exp\left(-\frac{(x-c_{\gamma j})^2}{2\sigma_{\gamma j}^2}\right) \leqslant 0$$

即

$$0 \leqslant \exp\left(-\frac{(x-c_{\mu j})^2}{2\sigma_{\mu j}^2}\right) + 1 - \exp\left(-\frac{(x-c_{\gamma j})^2}{2\sigma_{\gamma j}^2}\right) \leqslant 1$$

即

$$0 \leqslant \mu_{A_j}(x) + \gamma_{A_j}(x) \leqslant 1$$

进而,得

$$0 \leqslant \pi_{A_j}(x) = 1 - \mu_{A_j}(x) - \gamma_{A_j}(x) \leqslant 1$$

（3）由直觉指数函数的确定方法,明显可得 $\pi_{A_j}(x) + \mu_{A_j}(x) + \gamma_{A_j}(x) = 1$。
证毕。

根据 IFTS 预测模型建立的一般过程,在对直觉模糊集建立后,就需要对历史数据进行直觉模糊化处理。计算所有历史数据对每个直觉模糊集的隶属度函数、非隶属度函数和直觉指数,见表 2.1。对于每个历史数据,分别有 r 组不同的隶属度函数、非隶属度函数和直觉指数,其中最大隶属度对应的直觉模糊集即该历史数据的直觉模糊化结果。例如,若 x_1 对应的 r 个隶属度值 $\mu_{A_1}(x_1), \mu_{A_2}(x_1), \cdots,$
$\mu_{A_r}(x_1)$ 中的最大隶属度值为 $\mu_{A_2}(x_1)$,那么 x_1 的直觉模糊化结果为 A_2。

表 2.1　历史数据对直觉模糊集 A_j 的隶属关系

历史数据	A_1			A_2			$\cdots$	A_r		
	μ_{A_1}	γ_{A_1}	π_{A_1}	μ_{A_2}	γ_{A_2}	π_{A_2}	$\cdots$	μ_{A_t}	γ_{A_t}	π_{A_t}
x_1	$\mu_{A_1}(x_1)$	$\gamma_{A_1}(x_1)$	$\pi_{A_1}(x_1)$	$\mu_{A_2}(x_1)$	$\gamma_{A_2}(x_1)$	$\pi_{A_2}(x_1)$	$\cdots$	$\mu_{A_r}(x_1)$	$\gamma_{A_r}(x_1)$	$\pi_{A_r}(x_1)$
x_2	$\mu_{A_1}(x_2)$	$\gamma_{A_1}(x_2)$	$\pi_{A_1}(x_1)$	$\mu_{A_2}(x_2)$	$\gamma_{A_2}(x_2)$	$\pi_{A_2}(x_2)$	$\cdots$	$\mu_{A_r}(x_2)$	$\gamma_{A_r}(x_2)$	$\pi_{A_r}(x_2)$
$\vdots$	$\vdots$	$\vdots$	$\vdots$	$\vdots$	$\vdots$	$\vdots$		$\vdots$	$\vdots$	$\vdots$
x_t	$\mu_{A_1}(x_t)$	$\gamma_{A_1}(x_t)$	$\pi_{A_1}(x_t)$	$\mu_{A_2}(x_t)$	$\gamma_{A_2}(x_t)$	$\pi_{A_2}(x_t)$	$\cdots$	$\mu_{A_r}(x_t)$	$\gamma_{A_r}(x_t)$	$\pi_{A_r}(x_t)$

为方便统一表述,本书将历史数据 x_i 的直觉模糊化结果记为 $A^i, A^i \in \{A_j | j = 1, 2, \cdots, r\}$。

2.3.3　直觉模糊逻辑关系和预测规则

对于 t 时刻的历史数据对应的直觉模糊集表示为 A^t,$t+1$ 时刻的预测值表示为 $\hat{x}_{t+1}$,且对应的直觉模糊集记为 $\hat{A}_{t+1}$,则 A^t 和 $\hat{A}_{t+1}$ 之间的直觉模糊逻辑关系可以表示为

$$A^t \to \hat{A}_{t+1} \tag{2.15}$$

那么从给定的历史数据集中,就能够得到 $t-1$ 个直觉模糊逻辑关系,即

$$\begin{cases} A^1 \to A^2 \\ A^2 \to A^3 \\ \vdots \\ A^{t-1} \to A^t \end{cases} \tag{2.16}$$

根据 1.3 节中多重式直觉模糊推理的思路,在本章构建的一阶一元 IFTS 预测模型中,首先对历史数据和直觉模糊集的地位进行互换,建立一种新的直觉模糊集;然后利用这个新的直觉模糊集对直觉模糊逻辑关系进行变形处理;最后对变形后的直觉模糊逻辑关系应用多重式直觉模糊推理,建立一种推理预测规则。

首先,将历史数据 $x_i = (i=1,2,\cdots,t)$ 与直觉模糊集 $A_j (j=1,2,\cdots,r)$ 的地位互换,即将 x_i 看作直觉模糊集,记为 $F_i(i=1,2,\cdots,t)$,将 A_j 看作集合 F_i 中的元素,将 $\mu_{A_j}(x)$ 与 $\gamma_{A_j}(x)$ 看作元素 A_j 对集合 F_i 的隶属度函数和非隶属度函数。那么,A_j 对直觉模糊集 F_i 的隶属关系见表 2.2。

表 2.2　A_j 对直觉模糊集 F_i 的隶属关系

元素	F_1			F_2			$\cdots$	F_t		
	μ_{F_1}	γ_{F_1}	π_{F_1}	μ_{F_2}	γ_{F_2}	π_{F_2}		μ_{F_t}	γ_{F_t}	π_{F_t}
A_1	$\mu_{A_1}(x_1)$	$\gamma_{A_1}(x_1)$	$\pi_{A_1}(x_1)$	$\mu_{A_1}(x_2)$	$\gamma_{A_1}(x_2)$	$\pi_{A_1}(x_2)$	$\cdots$	$\mu_{A_1}(x_t)$	$\gamma_{A_1}(x_t)$	$\pi_{A_1}(x_t)$
A_2	$\mu_{A_2}(x_1)$	$\gamma_{A_2}(x_1)$	$\pi_{A_2}(x_1)$	$\mu_{A_2}(x_2)$	$\gamma_{A_2}(x_2)$	$\pi_{A_2}(x_2)$	$\cdots$	$\mu_{A_2}(x_t)$	$\gamma_{A_2}(x_t)$	$\pi_{A_2}(x_t)$
$\vdots$	$\vdots$	$\vdots$	$\vdots$	$\vdots$	$\vdots$	$\vdots$		$\vdots$	$\vdots$	$\vdots$
A_r	$\mu_{A_r}(x_1)$	$\gamma_{A_r}(x_1)$	$\pi_{A_r}(x_1)$	$\mu_{A_r}(x_2)$	$\gamma_{A_r}(x_2)$	$\pi_{A_r}(x_2)$	$\cdots$	$\mu_{A_r}(x_t)$	$\gamma_{A_r}(x_t)$	$\pi_{A_r}(x_t)$

得到新的直觉模糊集 F_i 可表示为

$$F_i = \sum_{j=1}^{r} \langle \mu_{F_i}(A_j), \gamma_{F_i}(A_j) \rangle / A_j \tag{2.17}$$

其中,

$$\begin{cases} \mu_{F_i}(A_j) = \mu_{A_j}(x_i) \\ \gamma_{F_i}(A_j) = \gamma_{A_j}(x_i) \end{cases} \tag{2.18}$$

这样,式(2.15)和式(2.16)中的直觉模糊逻辑关系可以分别变换为

$$F_t \to \hat{F}_{t+1} \tag{2.19}$$

$$\begin{cases} F_1 \to F_2 \\ F_2 \to F_3 \\ \vdots \\ F_{t-1} \to F_t \end{cases} \tag{2.20}$$

将式(2.20)中的直觉模糊逻辑关系作为推理规则,式(2.19)的前件 F_t 作为推理输入,后件 $\hat{F}_{t+1}$ 作为输出,可以得到一个多重式直觉模糊推理模型:

规则: IF x is F_1 THEN y is F_2

IF x is F_2 THEN y is F_3

$$\vdots$$

IF x is F_{t-1} THEN y is F_t

输入: IF x is F_t

输出: y is $\hat{F}_{t+1}$

根据式(1.31)和式(1.32),可以得到新的隶属度函数和非隶属度函数合成关系:

$$
\begin{cases}
\mu_R(x,y) = \bigvee\limits_{i=1}^{t-1} \mu_{R_i}(x,y) = \bigvee\limits_{i=1}^{t-1} (\mu_{F_i}(x) \wedge \mu_{F_{i+1}}(y)) \\
\gamma_R(x,y) = \bigwedge\limits_{i=1}^{t-1} \gamma_{R_i}(x,y) = \bigwedge\limits_{i=1}^{t-1} (\gamma_{F_i}(x) \vee \gamma_{F_{i+1}}(y))
\end{cases}
\tag{2.21}
$$

则

$$
\hat{F}_{t+1} = F_t \circ R = \int_U \langle \mu_{\hat{F}_{t+1}}(y), \gamma_{\hat{F}_{t+1}}(y) \rangle / y
\tag{2.22}
$$

其中,

$$
\begin{cases}
\mu_{\hat{F}_{t+1}}(y) = \bigvee\limits_{x=A_1,A_2,\cdots,A_r} (\mu_{F_t}(x) \wedge \mu_R(x,y)) \\
\gamma_{\hat{F}_{t+1}}(y) = \bigwedge\limits_{x=A_1,A_2,\cdots,A_r} (\gamma_{F_t}(x) \vee \gamma_R(x,y))
\end{cases}
\tag{2.23}
$$

经过推理的结果为

$$
\hat{F}_{t+1} = \sum_{j=1}^{r} \langle \mu_{\hat{F}_{t+1}}(A_j), \gamma_{\hat{F}_{t+1}}(A_j) \rangle / A_j
\tag{2.24}
$$

根据式(2.18)的变换规则,式(2.24)也就是 $t+1$ 时刻的预测值 $\hat{x}_{t+1}$ 对各直觉模糊集 A_j 的隶属关系为

$$
\langle \mu_{A_1}(\hat{x}_{t+1}), \gamma_{A_1}(\hat{x}_{t+1}) \rangle, \langle \mu_{A_2}(\hat{x}_{t+1}), \gamma_{A_2}(\hat{x}_{t+1}) \rangle, \cdots, \langle \mu_{A_r}(\hat{x}_{t+1}), \gamma_{A_r}(\hat{x}_{t+1}) \rangle
\tag{2.25}
$$

其中,最大隶属度值所对应的直觉模糊集即为 $\hat{x}_{t+1}$ 的直觉模糊预测值 $\hat{A}_{t+1}$ 。

2.3.4 解模糊算法

通过上述步骤,可以得到一阶一元 IFTS 预测模型的模糊预测输出值,为了进一步得到最终的精确预测输出结果,还需要对模糊输出结果进行反向解模糊计算。一般而言,直觉模糊集的解模糊算法通常有面积中心法、加权平均法和最大真值法等,这里利用面积中心(center of area,COA)法(重心法)。它是应用最广泛的一种方法,类似于概率分布的期望值计算,取模糊值面积的几何中心作为清晰输出

量,即

$$Z_{COA} = \frac{\int_Z \mu(z) z \, dz}{\int_Z \mu(z) \, dz}$$

其中,$\mu(z)$是合成之后的隶属度,推理系统输出曲面如图 2.1 所示。横坐标 X, Y 分别表示系统的两个精确输入值,纵坐标表示系统的精确输出值。从图中可以看出,该输出曲面比较平滑,说明所取隶属度函数和所建规则的合理性。由于面积中心法具有比较平滑的输出控制,即使对于输入信号的微小变化也能在输出时产生一定的变化,且这种变化明显比较平滑,是适用于工程实践的一种方法,本节采用面积中心法对推理结果做去直觉模糊化处理。

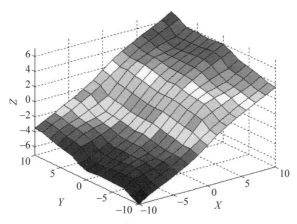

图 2.1　推理系统输出曲面

对于定义在论域 X 上的直觉模糊集 A,面积中心法的具体计算方法是通过计算隶属度函数 $\mu_A(x)$ 和非隶属度函数 $\gamma_A(x)$ 合成的真值函数曲线与横坐标围成的平面图像面积的重心为解模糊的输出值,即

$$x = \frac{\int_X x \left[\mu_A(x) + \frac{1}{2} \pi_A(x) \right] dx}{\int_X \left[\mu_A(x) + \frac{1}{2} \pi_A(x) \right] dx} = \frac{\int_X x \left[1 + \mu_A(x) - \gamma_A(x) \right] dx}{\int_X \left[1 + \mu_A(x) - \gamma_A(x) \right] dx} \tag{2.26}$$

上述分析给出了基于非等分论域划分的一阶一元 IFTS 预测模型的定义和规则,下面给出基于多重直觉模糊推理的 IFTS 预测模型建立的详细步骤。

步骤 1:定义论域。根据历史数据 $\{x_1, x_2, \cdots, x_t\}$ 得到论域 $U = [x_{min} - \varepsilon_1, x_{max} + \varepsilon_2]$。

步骤 2:划分论域。利用 2.3.1 节的算法对历史数据 $\{x_1, x_2, \cdots, x_t\}$ 进行聚类,得到论域 U 的 r 个非等长的区间:$u_1 = [d_0, d_1]$, $u_2 = [d_1, d_2]$, $\cdots$, $u_r = [d_{r-1}, d_r]$。

步骤3：建立直觉模糊集。根据2.3.2节提出的方法，建立与 r 个区间一一对应的 r 个直觉模糊集：$A_j=\{\langle x,\mu_{A_j}(x),\gamma_{A_j}(x)\rangle|x\in U\}$，$j=1,2,\cdots,r$。

步骤4：直觉模糊化历史数据。根据2.3.2节的方法，计算得到历史数据的直觉模糊化结果：$A^1,A^2,\cdots,A^t$。

步骤5：获取直觉模糊逻辑关系。根据2.3.3节的方法，从直觉模糊化后的历史数据中提取 $t-1$ 个直觉模糊逻辑关系：$A^1\to A^2,A^2\to A^3,\cdots,A^{t-1}\to A^t$，以及 $t+1$ 时刻的直觉模糊逻辑关系：$A^t\to\hat{A}_{t+1}$。

步骤6：建立预测规则，求直觉模糊预测值。

(1) 根据式(2.18)的变换规则，建立直觉模糊集 $F_i(i=1,2,\cdots,t)$。

(2) 对直觉模糊逻辑关系进行变形，得到 $F_1\to F_2,F_2\to F_3,\cdots,F_{t-1}\to F_t$ 和 $F_t\to\hat{F}_{t+1}$。

(3) 按照2.3.3节的方法建立多重式直觉模糊推理模型，通过推理计算得到 $\hat{F}_{t+1}$，进而得到模型的直觉模糊预测值 $\hat{A}_{t+1}$。

步骤7：预测结果去直觉模糊化输出。按照2.3.4节的方法对 $\hat{A}_{t+1}$ 做去直觉模糊化处理，将得到的数值解 $\hat{x}_{t+1}$ 作为模型的最终解输出，即

$$\hat{x}_{t+1}=\frac{\int_{\hat{d}_t}^{\hat{d}_{t+1}}x[1+\mu_{\hat{A}_{t+1}}(x)-\gamma_{\hat{A}_{t+1}}(x)]\mathrm{d}x}{\int_{\hat{d}_t}^{\hat{d}_{t+1}}[1+\mu_{\hat{A}_{t+1}}(x)-\gamma_{\hat{A}_{t+1}}(x)]\mathrm{d}x} \tag{2.27}$$

当直觉模糊预测值 $\hat{A}_{t+1}$ 不唯一，即在 $\hat{F}_{t+1}$ 中拥有最大隶属度的元素不止一个时，需要分别对每个直觉模糊预测值做去直觉模糊化处理，然后取平均值作为模型的最终解输出。

2.4　实验和分析

为了验证本章提出的一阶一元 IFTS 预测模型的性能，本书将模型应用于几个常见的时间序列数据集，以便与相关文献中的方法进行比较。亚拉巴马大学从 1971 年至 1992 年的招生人数数据集是 Song 等首次提出 FTS 预测模型时使用的一组实验数据，此后研究 FTS 和 IFTS 预测模型的学者常将该数据集作为模型的测试集，以验证模型的可行性。社会消费品零售总额（total retail sales of social consumer goods，TRSSCG）数据集是由中国国家统计局提供的以月为单位对中国市场的消费品零售总额进行的统计，也是一种能够体现时间序列模型性能的测试数据集。本节首先在亚拉巴马大学入学人数数据集上与现有的经典 FTS 预测模型和 IFTS 预测模型进行对比实验，以检验所建模型的可行性，然后在 TRSSCG 数据集上进行对比实验，进一步验证模型的有效性。

2.4.1 亚拉巴马大学数据集实验

亚拉巴马大学入学人数数据集如表 2.5 第一列和第二列所示。应用本章构建的 IFTS 预测模型在该数据集上进行实验,以 1971—1991 年的招生人数为历史数据,预测 1992 年的招生人数,具体步骤如下。

步骤 1:考察历史数据集,其中 $x_{\min}=13055$, $x_{\max}=19337$,这里令 $\varepsilon_1=55$, $\varepsilon_2=663$,则可以得到取整论域 $U=[13000,20000]$。

步骤 2:对论域 U 进行划分,得到历史数据的最优分类数为 9,因此将论域 U 划分为 9 个区间:

$$u_1=[13000,13309], \quad u_2=[13009,14282], \quad u_3=[14282,14921]$$
$$u_4=[14921,16186], \quad u_5=[16186,16598], \quad u_6=[16598,17535]$$
$$u_7=[17535,18560], \quad u_8=[18560,19149], \quad u_9=[19149,20000]$$

步骤 3:对应论域 U 的 9 个区间建立 9 个直觉模糊集 $A_1,A_2,\cdots,A_9$,它们的现实意义可以理解为:"很少""少""较少""微少""正常""微多""较多""多""很多"。

令 $\alpha=0.4$,计算得到各直觉模糊集的隶属度函数和非隶属度函数的参数值,见表 2.3。根据 2.3 节中的隶属度函数、非隶属度函数和直觉指数函数计算公式,分别得到 IFTS 模型的各个参数,如图 2.2~图 2.4 所示。由图 2.4 可以看出,利用本章所提方法建立的直觉模糊集,其直觉指数不再是一个固定的常数,而是随隶属度和非隶属度变化而变化的动态值。

表 2.3 隶属度和非隶属度函数的参数值

直觉模糊集	$c_{\mu j}$	$\sigma_{\mu j}$	$c_{\gamma j}$	$\sigma_{\gamma j}$
A_1	13154.5	99.5	13154.5	182.9
A_2	13795.5	313.5	13795.5	576
A_3	14601.5	205.9	14601.5	378.3
A_4	15553.5	407.6	15553.5	748.9
A_5	16392	132.8	16392	243.9
A_6	17066.5	301.9	17066.5	554.7
A_7	18047.5	330.3	18047.5	606.8
A_8	18854.5	189.8	18854.4	348.7
A_9	19574.5	274.2	19574.5	503.8

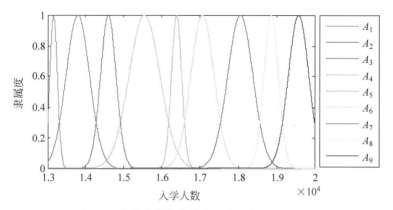

图 2.2 各直觉模糊集的隶属度函数(后附彩图)

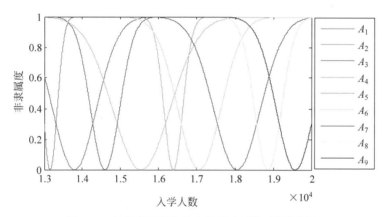

图 2.3 各直觉模糊集的非隶属度函数(后附彩图)

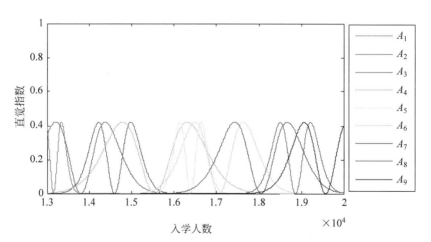

图 2.4 各直觉模糊集的直觉指数函数(后附彩图)

步骤 4：历史数据的直觉模糊化结果见表 2.4。

表 2.4　历史数据的直觉模糊化结果

历史数据	直觉模糊化结果	历史数据	直觉模糊化结果
x_1	A_1	x_{12}	A_4
x_2	A_2	x_{13}	A_4
x_3	A_2	x_{14}	A_4
x_4	A_3	x_{15}	A_4
x_5	A_4	x_{16}	A_4
x_6	A_4	x_{17}	A_6
x_7	A_4	x_{18}	A_7
x_8	A_4	x_{19}	A_8
x_9	A_6	x_{20}	A_9
x_{10}	A_6	x_{21}	A_9
x_{11}	A_5	—	—

步骤 5：根据历史数据直觉模糊化结果可以得到的直觉模糊逻辑关系为

$$\begin{cases} A_1 \rightarrow A_2, A_2 \rightarrow A_2, A_2 \rightarrow A_3, A_3 \rightarrow A_4 \\ A_4 \rightarrow A_4, A_4 \rightarrow A_4, A_4 \rightarrow A_4, A_4 \rightarrow A_6 \\ A_6 \rightarrow A_6, A_6 \rightarrow A_5, A_5 \rightarrow A_4, A_4 \rightarrow A_4 \\ A_4 \rightarrow A_4, A_4 \rightarrow A_4, A_4 \rightarrow A_4, A_4 \rightarrow A_6 \\ A_6 \rightarrow A_7, A_7 \rightarrow A_8, A_8 \rightarrow A_9, A_9 \rightarrow A_9 \end{cases} \quad (2.28)$$

根据模型需要预测的对象，即 1991 年和 1992 年之间的直觉模糊逻辑关系为

$$A_9 \rightarrow \hat{A}_{22} \quad (2.29)$$

步骤 6：根据转换公式，可以建立直觉模糊集 $F_i (i=1,2,\cdots,21)$，将 1971—1991 年共 21 年的招生数据分别记为直觉模糊集 $F_1, F_2, \cdots, F_{21}$，可以得到式(2.28) 和式(2.29)中各直觉模糊逻辑关系的变形式为

$$\begin{cases} F_1 \rightarrow F_2 \\ F_2 \rightarrow F_3 \\ \quad \vdots \\ F_{20} \rightarrow F_{21} \end{cases} \quad (2.30)$$

和

$$F_{21} \rightarrow \hat{F}_{22} \quad (2.31)$$

因此，以式(2.30)中的直觉模糊逻辑关系为推理规则，F_{21} 作为推理输入，$\hat{F}_{22}$ 作为推理输出，可以建立如下推理模型：

$$\text{规则：IF} \quad x \quad \text{is} \quad F_1 \text{ THEN } y \quad \text{is} \quad F_2$$
$$\cdots$$
$$\text{IF} \quad x \quad \text{is} \quad F_{20} \text{ THEN } y \quad \text{is} \quad F_{21}$$
$$\text{输入：IF} \quad x \quad \text{is} \quad F_{21}$$

$$\text{输出：} \quad\quad\quad\quad\quad\quad\quad\quad\quad\quad y \quad \text{is} \quad \hat{F}_{22}$$

通过推理计算得到

$$\hat{F}_{22} = \langle 0,1 \rangle/A_1 + \langle 0,1 \rangle/A_2 + \langle 0,1 \rangle/A_3 + \langle 0,1 \rangle/A_4 + \langle 0,1 \rangle/A_5 + \langle 0,1 \rangle/A_6 +$$
$$\langle 0,0.895 \rangle/A_7 + \langle 0.687,0.207 \rangle/A_8 + \langle 0.039,0.616 \rangle/A_9 \quad\quad (2.32)$$

其中，A_8 对直觉模糊集 $\hat{F}_{22}$ 的隶属度最大，即 $\hat{x}_{22}$ 对直觉模糊集 A_8 的隶属度值最大，因此模型的直觉模糊预测结果为 A_8。

步骤7：利用重心法对 A_8 去直觉模糊化，得到计算结果为

$$\hat{x}_{22} = \frac{\int_{18560}^{19149} x \left(2 + \exp\left(-\frac{(x-18854.5)^2}{2 \times 189.8^2} \right) - \exp\left(-\frac{(x-18854.5)^2}{2 \times 348.7^2} \right) \right) \mathrm{d}x}{\int_{18560}^{19149} \left(2 + \exp\left(-\frac{(x-18854.5)^2}{2 \times 189.8^2} \right) - \exp\left(-\frac{(x-18854.5)^2}{2 \times 348.7^2} \right) \right) \mathrm{d}x}$$
$$= 18854.5 \quad\quad (2.33)$$

即 1992 年招生人数的预测值为 18855。

为检验所建模型的性能，分别采用 Song 模型[2]、Joshi 模型[11]、Lu 模型[6] 和本章模型对该数据集中各年的招生人数分别进行预测，所得结果见表 2.5。

表 2.5　各模型对亚拉巴马大学入学人数的预测结果

年份	实际招生数	预测值			
		Song 模型	Joshi 模型	Lu 模型	本章模型
1972	13563	14000	14279	14250	13500
1973	13867	14000	14279	14246	14155
1974	14696	14000	14279	14246	14155
1975	15460	15500	15392	15491	15539
1976	15311	16000	15392	15491	15539
1977	15603	16000	15392	15491	15502
1978	15861	16000	16467	16345	15502
1979	16807	16000	16467	16345	16667
1980	16919	16813	17161	15850	16667
1981	16388	16813	17161	15850	15669
1982	15433	16789	14916	15850	15564
1983	15497	16000	15392	15450	15564
1984	15145	16000	15392	15450	15564
1985	15163	16000	15392	15491	15523

续表

年份	实际招生数	预测值			
		Song 模型	Joshi 模型	Lu 模型	本章模型
1986	15984	16000	15470	15491	15523
1987	16859	16000	16467	16345	16799
1988	18150	16813	17161	17950	18268
1989	18970	19000	19257	18961	18268
1990	19328	19000	19257	18961	18780
1991	19337	19000	19257	18961	19575
1992	18876	19000	19257	18961	18855

在表 2.5 中,Joshi 模型是 IFTS 预测模型,Song 模型和 Lu 模型是 FTS 预测模型。在 Lu 模型中分别给出了将论域划分为 7,17,22 个区间的预测结果,考虑到历史数据只有 22 个,将论域划分为 17 个和 22 个区间的情况太不符合实际应用需求,因此本章只采用将论域划分为 7 个区间的方法进行对比。

根据均方根误差(root mean square error,RMSE)和平均预测误差率(average forecasting error ratio,AFER)两项指标将本章的预测模型同其他三种模型进行比较,指标的计算如式(2.34)和式(2.35)所示,计算结果见表 2.6。

$$\mathrm{RMSE} = \sqrt{\frac{1}{t}\sum_{i=1}^{t}(x_i - \hat{x}_i)^2} \tag{2.34}$$

$$\mathrm{AFER} = \frac{1}{t}\sum_{i=1}^{t}\frac{|x_i - \hat{x}_i|}{x_i} \times 100\% \tag{2.35}$$

表 2.6　各模型对亚拉巴马大学入学人数的预测性能

指标	Song 模型	Lu 模型	Joshi 模型	本章模型
RMSE	677.1	445.5	418.9	350.9
AFER/%	3.35	2.3	2.07	1.72

本章所建模型利用更贴切的直觉模糊集构建方法将 IFS 理论和 FTS 预测模型有效结合,克服了 Joshi 模型在结合方面的缺陷,而且模型避免了 Lu 模型中选取有效信息粒的繁杂计算,在基于推理的预测步骤中同时使用了隶属度和非隶属度两个属性,比 Song 模型的推理过程更加全面。通过表 2.5 和表 2.6 的对比,可以重复说明本章模型在通用数据集上的 RMSE 和 AFER 指标均比其他三个模型明显降低,不仅能够进行有效的预测,并且预测精度较高。

2.4.2　TRSSCG 数据集实验

本节选取 TRSSCG 数据集中 1991 年 1 月—1994 年 1 月的数据构成实验数据集,见表 2.7。

表 2.7　1991 年 1 月—1994 年 1 月社会消费品零售总额　　　单位：10 亿元

序号	日期	总额	序号	日期	总额	序号	日期	总额
1	1991 年 1 月	71.44	14	1992 年 2 月	81.32	27	1993 年 3 月	96.64
2	1991 年 2 月	70.99	15	1992 年 3 月	77.36	28	1993 年 4 月	96.49
3	1991 年 3 月	64.75	16	1992 年 4 月	71.98	29	1993 年 5 月	97.66
4	1991 年 4 月	65.39	17	1992 年 5 月	73.00	30	1993 年 6 月	102.08
5	1991 年 5 月	63.90	18	1992 年 6 月	75.77	31	1993 年 7 月	97.84
6	1991 年 6 月	64.65	19	1992 年 7 月	74.08	32	1993 年 8 月	97.45
7	1991 年 7 月	62.50	20	1992 年 8 月	75.39	33	1993 年 9 月	103.91
8	1991 年 8 月	63.53	21	1992 年 9 月	82.98	34	1993 年 10 月	106.70
9	1991 年 9 月	69.57	22	1992 年 10 月	85.02	35	1993 年 11 月	111.91
10	1991 年 10 月	70.78	23	1992 年 11 月	88.33	36	1993 年 12 月	143.78
11	1991 年 11 月	73.72	24	1992 年 12 月	104.58	37	1994 年 1 月	120.85
12	1991 年 12 月	83.35	25	1993 年 1 月	100.21	—	—	—
13	1992 年 1 月	80.67	26	1993 年 2 月	91.54	—	—	—

在该数据集上应用上述 3 个模型和本章模型进行预测，预测值和实际值如图 2.5 所示。

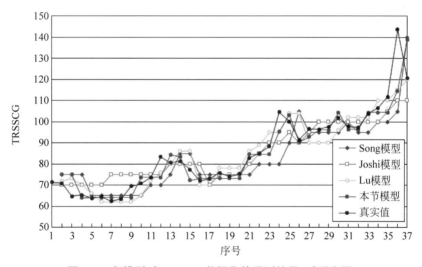

图 2.5　各模型对 TRSSCG 数据集的预测结果（后附彩图）

从图 2.5 可以看出，本章所建模型的预测值与其他模型相比更加贴近真实值，对序列的拟合更准确。各模型的预测性能见表 2.8。

表 2.8　各模型对 TRSSCG 数据集的预测性能

指标	Song 模型	Lu 模型	Joshi 模型	本节模型
RMSE	10.34	7.05	7.93	6.84
AFER/%	7.53	5.68	5.87	4.15

表 2.8 展示的实验结果与 2.3.1 节在亚拉巴马大学数据集上的实验结果基本吻合。与其他 3 种模型相比,本章模型的 RMSE 指标分别下降了 3.5,0.21 和 1.09,AFER 指标分别下降了 3.38%,1.53% 和 1.72%,说明本章所建模型是一种有效且预测效果较好的 IFTS 预测模型。

参考文献

[1]　SONG Q, CHISSOM B S. Fuzzy time series and its models[J]. Fuzzy Sets System,1993,54(3): 269-277.

[2]　SONG Q, CHISSOM B S. Forecasting enrollments with fuzzy time series-Part Ⅰ[J]. Fuzzy Sets System,1993,54(1): 1-9.

[3]　HUARNG K, YU H K. Ratio-based lengths of intervals to improve fuzzy time series forecasting[J]. IEEE Transactions on Systems,Man,and Cybernetics-Part B: Cybernetics,2006b,36: 328-340.

[4]　HUARNG K. Effective lengths of intervals to improve forecasting in fuzzy time series[J]. Fuzzy Sets and Systems,2001,123(3):387-394.

[5]　LU W, PEDRYCZ W, LIU X D, et al. The modeling of time series based on fuzzy information granules[J]. Expert Systems with Applications,2014,41(8): 3799-3808.

[6]　LU W, CHEN X Y, PEDRYCZ W, et al. Using interval information granules to improve forecasting in fuzzy time series[J]. International Journal of Approximate Reasoning,2015,57: 1-18.

[7]　郑寇全,雷英杰,王睿,等. 参数自适应的长期 IFTS 预测算法[J]. 系统工程与电子技术,2014,46(1): 99-104.

[8]　CHENG C H, CHEN T L, WEI L Y. A hybrid model based on rough sets theory and genetic algorithms for stock price forecasting[J]. Information Science,2010,180(9): 1610-1629.

[9]　FU F P, CHI K, CHE W G, et al. High-order difference heuristic model of fuzzy time series based on particle swarm optimization and information entropy for stock markets[C]//2010 International Conference on Computer Design and Applications,June 25~27,2010,Qinhuangdao,China. Piscataway: IEEE Press,2010,2: 210-215.

[10]　LIU J W, CHEN T L, CHENG C H, et al. Adaptive-expectation based multi-attribute FTS model for forecasting TAIEX[J]. Computers and Mathematics with Applications,2010,59(9): 795-802.

[11]　JOSHI B P., KUMAR S. Intuitionistic fuzzy sets based method for fuzzy time series forecasting[J]. Cybernetics and Systems: An International Journal,2012,43(1): 34-47.

[12]　JURIO A, PATERNAIN D,BUSTINCE H,et al. A construction method of Atanassov's intuitionistic fuzzy sets for image processing[C]//The 5th IEEE International Conference Intelligent Systems,July 07-09,2010,London,United Kingdom. Piscataway: IEEE Press,2010: 337-342.

[13]　雷英杰,赵杰,路艳丽,等. 直觉模糊集理论及应用:上册[M]. 北京:科学出版社,2014.

第3章

多维直觉模糊推理的高阶IFTS 预测模型

在复杂时间序列模型的研究中,一阶一元模型在许多应用场景中存在局限性,本章在直觉模糊集建立和论域划分方法的基础之上,结合多元和高阶直觉模糊推理,对多维直觉模糊时间序列预测模型进行研究。针对不同的应用场景,分别利用直觉模糊多维取式推理的原理建立基于相似度量的启发式推理规则,作为模型的预测规则,分别建立起高阶一元和高阶多元 IFTS 预测模型,并且提出相应的解模糊方法。分别在两组数据集上将高阶模型与典型方法进行对比,结果表明高阶模型可以更有效地解决复杂时间序列的预测问题,提高预测精度。

3.1 引言

随着 IFTS 预测模型的广泛应用,原始一阶一元模型的局限性逐渐显现,直觉模糊逻辑关系的大量计算也带来了极大的系统开销。在现实世界中,数据信息往往并非独立存在,而是由大量多维数据组成的复杂时间序列,它们之间又存在着许多关联,如果继续使用简单的一元模型进行分析预测显然无法充分利用这些数据,多元时间序列之间的相关性也没有得到有效分析和发掘,从而造成信息的浪费,预测效果也无法得到提升。高阶模型和多元模型的设计思想就是为了解决这些问题而提出的,使 IFTS 模型的适应性大大增强。

Hwang 等[1]虽没有明确提出"高阶模型"的定义,但却是高阶 FTS 模型实际意义上的创建者,他们建立了一个长为 w 的滑动窗口,包含了待预测值之前的 w 个连续的历史数据,利用这 w 个历史数据进行预测。Tsai 等[2]首次使用"高阶FTS 模型"的概念,并建立了一个二阶 FTS 模型且提出了相应的预测规则。Lee 等[3]首次提出多元高阶模型的概念,建立了一个二元高阶模型用于温度的预测,改善了原有 FTS 模型的性能。此后的学者在这些研究的基础上提出了多种多元模型,比如 Avazbeigi 等[4]结合禁忌搜索算法建立了一个高阶多元预测模型,但禁忌搜索算法局部寻优的缺点也给模型带来了不可避免的风险隐患。Aladag 等[5]运用人工神经网络对高阶多元模型进行改进,并对不同区间长度、不同阶数和不同网络层数条件下的预测结果分别进行了实验。Chen[6] 等将高阶多元 FTS 模型的模糊关系分为递增、不变和递减三类,分别设计在不同模式下的时间序列预测规则,并根据各自的概率进行预测。

由于当前对 IFTS 预测模型的研究尚浅,还没有相应的高阶多元模型建立,因此本章在高阶多元 FTS 预测模型的基础上,针对不同的应用背景,分别建立了高阶一元 IFTS 预测模型和高阶多元 IFTS 预测模型。首先,沿用第 2 章提出的论域划分和直觉模糊集建立方法进行 IFTS 模型基础步骤的计算;然后,针对两个模型的不同特征,从历史数据中获取各自的直觉模糊逻辑关系并提取相似关系,基于多维式直觉模糊推理的方法分别建立预测规则;最后,对于不同的预测规则提出不同的解模糊化方法,最后建立起完整的 IFTS 预测模型。

3.2　高阶一元 IFTS 预测模型

3.2.1　直觉模糊逻辑关系

在一阶一元 IFTS 预测模型中,定义当前时刻的观测值只由上一时刻的观测值决定,因此提取了时间序列任意相邻的两个直觉模糊集间的直觉模糊逻辑关系,并在此基础上计算模型的直觉模糊逻辑关系矩阵。而在高阶一元 IFTS 预测模型中,可以定义当前时刻的观测值应该由该时刻之前的 $k(k \geqslant 2)$ 个时刻的观测值共同决定。从这个定义的角度来看,高阶 IFTS 模型从本质上是表示观测值受前 k 个历史数据的影响,与经典时间序列模型中的高阶模型定义略有差别,这是由模糊集理论本身的研究对象导致的。对于模糊时间序列或者直觉模糊时间序列的高阶性来说,更多的是在考量模糊逻辑关系和模糊逻辑关系矩阵的运算,每增加一维数据进行合成推理,直觉模糊逻辑关系矩阵就增大一阶,因此,直觉模糊时间序列建模中的高阶问题都是基于上述定义的。

为了表述上的方便,本章的介绍均以三阶一元模型为例,即令模型阶数 $k=3$,值得说明的是,当 k 取其他值时,模型的计算方法是完全一致的,因此三阶模型是具有典型代表性的。根据上述三阶一元直觉模糊时间序列的定义,若一个历史数据序列数据 x_1, x_2, x_3 和 x_4 的直觉模糊化结果分别为 A_2, A_1, A_2 和 A_3,则它们之间可以构成一个三阶的直觉模糊逻辑关系,即 $A_2, A_1, A_2 \to A_3$。令历史数据为 $\{x_1, x_2, \cdots, x_t\}$,则从直觉模糊化后的历史数据中共能获得 $t-3$ 个三阶一元直觉模糊逻辑关系,见表 3.1。其中,$A_{\sigma_k^i} \in \{A_1, A_2, \cdots, A_r\}$,$\sigma_k^i$ 是为方便下文表述对直觉模糊集进行的编号,$i=1,2,3,\cdots,t,k=1,2,3,4$。

表 3.1　历史数据的三阶一元直觉模糊逻辑关系

序号	直觉模糊逻辑关系
1	$A_{\sigma_1^1}, A_{\sigma_2^1}, A_{\sigma_3^1} \to A_{\sigma_4^1}$
2	$A_{\sigma_1^2}, A_{\sigma_2^2}, A_{\sigma_3^2} \to A_{\sigma_4^2}$
$\vdots$	$\vdots$
$t-3$	$A_{\sigma_1^{t-3}}, A_{\sigma_2^{t-3}}, A_{\sigma_3^{t-3}} \to A_{\sigma_4^{t-3}}$

若 A_{t+1}^* 由 $A_{\sigma_1^{t-2}}, A_{\sigma_2^{t-2}}, A_{\sigma_3^{t-2}}$ 经过推理得到,那么它们之间的直觉模糊逻辑关系为

$$A_{\sigma_1^{t-2}}, A_{\sigma_2^{t-2}}, A_{\sigma_3^{t-2}} \to \hat{A}_{t+1} \tag{3.1}$$

3.2.2　高阶一元预测规则

对于一个三阶一元预测模型的预测规则,可以通过以下步骤得到,即获得三阶直觉模糊逻辑关系集合。在集合中计算相似直觉模糊逻辑关系,根据直觉模糊逻辑关系进行直觉模糊推理,具体如下。

步骤 1:选择相似直觉模糊逻辑关系。

将式(3.1)中直觉模糊逻辑关系前件分别与表 4.1 中各关系式的前件进行相似度测量,比较选择与直觉模糊逻辑关系集合中前件最相似的关系式,作为步骤 2 中多维式直觉模糊推理的推理规则。若 $\exists i (1 \leqslant i \leqslant t-3)$,使直觉模糊逻辑关系 $A_{\sigma_1^i}, A_{\sigma_2^i}, A_{\sigma_3^i} \to A_{\sigma_4^i}$ 满足式(3.2)中的条件,则认为直觉模糊逻辑关系 $A_{\sigma_1^i}, A_{\sigma_2^i}, A_{\sigma_3^i} \to A_{\sigma_4^i}$ 与 $A_{\sigma_1^{t-2}}, A_{\sigma_2^{t-2}}, A_{\sigma_3^{t-2}} \to \hat{A}_{t+1}$ 是相似的;否则,选取令 σ 取得最小值的一个或多个直觉模糊逻辑关系作为相似关系:

$$\begin{cases} \sigma_1 = |\sigma_1^{t-2} - \sigma_1^i| \leqslant 2 \\ \sigma_2 = |\sigma_2^{t-2} - \sigma_2^i| \leqslant 2 \\ \sigma_3 = |\sigma_3^{t-2} - \sigma_3^i| \leqslant 2 \\ \sigma = \sigma_1 + \sigma_2 + \sigma_3 \leqslant 5 \end{cases} \tag{3.2}$$

将计算得到的 $l (1 \leqslant l \leqslant t-3)$ 个不同的相似直觉模糊逻辑关系记为

$$A_{\sigma_1^w}, A_{\sigma_2^w}, A_{\sigma_3^w} \to A_{\sigma_4^w} \tag{3.3}$$

其中,$w = 1, 2, \cdots, l$。

步骤 2:进行直觉模糊推理。

首先,按照式(2.18)的变换规则对历史数据 $x_i (i=1,2,\cdots,t)$ 与直觉模糊集 $A_j (j=1,2,\cdots,r)$ 的位置进行变换,建立一个新的直觉模糊集 F_i。然后,将表 3.1 中的关系式用 F_i 表示,得到变换后的新的直觉模糊逻辑关系集见表 3.2。

表 3.2　变换后的三阶一元直觉模糊逻辑关系

序号	变换后的直觉模糊逻辑关系
1	$F_1, F_2, F_3 \to F_4$
2	$F_2, F_3, F_4 \to F_5$
⋮	⋮
$t-3$	$F_{t-3}, F_{t-2}, F_{t-1} \to F_t$

相应地，变换后的式(3.1)和式(3.3)分别为

$$F_{t-2}, F_{t-1}, F_t \to \hat{F}_{t+1} \tag{3.4}$$

和

$$F_w, F_{w+1}, F_{w+2} \to F_{w+3} \tag{3.5}$$

将式(3.5)作为多维式直觉模糊推理的推理规则，式(3.4)的前件作为推理输入，推理输出记为 $\hat{F}_{t+1}^w$，则可以得到 l 个推理模型。将第 w 个推理模型记为

推理模型 3.1

规则：IF　x　is $F_w \times F_{w+1} \times F_{w+2}$ THEN　y　is F_{w+3}

输入：IF　x　is $F_{t-2} \times F_{t-1} \times F_t$

输出：　　　　　　　　　　　　　　　　　y　is $\hat{F}_{t+1}^w$

由多维直觉模糊推理的推理规则可得

$$\mu_R(x, y) = (\mu_{F_w \times F_{w+1} \times F_{w+2}}(x) \wedge \mu_{F_{w+3}}(y)) \vee \mu_{\overline{F_w \times F_{w+1} \times F_{w+2}}}(x) \tag{3.6}$$
$$\gamma_R(x, y) = (\gamma_{F_w \times F_{w+1} \times F_{w+2}}(x) \vee \mu_{F_{w+3}}(y)) \vee \gamma_{\overline{F_w \times F_{w+1} \times F_{w+2}}}(x)$$

其中，

$$\mu_{F_w \times F_{w+1} \times F_{w+2}}(x) = \mu_{F_w}(x) \wedge \mu_{F_{w+1}}(x) \wedge \mu_{F_{w+2}}(x) \tag{3.7}$$
$$\gamma_{F_w \times F_{w+1} \times F_{w+2}}(x) = \gamma_{F_w}(x) \vee \gamma_{F_{w+1}}(x) \vee \gamma_{F_{w+2}}(x)$$

则

$$\hat{F}_{t+1}^w = (F_{t-2} \times F_{t-1} \times F_t) \circ R = \int_U \langle \mu_{\hat{F}_{t+1}^w}(y), \gamma_{\hat{F}_{t+1}^w}(y) \rangle / y \tag{3.8}$$

其中，

$$\begin{cases} \mu_{\hat{F}_{t+1}^w}(y) = \bigvee_{x = A_1, A_1, \cdots, A_r} (\mu_{F_{t-2} \times F_{t-1} \times F_t}(x) \wedge \mu_R(x, y)) \\ \gamma_{\hat{F}_{t+1}^w}(y) = \bigwedge_{x = A_1, A_1, \cdots, A_r} (\gamma_{F_{t-2} \times F_{t-1} \times F_t}(x) \vee \gamma_R(x, y)) \end{cases} \tag{3.9}$$

$$\begin{cases} \mu_{F_{t-2} \times F_{t-1} \times F_t}(x) = \mu_{F_{t-2}}(x) \wedge \mu_{F_{t-1}}(x) \wedge \mu_{F_t}(x) \\ \gamma_{F_{t-2} \times F_{t-1} \times F_t}(x) = \gamma_{F_{t-2}}(x) \vee \gamma_{F_{t-1}}(x) \vee \gamma_{F_t}(x) \end{cases} \tag{3.10}$$

那么，第 w 个推理模型的结果就是直觉模糊集 $\hat{F}_{t+1}^w = \sum_{j=1}^{r} \langle \mu_{\hat{F}_{t+1}^w}(A_j),$

$\gamma_{\hat{F}_{t+1}^{w}}(A_j)\rangle/A_j$，进而由该推理模型得到的直觉模糊预测值为 $\hat{A}_{t+1}^{w}$。

3.2.3 解模糊算法

由 l 个推理模型可以得到 l 个直觉模糊预测值，那么需要根据选择的直觉模糊化方法对各直觉模糊预测值分别进行反向去直觉模糊化，然后取它们的加权和作为预测模型的最终预测输出结果。

首先，我们还是利用重心法分别对 $\hat{A}_{t+1}^{w}(w=1,2,\cdots,l)$ 进行去直觉模糊化处理，得到对应的数值解为 $\hat{x}_{t+1}^{w}$。

当 $l=1$ 时，即式(3.3)中只包含一个相似关系的情况，得到该推理结果的权重 $\alpha=1$，即最终预测结果 $\hat{x}_{t+1}=\hat{x}_{t+1}^{1}$。

当 $1<l\leqslant t-3$ 时，则需要采用基于标准化欧氏距离的计算方法分别计算各预测结果 $\hat{A}_{t+1}^{w}$ 的权重 α_w，即

$$\alpha_w=\frac{s_w}{\sum_{w=1}^{l}s_w} \tag{3.11}$$

若采用平均权重的方法，则其中，

$$s_w=1-\frac{1}{3}\big[d(A_{\sigma_1^{w}},A_{\sigma_1^{t-2}})+d(A_{\sigma_2^{w}},A_{\sigma_2^{t-2}})+d(A_{\sigma_3^{w}},A_{\sigma_3^{t-2}})\big] \tag{3.12}$$

且 $d(A_{\sigma_1^{w}},A_{\sigma_1^{t-2}}),d(A_{\sigma_2^{w}},A_{\sigma_2^{t-2}}),d(A_{\sigma_3^{w}},A_{\sigma_3^{t-2}})$ 均为两个直觉模糊集之间的标准化欧氏距离，接着给出直觉模糊集距离计算方法，以 $d(A_{\sigma_1^{w}},A_{\sigma_1^{t-2}})$ 为例，计算公式为

$$d(A_{\sigma_1^{w}},A_{\sigma_1^{t-2}})=$$

$$\sqrt{\frac{1}{2t}\sum_{i=1}^{t}\big[(\mu_{A_{\sigma_1^{w}}}(x_i)-\mu_{A_{\sigma_1^{t-2}}}(x_i))^2+(\gamma_{A_{\sigma_1^{w}}}(x_i)-\gamma_{A_{\sigma_1^{t-2}}}(x_i))^2+(\pi_{A_{\sigma_1^{w}}}(x_i)-\pi_{A_{\sigma_1^{t-2}}}(x_i))^2\big]}$$

$$\tag{3.13}$$

得到的最终预测结果为

$$\hat{x}_{t+1}=\sum_{w=1}^{l}\alpha_w\hat{x}_{t+1}^{w} \tag{3.14}$$

3.2.4 高阶一元 IFTS 模型实现

综上所述，以三阶一元模型为代表，一个基于多维直觉模糊推理的高阶一元IFTS 预测模型建立的详细步骤如下。

步骤 1：定义论域。根据历史数据 $\{x_1,x_2,\cdots,x_t\}$ 得到论域 $U=[x_{\min}-\varepsilon_1,x_{\max}+\varepsilon_2]$。

步骤 2：划分论域。利用最大生成数的模糊聚类算法将论域划分成 r 个非等

长的区间：$u_1=[d_0,d_1],u_2=[d_1,d_2],\cdots,u_r=[d_{r-1},d_r]$。

步骤3：建立直觉模糊集。根据区间中点和边界点约束条件，采用高斯函数建立与 r 个区间一一对应的 r 个直觉模糊集：$A_j=\{\langle x,\mu_{A_j}(x),\gamma_{A_j}(x)\rangle\mid x\in U\}$，$j=1,2,\cdots,r$。

步骤4：直觉模糊化历史数据。根据最大隶属度对应直觉模糊集的原则，计算得到历史数据的直觉模糊化结果：$A^1,A^2,A^3,\cdots,A^t$。

步骤5：获取直觉模糊逻辑关系。按3.2.3节的方法从直觉模糊化后的历史数据中获得 $t-3$ 个三阶一元直觉模糊逻辑关系，构成直觉模糊逻辑关系集以及 $t+1$ 时刻的直觉模糊逻辑关系。

步骤6：建立预测规则，求直觉模糊预测值。

（1）根据式（3.2）的方法从历史数据的直觉模糊逻辑关系中选取 $t+1$ 时刻直觉模糊逻辑关系的相似关系。

（2）利用变形后的直觉模糊逻辑关系建立 l 个多维式直觉模糊推理模型，通过推理计算得到直觉模糊预测值 $\hat{A}_{t+1}^w(w=1,2,\cdots,l)$。

步骤7：预测结果去直觉模糊化输出。由 l 个推理模型得到 l 个直觉模糊预测值进，对 $\hat{A}_{t+1}^w$ 分别进行去直觉模糊化后加权合成，得到模型的最终解 $\hat{x}_{t+1}$。

3.2.5　实验和分析

为了与其他文献中的模型比较，先通过亚拉巴马大学入学人数数据集来验证本章高阶一元 IFTS 预测模型的有效性，随后通过一个气温预测问题来说明该模型对于不同预测问题的适应性。

1. 亚拉巴马大学数据集实验

利用本章构建的高阶一元 IFTS 预测模型对 1992 年亚拉巴马大学招生人数进行预测，具体的实现步骤如下：

步骤1～步骤4：与2.4.1节一阶一元 IFTS 预测模型的步骤1～步骤4相同。

步骤1：考察历史数据集，其中，$x_{\min}=13055$，$x_{\max}=19337$，取 $\varepsilon_1=55$，$\varepsilon_2=663$，得到一个取整论域 $U=[13000,20000]$。

步骤2：对论域 U 进行最优划分，得到9个区间分别为

$$u_1=[13000,13309],u_2=[13009,14282],u_3=[14282,14921]$$

$$u_4=[14921,16186],u_5=[16186,16598],u_6=[16598,17535]$$

$$u_7=[17535,18560],u_8=[18560,19149],u_9=[19149,20000]$$

步骤3：对应论域 U 的划分区间建立9个直觉模糊集 $A_1,A_2,\cdots,A_9$。这里令 $\alpha=0.4$，计算得到各直觉模糊集的隶属度函数和非隶属度函数的参数值，见表3.3。

表 3.3 隶属度和非隶属度函数的参数值

直觉模糊集	$c_{\mu j}$	$\sigma_{\mu j}$	$c_{\gamma j}$	$\sigma_{\gamma j}$
A_1	13154.5	99.5	13154.5	182.9
A_2	13795.5	313.5	13795.5	576
A_3	14601.5	205.9	14601.5	378.3
A_4	15553.5	407.6	15553.5	748.9
A_5	16392	132.8	16392	243.9
A_6	17066.5	301.9	17066.5	554.7
A_7	18047.5	330.3	18047.5	606.8
A_8	18854.5	189.8	18854.4	348.7
A_9	19574.5	274.2	19574.5	503.8

步骤 4：历史数据的直觉模糊化结果如表 3.4 所示。

表 3.4 历史数据的直觉模糊化结果

历史数据	直觉模糊化结果	历史数据	直觉模糊化结果
x_1	A_1	x_{12}	A_4
x_2	A_2	x_{13}	A_4
x_3	A_2	x_{14}	A_4
x_4	A_3	x_{15}	A_4
x_5	A_4	x_{16}	A_4
x_6	A_4	x_{17}	A_6
x_7	A_4	x_{18}	A_7
x_8	A_4	x_{19}	A_8
x_9	A_6	x_{20}	A_9
x_{10}	A_6	x_{21}	A_9
x_{11}	A_5	—	—

步骤 5：根据历史数据直觉模糊化结果可以得到 18 个三阶一元直觉模糊逻辑关系，见表 3.5。

表 3.5 历史数据对应的直觉模糊逻辑关系

序号	直觉模糊逻辑关系	序号	直觉模糊逻辑关
1	$A_1,A_2,A_2 \rightarrow A_3$	10	$A_6,A_5,A_4 \rightarrow A_4$
2	$A_2,A_2,A_3 \rightarrow A_4$	11	$A_5,A_4,A_4 \rightarrow A_4$
3	$A_2,A_3,A_4 \rightarrow A_4$	12	$A_4,A_4,A_4 \rightarrow A_4$
4	$A_3,A_4,A_4 \rightarrow A_4$	13	$A_4,A_4,A_4 \rightarrow A_4$
5	$A_4,A_4,A_4 \rightarrow A_4$	14	$A_4,A_4,A_4 \rightarrow A_6$
6	$A_4,A_4,A_4 \rightarrow A_6$	15	$A_4,A_4,A_6 \rightarrow A_7$
7	$A_4,A_4,A_6 \rightarrow A_6$	16	$A_4,A_6,A_7 \rightarrow A_8$
8	$A_4,A_6,A_6 \rightarrow A_5$	17	$A_6,A_7,A_8 \rightarrow A_9$
9	$A_6,A_6,A_5 \rightarrow A_4$	18	$A_7,A_8,A_9 \rightarrow A_9$

这里假设 1992 年招生人数对应的直觉模糊预测值为 $\hat{A}_{22}$，由表 3.4 可知前三年招生人数对应的直觉模糊集分别为 A_8，A_9 和 A_9，则它们之间的直觉模糊逻辑关系为

$$A_8, A_9, A_9 \rightarrow \hat{A}_{22} \tag{3.15}$$

步骤 6：通过计算得到表 3.5 中与式(3.15)的前件相似的直觉模糊逻辑关系有两个，即 $l=2$，分别为

$$A_6, A_7, A_8 \rightarrow A_9 \tag{3.16}$$

$$A_7, A_8, A_9 \rightarrow A_9 \tag{3.17}$$

接着，建立直觉模糊集 F_i，并且将直觉模糊逻辑关系进行变换，得到变换后的新的直觉模糊逻辑关系式(3.15)～式(3.17)为

$$F_{19}, F_{20}, F_{21} \rightarrow \hat{F}_{22} \tag{3.18}$$

$$F_{17}, F_{18}, F_{19} \rightarrow F_{20} \tag{3.19}$$

$$F_{18}, F_{19}, F_{20} \rightarrow F_{21} \tag{3.20}$$

这样，就可以建立两个多维直觉模糊推理模型，分别为

推理模型 3.2

规则：	IF	x	is	$F_{17} \times F_{18} \times F_{19}$	THEN	y	is	F_{20}
输入：	IF	x	is	$F_{19} \times F_{20} \times F_{21}$				
输出：						y	is	$\hat{F}_{22}^1$

和

推理模型 3.3

规则：	IF	x	is	$F_{18} \times F_{19} \times F_{20}$	THEN	y	is	F_{21}
输入：	IF	x	is	$F_{19} \times F_{20} \times F_{21}$				
输出：						y	is	$\hat{F}_{22}^2$

由推理模型 3.2 推理合成运算得到 $\hat{F}_{22}^1$，其中，拥有最大隶属度的直觉模糊变量为 A_7，A_8 和 A_9 3 个连续的元素，由推理模型 3.3 推理得到 $\hat{F}_{22}^2$ 中拥有的最大隶属度为直觉模糊变量 A_8。

步骤 7：分别对上述两个多维直觉模糊推理模型的推理结果进行去直觉模糊化计算，得到 $\hat{x}_{22}^1$ 和 $\hat{x}_{22}^2$。其中，$\hat{x}_{22}^1$ 取 A_7，A_8，A_9 3 个直觉模糊集去直觉模糊化后的均值。

$$\hat{x}_{22}^1 = 18970 \tag{3.21}$$

$$\hat{x}_{22}^2 = 18767.5 \tag{3.22}$$

然后，分别计算 $\hat{x}_{22}^1$ 和 $\hat{x}_{22}^2$ 的权值 α_1 和 α_2。

$$s_1 = \frac{1}{3}(3 - d(A_6, A_8) - d(A_7, A_9) - d(A_8, A_9)) = 0.6161 \tag{3.23}$$

$$s_2 = \frac{1}{3}(3 - d(A_7, A_8) - d(A_8, A_9) - d(A_9, A_9)) = 0.7623 \quad (3.24)$$

$$\alpha_1 = \frac{s_1}{s_1 + s_2} = 0.447 \quad (3.25)$$

$$\alpha_2 = \frac{s_2}{s_1 + s_2} = 0.553 \quad (3.26)$$

则最终进行加权合成,得到的最终预测结果为

$$\hat{x}_{t+1} = \alpha_1 \cdot \hat{x}_{22}^1 + \alpha_2 \cdot \hat{x}_{22}^2 = 18879.3 \quad (3.27)$$

即 1992 年招生人数的预测值为 18879 人。

按照本章所建模型分别对亚拉巴马大学其他各年招生人数进行预测,以检测其可行性,所得结果见表 3.6。

表 3.6　本章模型对亚拉巴马大学入学人数的预测结果

年份	实际招生数	预测值	年份	实际招生数	预测值
1971	13055	—	1982	15433	15605
1972	13563	—	1983	15497	15600
1973	13867	—	1984	15145	15221
1974	14696	14233	1985	15163	15300
1975	15460	15400	1986	15984	15853
1976	15311	15420	1987	16859	16807
1977	15603	15513	1988	18150	17545
1978	15861	15605	1989	18970	18238
1979	16807	16780	1990	19328	18780
1980	16919	17010	1991	19337	18975
1981	16388	16513	1992	18876	18880

图 3.1 展示了高阶一元 IFTS 模型预测结果与 Song 模型[7]、Joshi 模型[8]、Zheng 模型[9]、Aladag 模型[10] 预测结果的对比。其中,Joshi 模型和 Zheng 模型为一阶 IFTS 预测模型,因为现有 IFTS 预测模型中并没有高阶模型,所以只能与一阶模型进行比较,Aladag 模型为高阶 FTS 预测模型。

表 3.7 展示了各模型预测结果的均方根误差 RMSE 和平均预测误差率 AFER。

表 3.7　各模型对亚拉巴马数据集的预测性能

指标	Song 模型	Joshi 模型	Zheng 模型	Aladag 模型	本章模型
RMSE	677.1	418.9	399.3	342.7	303.1
AFER/%	3.35	2.07	1.99	1.73	1.27

由图 3.1 和表 3.7 可知,本章所建模型的均方根误差和平均预测误差率与现有模型相比均明显降低,而且模型避免了 Zheng 模型中需要多次进行 IFCM 算法获得最优聚类数和 Aladag 模型中针对不同划分区间需要多次训练人工神经网络

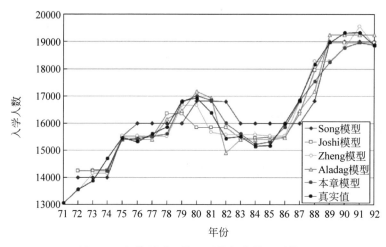

图 3.1　各模型对亚拉巴马数据集的预测结果

的复杂计算。与其他 4 种模型相比,本章模型的 RMSE 分别下降了 374,115.8,96.2 和 39.6,AFER 分别下降了 2.08%,0.8%,0.72% 和 0.46%,预测效果较现有模型明显变好,表明模型具有很强的可行性和有效性。

2. 日均气温数据集实验

下面通过一个气温预测问题来验证不同模型的适应性。北京市日均气温数据集是由中国气象信息中心提供的以天为单位对北京市气温进行的统计,取每日 4 次定时(02:00,08:00,14:00,20:00)观测值的平均值为该日气温平均值,本书只选取 2014 年 6 月 1 日—2014 年 7 月 1 日的 31 个数据作为实验数据集,见表 3.8。

表 3.8　2014 年 6 月 1 日—2014 年 7 月 1 日北京市日均气温　　　　单位:℃

日期	气温	日期	气温	日期	气温
6 月 1 日	24.7	6 月 12 日	27.8	6 月 23 日	25
6 月 2 日	22	6 月 13 日	26	6 月 24 日	27.3
6 月 3 日	25.2	6 月 14 日	25.9	6 月 25 日	24.4
6 月 4 日	25.7	6 月 15 日	26.2	6 月 26 日	26.2
6 月 5 日	28	6 月 16 日	25.9	6 月 27 日	29.2
6 月 6 日	21.7	6 月 17 日	23.2	6 月 28 日	29.9
6 月 7 日	23.1	6 月 18 日	24	6 月 29 日	28.8
6 月 8 日	23.3	6 月 19 日	24	6 月 30 日	29.8
6 月 9 日	23.3	6 月 20 日	22.1	7 月 1 日	28.8
6 月 10 日	21.7	6 月 21 日	22	——	——
6 月 11 日	23.7	6 月 22 日	22	——	——

在该数据集上应用 Song 模型、Joshi 模型、Zheng 模型、Aladag 模型和本章模型进行预测,预测值和实际值如图 3.2 所示。

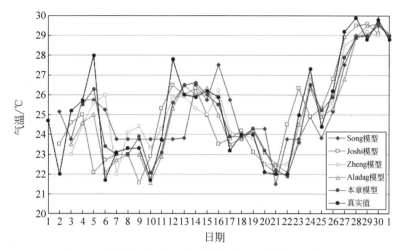

图 3.2　各模型对日均气温数据集的预测结果（后附彩图）

分别计算不同模糊时间序列预测模型在日均气温数据集上的 RMSE 和 AFER,各模型的预测性能对比见表 3.9。

表 3.9　各模型对日均气温数据集的预测性能

指标	Song 模型	Joshi 模型	Zheng 模型	Aladag 模型	本章模型
RMSE	1.70	1.29	1.30	1.06	0.94
AFER/%	5.29	3.91	3.89	2.9	2.81

从图 3.2 和表 3.9 可以看出,日均气温数据集中的数据分布以平均值为基线呈上下波动样式,这与亚拉巴马大学入学人数数据集整体呈上升趋势不同,但是本章高阶一元 IFTS 模型对于该数据集也能进行有效的预测,并且预测误差在 5 种实验模型中是最低的,表明该模型对于不同类型的数据集有着很好的适应性和预测有效性。

3.3　高阶多元 IFTS 预测模型

3.3.1　直觉模糊逻辑关系

3.2 节给出了高阶一元 IFTS 预测模型,然而在现实世界中,存在更加复杂的时间序列对象,也就是包含多元关系的时间序列预测问题。在高阶多元直觉模糊时间序列建模中,我们认为通常存在一个主元数据和多个次元数据,主元数据对时间序列预测起主导作用,次元数据起次要影响作用。基于这样的假设,下文将介绍对高阶多元 IFTS 预测模型的研究。当前时刻主元的值由该时刻之前的 $k(k\geqslant2)$ 个时刻的主元和 $m-1(m\geqslant2)$ 个次元的值共同决定。同样,为了表述上的方便,本节令 $k=3,m=3$ 进行说明,当 k 和 m 取其他值时,模型的计算方法也是完全一致的。对于历史数据中的主元数据 x_1,x_2,x_3,x_4 和次元数据 $y_1,y_2,y_3,y_4,z_1,$ z_2,z_3,z_4 的直觉模糊化结果分别为 A_2,A_1,A_2,A_3 和 $B_1,B_1,B_3,B_3,C_1,C_3,$ C_4,C_2,那么它们之间的直觉模糊逻辑关系可以表示为$(A_2,B_1,C_1),(A_1,B_1,$ $C_3),(A_2,B_3,C_4) \rightarrow A_3$。

根据以上假设,可以从直觉模糊化后的历史数据中得到 $t-3$ 个三阶三元直觉模糊逻辑关系,见表 3.10。其中,$A_\omega^i \in \{A_1,A_2,\cdots,A_{r_x}\}$,$B_\omega^i \in \{B_1,B_2,\cdots,$ $B_{r_y}\}$,$C_\omega^i \in \{C_1,C_2,\cdots,C_{r_z}\}$是为方便下文表述按照时间顺序对直觉模糊集 A_j,B_p,C_q 进行的编号,$i=1,2,\cdots,t-2$,$\omega=1,2,3$。

表 3.10　历史数据的三阶三元直觉模糊逻辑关系

序号	直觉模糊逻辑关系
1	$(A_1^1,B_1^1,C_1^1),(A_2^1,B_2^1,C_2^1),(A_3^1,B_3^1,C_3^1) \rightarrow A_3^2$
2	$(A_1^2,B_1^2,C_1^2),(A_2^2,B_2^2,C_2^2),(A_3^2,B_3^2,C_3^2) \rightarrow A_3^3$
⋮	⋮
$t-3$	$(A_1^{t-3},B_1^{t-3},C_1^{t-3}),(A_2^{t-3},B_2^{t-3},C_2^{t-3}),(A_3^{t-3},B_3^{t-3},C_3^{t-3}) \rightarrow A_3^{t-2}$

那么,$\hat{A}_{t+1}$ 是由$(A_1^{t-2},B_1^{t-2},C_1^{t-2}),(A_2^{t-2},B_2^{t-2},C_2^{t-2}),(A_3^{t-2},B_3^{t-2},C_3^{t-2})$推导得到的,即它们之间的直觉模糊逻辑关系为

$$(A_1^{t-2},B_1^{t-2},C_1^{t-2}),(A_2^{t-2},B_2^{t-2},C_2^{t-2}),(A_3^{t-2},B_3^{t-2},C_3^{t-2}) \rightarrow \hat{A}_{t+1} \quad (3.28)$$

3.3.2　高阶多元预测规则

高阶多元 IFTS 模型的预测规则可以分为以下两个步骤建立。

步骤 1:相似直觉模糊逻辑关系的选择。

分别计算式(3.28)的前件与表 3.8 中各直觉模糊关系式前件的相似度,选择与式(3.28)具有最大相似度的直觉模糊关系式作为它的相似直觉模糊逻辑关系。

记表 3.8 中的第 $i(i=1,2,\cdots,t-2)$ 个直觉模糊逻辑关系为

$$(A_1^i,B_1^i,C_1^i),(A_2^i,B_2^i,C_2^i),(A_3^i,B_3^i,C_3^i) \rightarrow A_3^{i+1} \quad (3.29)$$

则式(3.28)和式(3.29)的前件相似度 $s_{(t-2,i)}$ 为

$$s_{(t-2,i)} = 1 - \frac{1}{9}\sum_{k=1}^{3}\left[d(A_k^{t-2},A_k^i) + d(B_k^{t-2},B_k^i) + d(C_k^{t-2},C_k^i)\right] \quad (3.30)$$

其中,$d(A_k^{t-2},A_k^i)$,$d(B_k^{t-2},B_k^i)$,$d(C_k^{t-2},C_k^i)$均为两个直觉模糊集之间的标准化欧氏距离。将计算得到的 $l(1 \leqslant l \leqslant t-3)$ 个不同的相似直觉模糊逻辑关系记为

$$(A_1^w,B_1^w,C_1^w),(A_2^w,B_2^w,C_2^w),(A_3^w,B_3^w,C_3^w) \rightarrow A_3^{w+1} \quad (3.31)$$

其中,$w=1,2,\cdots,l$。

步骤 2:进行直觉模糊推理。

首先,根据式(3.18)的模糊逻辑关系规则,对应于三元数据 x_i,y_i,z_i 及其直觉模糊变量 A_j,B_p,C_q,分别建立直觉模糊集 F_i,G_i,H_i,分别如式(3.32)～

式(3.34)所示。

$$F_i = \sum_{j=1}^{r_x} \langle \mu_{F_i}(A_j), \gamma_{F_i}(A_j) \rangle / A_j \qquad (3.32)$$

$$G_i = \sum_{p=1}^{r_y} \langle \mu_{G_i}(B_p), \gamma_{G_i}(B_p) \rangle / B_p \qquad (3.33)$$

$$H_i = \sum_{q=1}^{r_z} \langle \mu_{H_i}(C_q), \gamma_{H_i}(C_q) \rangle / C_q \qquad (3.34)$$

然后,将表3.8中的直觉模糊逻辑关系用F_i,G_i和H_i表示,得到变换后的直觉模糊逻辑关系,见表3.11。

那么式(3.28)和式(3.31)也可以变换为

$$(F_{t-2}, G_{t-2}, H_{t-2}), (F_{t-1}, G_{t-1}, H_{t-1}), (F_t, G_t, H_t) \rightarrow \hat{F}_{t+1} \qquad (3.35)$$

$$(F_w, G_w, H_w), (F_{w+1}, G_{w+1}, H_{w+1}), (F_{w+2}, G_{w+2}, H_{w+2}) \rightarrow F_{w+3} \qquad (3.36)$$

表 3.11 变形后的三阶三元直觉模糊逻辑关系

序号	变形后的直觉模糊逻辑关系
1	$(F_1, G_1, H_1), (F_2, G_2, H_2), (F_3, G_3, H_3) \rightarrow F_4$
2	$(F_2, G_2, H_2), (F_3, G_3, H_3), (F_4, G_4, H_4) \rightarrow F_5$
$\vdots$	$\vdots$
$t-3$	$(F_{t-3}, G_{t-3}, H_{t-3}), (F_{t-2}, G_{t-2}, H_{t-2}), (F_{t-1}, G_{t-1}, H_{t-1}) \rightarrow F_t$

最后,将式(3.36)的直觉模糊逻辑关系作为多维式直觉模糊推理的推理规则,式(3.35)的前件作为推理输入,推理输出记为$\hat{F}_{t+1}^w$,$\hat{G}_{t+1}^w$,$\hat{H}_{t+1}^w$($w=1,2,\cdots,l$)。由于式(3.36)包含多个不同的直觉模糊逻辑关系,而每个直觉模糊逻辑关系对应一组推理模型,每组又包含3个模型,因此一共可以得到l组(共$3 \times l$个)推理模型。将第$w(w=1,2,\cdots,l)$组模型记为

推理模型 3.5

规则: IF	x	is	$F_w \times F_{w+1} \times F_{w+2}$	THEN	y	is F_{w+3}
输入: IF	x	is	$F_{t-2} \times F_{t-1} \times F_t$			
输出:					y	is $\hat{F}_{t+1}^w$

和

推理模型 3.6

规则: IF	x	is	$G_w \times G_{w+1} \times G_{w+2}$	THEN	y	is G_{w+3}
输入: IF	x	is	$G_{t-2} \times G_{t-1} \times G_t$			
输出:					y	is $\hat{G}_{t+1}^w$

和

推理模型 3.7

规则：IF x is $H_w \times H_{w+1} \times H_{w+2}$ THEN y is H_{w+3}
输入：IF x is $H_{t-2} \times H_{t-1} \times H_t$
输出：$\qquad\qquad\qquad\qquad\qquad\qquad\qquad y$ is $\hat{H}_{t+1}^w$

各模型的推理计算方法与式(3.6)～式(3.10)相同，其推理结果为

$$\hat{F}_{t+1}^w = \sum_{j=1}^{r_x} \langle \mu_{\hat{F}_{t+1}^w}(A_j), \gamma_{\hat{F}_{t+1}^w}(A_j) \rangle / A_j \qquad (3.37)$$

$$\hat{G}_{t+1}^w = \sum_{p=1}^{r_y} \langle \mu_{\hat{G}_{t+1}^w}(B_p), \gamma_{\hat{G}_{t+1}^w}(B_p) \rangle / B_p \qquad (3.38)$$

$$\hat{H}_{t+1}^w = \sum_{q=1}^{r_z} \langle \mu_{\hat{H}_{t+1}^w}(C_q), \gamma_{\hat{H}_{t+1}^w}(C_q) \rangle / C_q \qquad (3.39)$$

由推理结果得到的直觉模糊预测结果分别记为：$\hat{A}_{t+1}^{w'}$，$\hat{B}_{t+1}^w$，$\hat{C}_{t+1}^w (w=1, 2, \cdots, l)$。

3.3.3　解模糊算法

高阶多元模型预测的最终结果为模型主元的值，因此对于次元的直觉模糊化预测结果，需要先转化成主元的结果再进行去模糊化处理。高阶多元 IFTS 模型的直觉模糊预测值 $\hat{A}_{t+1}^{w'}$，$\hat{B}_{t+1}^w$，$\hat{C}_{t+1}^w$，$w=(1,2,\cdots,l)$ 的去直觉模糊化过程可以分为以下 3 个步骤。

步骤 1：因为 $\hat{A}_{t+1}^{w'}$ 对应的数据是序列的主元，对其不再做其他计算，直接应用面积中心法进行去直觉模糊化，得到 $\hat{x}_{t+1}^{w'}$。当 $\hat{A}_{t+1}^{w'}$ 不唯一时，则需要在去直觉模糊化处理后分别取平均值作为 $\hat{x}_{t+1}^{w'}$ 的最终解。

步骤 2：由于 $\hat{B}_{t+1}^w$ 和 $\hat{C}_{t+1}^w$ 对应的数据是时间序列的次元，需要将其转化为主元结果。

首先，将 $\hat{B}_{t+1}^w$ 和 $\hat{C}_{t+1}^w$ 进行组合，得到

$$(\hat{B}_{t+1}^w, \hat{C}_{t+1}^w) \qquad (3.40)$$

值得注意的是，由于直觉模糊推理的结果可能不唯一，即 $\hat{B}_{t+1}^w$ 和 $\hat{C}_{t+1}^w$ 可能分别包含多个直觉模糊集，因此式(3.40)的结果也可能是不唯一的。例如，若 $\hat{B}_{t+1}^w$ 包含两个直觉模糊值：B_2 和 B_3，$\hat{C}_{t+1}^w$ 包含两个元素：C_7 和 C_8，则式(3.40)可写为

$$(B_2, C_7), (B_2, C_8), (B_3, C_7), (B_3, C_8) \qquad (3.41)$$

接着，在表 3.8 的直觉模糊逻辑关系中，搜索包含式(3.40)中各组合的不同的直觉模糊逻辑关系前件，记为

$$(\hat{A}_{t+1}^{w''}, \hat{B}_{t+1}^{w}, \hat{C}_{t+1}^{w}) \tag{3.42}$$

这里同样值得注意的是,式(3.42)代表的直觉模糊逻辑关系有可能并不存在,也有可能存在多个,即 $\hat{A}_{t+1}^{w''}$ 有可能不存在,也有可能包含多个元素。

那么 $\hat{A}_{t+1}^{w''}$ 就是由 $\hat{B}_{t+1}^{w}$ 和 $\hat{C}_{t+1}^{w}$ 转化而来的主元直觉模糊预测值。同样应用面积中心法对 $\hat{A}_{t+1}^{w''}$ 去直觉模糊化,得到 $\hat{x}_{t+1}^{w''}$。

步骤3：主元和次元结果合成输出。取 $\hat{x}_{t+1}^{w'}$ 和 $\hat{x}_{t+1}^{w''}$ 的均值作为第 w 组模型的预测结果 $\hat{x}_{t+1}^{w}$,即

$$\hat{x}_{t+1}^{w} = \frac{\hat{x}_{t+1}^{w'} + \hat{x}_{t+1}^{w''}}{2} \tag{3.43}$$

模型的最终预测结果 $\hat{x}_{t+1}$ 取 l 组模型预测结果的平均值,即

$$\hat{x}_{t+1} = \frac{1}{l} \sum_{w=1}^{l} \hat{x}_{t+1}^{w} \tag{3.44}$$

通过上述步骤,可以得到由模糊时间序列主元和次元合成得到的直觉模糊预测结果,即高阶多元 IFTS 解模糊算法。

3.3.4　高阶多元 IFTS 模型实现

综上所述,以三阶三元模型为代表,基于多维直觉模糊推理的高阶多元 IFTS 预测模型建立的详细步骤如下。

步骤1：根据历史数据 $\{x_1, x_2, \cdots, x_t\}$、$\{y_1, y_2, \cdots, y_t\}$ 和 $\{z_1, z_2, \cdots, z_t\}$ 定义论域。由于每一元数据都有一个独立论域,需要分别确定 3 个论域,即 $U_x = [x_{\min} - \varepsilon_1^x, x_{\max} + \varepsilon_2^x]$,$U_y = [y_{\min} - \varepsilon_1^y, y_{\max} + \varepsilon_2^y]$ 和 $U_z = [z_{\min} - \varepsilon_1^z, z_{\max} + \varepsilon_2^z]$。各元数据的论域确定方法可以采用一阶一元 IFTS 模型非等分划分方法。其中,$x_{\min}, x_{\max}, y_{\min}, y_{\max}$ 和 $z_{\min}, z_{\max}$ 分别表示历史数据 $\{x_1, x_2, \cdots, x_t\}$、$\{y_1, y_2, \cdots, y_t\}$ 和 $\{z_1, z_2, \cdots, z_t\}$ 中的最小值和最大值,$\varepsilon_1^x, \varepsilon_2^x, \varepsilon_1^y, \varepsilon_2^y, \varepsilon_1^z$ 和 ε_2^z 是 6 个合适的正数,使得论域边界分别向下、向上取合适的整数。

历史数据中,$x_i (i=1,2,\cdots,t)$ 为时间序列的主元,y_i 和 z_i 为时间序列的次元。

步骤2：划分论域。利用采用一阶一元 IFTS 模型论域非等分划分方法分别将 U_x, U_y, U_z 划分成 r_x, r_y 和 r_z 个不等长的区间。

步骤3：建立直觉模糊集。利用一阶一元 IFTS 直觉模糊集合建立方法分别为各元数据建立与各自区间一一对应的 r_x, r_y 和 r_z 个直觉模糊集：

$$A_j = \{\langle x, \mu_{A_j}(x), \gamma_{A_j}(x) \rangle \mid x \in U_x\}$$

$$B_p = \{\langle x, \mu_{B_p}(x), \gamma_{B_p}(x) \rangle \mid x \in U_y\}$$

$$C_q = \{\langle x, \mu_{C_q}(x), \gamma_{C_q}(x) \rangle \mid x \in U_z\}$$

其中,$j=1,2,\cdots,r_x$;$p=1,2,\cdots,r_y$;$q=1,2,\cdots,r_z$。

步骤4:直觉模糊化历史数据。根据直觉模糊集 A_j,B_p,C_q 分别对各元历史数据进行直觉模糊化。

步骤5:获取直觉模糊逻辑关系。从直觉模糊化后的历史数据中分别得到 $t-3$ 个三阶三元直觉模糊逻辑关系,以及 $t+1$ 时刻的直觉模糊逻辑关系。

步骤6:建立预测规则,求直觉模糊预测值。根据相似直觉模糊逻辑关系选择和高阶直觉模糊推理方法由各推理模型得到直觉模糊预测值 $\hat{A}_{t+1}^{w'},\hat{B}_{t+1}^w,\hat{C}_{t+1}^w$ ($w=1,2,\cdots,l$)。

步骤7:预测结果去直觉模糊化输出。根据选择的直觉模糊划分方法进行反向去直觉模糊化得到模型最终的预测值 $\hat{x}_{t+1}$。

3.3.5 实验和分析

利用包括多元时间序列关系的气温数据集对高阶多元 IFTS 预测模型的预测效果进行实验验证。北京市日均气温数据集包含了平均气温、平均气压、日照时数、平均相对湿度、气温日较差等日值数据。其中,平均气压、日照时数和气温日较差等因素对每日的平均气温都会产生影响,因此这是一个典型的多元时间序列数据集。本节选取 2014 年 6 月 1 日—7 月 1 日共 31 天的日均气温(mean temperature,MTP)、日照时数(sunshine duration,SSD)和气温日较差(diurnal temperature range,DTR)3 个元素的数据作为实验数据集,见表 3.12。由于各元时间序列数据集都在一定程度上反映了日均气温的影响,因此符合上述定义的多元主次时间序列预测问题的假设。

表 3.12 2014 年 6 月 1 日—2014 年 7 月 1 日北京市日均气温

日期	MTP/℃	SSD/h	DTR/℃	日期	MTP/℃	SSD/h	DTR/℃
6 月 1 日	24.7	1.9	11.1	6 月 17 日	23.2	1.8	10
6 月 2 日	22	5	6.5	6 月 18 日	24	9.7	11
6 月 3 日	25.2	11.5	14.9	6 月 19 日	24	2.3	6.2
6 月 4 日	25.7	5.3	9.7	6 月 20 日	22.1	8.1	9.5
6 月 5 日	28	11.6	13	6 月 21 日	22	3.6	9.1
6 月 6 日	21.7	1.3	12.1	6 月 22 日	22	6.1	10.1
6 月 7 日	23.1	13.4	16.1	6 月 23 日	25	13.3	13.4
6 月 8 日	23.3	8.1	12.3	6 月 24 日	27.3	11.5	10.4
6 月 9 日	23.3	11.7	15.4	6 月 25 日	24.4	3.1	6.6
6 月 10 日	21.7	6.3	8.5	6 月 26 日	26.2	8.3	9.8
6 月 11 日	23.7	12.6	12.1	6 月 27 日	29.2	11.6	12.3
6 月 12 日	27.8	13.4	16.6	6 月 28 日	29.9	13.2	16.1
6 月 13 日	26	9.3	13.3	6 月 29 日	28.8	10.3	10.9
6 月 14 日	25.9	11.1	12.9	6 月 30 日	29.8	10.8	10.9
6 月 15 日	26.2	4.7	10.1	7 月 1 日	28.8	2.5	7.2
6 月 16 日	25.9	3.4	8.7	—	—	—	—

以三阶三元模型为例，通过高阶多元 IFTS 模型预测 2014 年 7 月 1 日的 MTP。其中，MTP 为序列的主元，SSD 和 DTR 为两个次元。具体预测过程如下。

步骤 1：MTP，SSD 和 DTR 的论域经过上、下界取整，分别为 $U_1 = [20,30]$，$U_2 = [1,14]$ 和 $U_3 = [6,17]$。

步骤 2：经非等分论域划分算法计算，可以将论域 U_1，U_2 和 U_3 划分为 9 个非等长区间，划分结果见表 3.13。

表 3.13　MTP，SSD 和 DTR 的区间划分

MTP	SSD	DTR
$u_1 = [20, 22.6]$	$u_1 = [1, 2.7]$	$u_1 = [6, 7.55]$
$u_2 = [22.6, 24.2]$	$u_2 = [2.7, 4.15]$	$u_2 = [7.55, 10.65]$
$u_3 = [24.2, 25.45]$	$u_3 = [4.15, 5.7]$	$u_3 = [10.65, 11.55]$
$u_4 = [25.45, 26.75]$	$u_4 = [5.7, 7.2]$	$u_4 = [11.55, 12.6]$
$u_5 = [26.75, 27.55]$	$u_5 = [7.2, 8.8]$	$u_5 = [12.6, 14.15]$
$u_6 = [27.55, 28.4]$	$u_6 = [8.8, 10]$	$u_6 = [14.15, 15.15]$
$u_7 = [28.4, 29]$	$u_7 = [10, 12.15]$	$u_7 = [15.15, 15.75]$
$u_8 = [29, 29.5]$	$u_8 = [12.15, 12.9]$	$u_8 = [15.75, 16.35]$
$u_9 = [29.5, 30]$	$u_9 = [12.15, 14]$	$u_9 = [16.35, 17]$

步骤 3：对应于 MTP，SSD 和 DTR 的划分区间，可以分别建立 9 个直觉模糊集，即 A_j，B_j 和 $C_j (j = 1, 2, \cdots, 9)$。

步骤 4：将 30 组历史数据进行直觉模糊化，得到的结果见表 3.14。

表 3.14　历史数据的直觉模糊化结果

日期	MTP	SSD	DTR	日期	MTP	SSD	DTR
6 月 1 日	A_3	B_1	C_3	6 月 16 日	A_4	B_2	C_2
6 月 2 日	A_1	B_3	C_1	6 月 17 日	A_2	B_1	C_2
6 月 3 日	A_3	B_7	C_6	6 月 18 日	A_2	B_6	C_3
6 月 4 日	A_4	B_3	C_2	6 月 19 日	A_2	B_1	C_1
6 月 5 日	A_6	B_7	C_5	6 月 20 日	A_1	B_5	C_2
6 月 6 日	A_1	B_1	C_4	6 月 21 日	A_1	B_2	C_2
6 月 7 日	A_2	B_9	C_8	6 月 22 日	A_1	B_4	C_2
6 月 8 日	A_2	B_5	C_4	6 月 23 日	A_3	B_9	C_5
6 月 9 日	A_2	B_7	C_7	6 月 24 日	A_5	B_7	C_2
6 月 10 日	A_1	B_4	C_2	6 月 25 日	A_3	B_2	C_1
6 月 11 日	A_2	B_8	C_4	6 月 26 日	A_4	B_5	C_2
6 月 12 日	A_6	B_9	C_9	6 月 27 日	A_8	B_7	C_4
6 月 13 日	A_4	B_6	C_5	6 月 28 日	A_9	B_9	C_8
6 月 14 日	A_4	B_7	C_5	6 月 29 日	A_7	B_7	C_3
6 月 15 日	A_4	B_3	C_2	6 月 30 日	A_9	B_7	C_3

步骤 5：将 2014 年 7 月 1 日的 MTP,SSD 和 DTR 对应的直觉模糊集分别记为 $\hat{A}_{31},\hat{B}_{31}$ 和 $\hat{C}_{31}$，则它们与前 3 天数据之间的直觉模糊逻辑关系为

$$(A_9,B_9,C_9),(A_7,B_7,C_3),(A_9,B_7,C_3)\to\hat{A}_{31} \tag{3.45}$$

那么，可以由时间序列历史数据得到 27 个三元三阶直觉模糊逻辑关系，见表 3.15 第二列。

表 3.15　MTP,SSD 和 DTR 历史数据的直觉模糊逻辑关系

序号	直觉模糊逻辑关系	变换后的直觉模糊逻辑关系
1	$(A_3,B_1,C_3),(A_1,B_3,C_1),(A_3,B_7,C_6)\to A_4$	$(F_1,G_1,H_1),(F_2,G_2,H_2),(F_3,G_3,H_3)\to F_4$
2	$(A_1,B_3,C_1),(A_3,B_7,C_6),(A_4,B_3,C_2)\to A_6$	$(F_2,G_2,H_2),(F_3,G_3,H_3),(F_4,G_4,H_4)\to F_5$
3	$(A_3,B_7,C_6),(A_4,B_3,C_2),(A_6,B_7,C_5)\to A_1$	$(F_3,G_3,H_3),(F_4,G_4,H_4),(F_5,G_5,H_5)\to F_6$
4	$(A_4,B_3,C_2),(A_6,B_7,C_5),(A_1,B_1,C_4)\to A_2$	$(F_4,G_4,H_4),(F_5,G_5,H_5),(F_6,G_6,H_6)\to F_7$
5	$(A_6,B_7,C_5),(A_1,B_1,C_4),(A_2,B_9,C_8)\to A_2$	$(F_5,G_5,H_5),(F_6,G_6,H_6),(F_7,G_7,H_7)\to F_8$
6	$(A_1,B_1,C_4),(A_2,B_9,C_8),(A_2,B_5,C_4)\to A_2$	$(F_6,G_6,H_6),(F_7,G_7,H_7),(F_8,G_8,H_8)\to F_9$
7	$(A_2,B_9,C_8),(A_2,B_5,C_4),(A_2,B_7,C_7)\to A_1$	$(F_7,G_7,H_7),(F_8,G_8,H_8),(F_9,G_9,H_9)\to F_{10}$
8	$(A_2,B_5,C_4),(A_2,B_7,C_7),(A_1,B_4,C_2)\to A_2$	$(F_8,G_8,H_8),(F_9,G_9,H_9),(F_{10},G_{10},H_{10})\to F_{11}$
9	$(A_2,B_7,C_7),(A_1,B_4,C_2),(A_2,B_8,C_4)\to A_6$	$(F_9,G_9,H_9),(F_{10},G_{10},H_{10}),(F_{11},G_{11},H_{11})\to F_{12}$
10	$(A_1,B_4,C_2),(A_2,B_8,C_4),(A_6,B_9,C_9)\to A_4$	$(F_{10},G_{10},H_{10}),(F_{11},G_{11},H_{11}),(F_{12},G_{12},H_{12})\to F_{13}$
11	$(A_2,B_8,C_4),(A_6,B_9,C_9),(A_4,B_6,C_5)\to A_4$	$(F_{11},G_{11},H_{11}),(F_{12},G_{12},H_{12}),(F_{13},G_{13},H_{13}),\to F_{14}$
12	$(A_6,B_9,C_9),(A_4,B_6,C_5),(A_4,B_7,C_5)\to A_4$	$(F_{12},G_{12},H_{12}),(F_{13},G_{13},H_{13}),(F_{14},G_{14},H_{14})\to F_{15}$

序号	直觉模糊逻辑关系	变换后的直觉模糊逻辑关系
13	(A_4,B_6,C_5), (A_4,B_7,C_5), $(A_4,$ $B_3,C_2) \to A_4$	(F_{13},G_{13},H_{13}), (F_{14},G_{14},H_{14}), $(F_{15},G_{15},$ $H_{15}) \to F_{16}$
14	(A_4,B_7,C_5), (A_4,B_3,C_2), $(A_4,$ $B_2,C_2) \to A_2$	(F_{14},G_{14},H_{14}), (F_{15},G_{15},H_{15}), $(F_{16},G_{16},$ $H_{16}) \to F_{17}$
15	(A_4,B_3,C_2), (A_4,B_2,C_2), $(A_2,$ $B_1,C_2) \to A_2$	(F_{15},G_{15},H_{15}), (F_{16},G_{16},H_{16}), $(F_{17},G_{17},$ $H_{17}) \to F_{18}$
16	(A_4,B_2,C_2), (A_2,B_1,C_2), $(A_2,$ $B_6,C_3) \to A_2$	(F_{16},G_{16},H_{16}), (F_{17},G_{17},H_{17}), $(F_{18},G_{18},$ $H_{18}) \to F_{19}$
17	(A_2,B_1,C_2), (A_2,B_6,C_3), $(A_2,$ $B_1,C_1) \to A_1$	(F_{17},G_{17},H_{17}), (F_{18},G_{18},H_{18}), $(F_{19},G_{19},$ $H_{19}) \to F_{20}$
18	(A_2,B_6,C_3), (A_2,B_1,C_1), $(A_1,$ $B_5,C_2) \to A_1$	(F_{18},G_{18},H_{18}), (F_{19},G_{19},H_{19}), $(F_{20},G_{20},$ $H_{20}) \to F_{21}$
19	(A_2,B_1,C_1), (A_1,B_5,C_2), $(A_1,$ $B_2,C_2) \to A_1$	(F_{19},G_{19},H_{19}), (F_{20},G_{20},H_{20}), $(F_{21},G_{21},$ $H_{21}) \to F_{22}$
20	(A_1,B_5,C_2), (A_1,B_2,C_2), $(A_1,$ $B_4,C_2) \to A_3$	(F_{20},G_{20},H_{20}), (F_{21},G_{21},H_{21}), $(F_{22},G_{22},$ $H_{22}) \to F_{23}$
21	(A_1,B_2,C_2), (A_1,B_4,C_2), $(A_3,$ $B_9,C_5) \to A_5$	(F_{21},G_{21},H_{21}), (F_{22},G_{22},H_{22}), $(F_{23},G_{23},$ $H_{23}) \to F_{24}$
22	(A_1,B_4,C_2), (A_3,B_9,C_5), $(A_5,$ $B_7,C_2) \to A_3$	(F_{22},G_{22},H_{22}), (F_{23},G_{23},H_{23}), $(F_{24},G_{24},$ $H_{24}) \to F_{25}$
23	(A_3,B_9,C_5), (A_5,B_7,C_2), $(A_3,$ $B_2,C_1) \to A_4$	(F_{23},G_{23},H_{23}), (F_{24},G_{24},H_{24}), $(F_{25},G_{25},$ $H_{25}) \to F_{26}$
24	(A_5,B_7,C_2), (A_3,B_2,C_1), $(A_4,$ $B_5,C_2) \to A_8$	(F_{24},G_{24},H_{24}), (F_{25},G_{25},H_{25}), $(F_{26},G_{26},$ $H_{26}) \to F_{27}$
25	(A_3,B_2,C_1), (A_4,B_5,C_2), $(A_8,$ $B_7,C_4) \to A_9$	(F_{25},G_{25},H_{25}), (F_{26},G_{26},H_{26}), $(F_{27},G_{27},$ $H_{27}) \to F_{28}$
26	(A_4,B_5,C_2), (A_8,B_7,C_4), $(A_9,$ $B_9,C_8) \to A_7$	(F_{26},G_{26},H_{26}), (F_{27},G_{27},H_{27}), $(F_{28},G_{28},$ $H_{28}) \to F_{29}$
27	(A_8,B_7,C_4), (A_9,B_9,C_8), $(A_7,$ $B_7,C_3) \to A_9$	(F_{27},G_{27},H_{27}), (F_{28},G_{28},H_{28}), $(F_{29},G_{29},$ $H_{29}) \to F_{30}$

步骤6：首先，直觉模糊逻辑关系经相似度计算得到，在表 3.15 第二列中，式(3.45)的相似直觉模糊逻辑关系为

$$(A_8,B_7,C_4), (A_9,B_9,C_8), (A_7,B_7,C_3) \to A_9 \qquad (3.46)$$

接着，对应于 MTP，SSD 和 DTR 分别建立直觉模糊集 F_i，G_i 和 H_i（$i=1$，$2,\cdots,30$）。经过直觉模糊逻辑关系变换后得到的新的历史数据直觉模糊逻辑关系见表 3.15 第三列，变换后的式(3.45)和式(3.46)分别更新为式(3.47)和式(3.48)。

$$(F_{28},G_{28},H_{28}), (F_{29},G_{29},H_{29}), (F_{30},G_{30},H_{30}) \to \hat{F}_{31} \qquad (3.47)$$

$$(F_{27}, G_{27}, H_{27}), (F_{28}, G_{28}, H_{28}), (F_{29}, G_{29}, H_{29}) \rightarrow F_{30} \qquad (3.48)$$

将式(3.48)作为直觉模糊推理规则,将式(3.47)的前件作为直觉模糊推理输入,可以得到 3 个直觉模糊推理模型,分别记为

推理模型 3.9

规则:	IF	x	is	$F_{27} \times F_{28} \times F_{29}$	THEN	y	is	F_{30}
输入:	IF	x	is	$F_{28} \times F_{29} \times F_{30}$				
输出:						y	is	$\hat{F}_{31}$

和

推理模型 3.10

规则:	IF	x	is	$G_{27} \times G_{28} \times G_{29}$	THEN	y	is	G_{30}
输入:	IF	x	is	$G_{28} \times G_{29} \times G_{30}$				
输出:						y	is	$\hat{G}_{31}$

和

推理模型 3.11

规则:	IF	x	is	$H_{27} \times H_{28} \times H_{29}$	THEN	y	is	H_{30}
输入:	IF	x	is	$H_{28} \times H_{29} \times H_{30}$				
输出:						y	is	$\hat{H}_{31}$

其中,推理模型 3.9 的输出 $\hat{F}_{31}$ 中隶属度最大的元素为 A_8 和 A_9,推理模型 3.10 的输出 $\hat{G}_{31}$ 中隶属度最大的元素为 B_7,推理模型 3.11 的输出 $\hat{H}_{31}$ 中隶属度最大的元素为 C_2, C_3, C_4 和 C_5。

步骤 7:首先对推理模型 3.9 的推理结果去直觉模糊化,得到 $\hat{x}'_{31} = 29.5$。

接着,计算得到推理模型 3.10 和推理模型 3.9 的预测结果的组合为

$$(B_7, C_2), (B_7, C_3), (B_7, C_4), (B_7, C_5) \qquad (3.49)$$

在表 3.15 的第二列中搜索包含公式(3.49)中各组合的直觉模糊关系前件,得到

$$(A_5, B_7, C_2), (A_7, B_7, C_3), (A_9, B_7, C_3), (A_8, B_7, C_4), (A_6, B_7, C_5), (A_4, B_7, C_5) \qquad (3.50)$$

对直觉模糊集 $A_4, A_5, A_6, A_7, A_8, A_9$ 分别去直觉模糊化后取均值作为主元结果,得到 $\hat{x}''_{31} = 28.15$。

(3) 取 $\hat{x}'_{31}$ 和 $\hat{x}''_{31}$ 的均值作为模型的最终预测结果,得到

$$\hat{x}_{31} = 28.83 \qquad (3.51)$$

即 2014 年 7 月 1 日的日均气温预测结果为 28.83℃。

应用 Song 模型、Joshi 模型、Zheng 模型、Aladag 模型、3.2 节提出的高阶一元 IFTS 模型和本节的高阶多元 IFTS 预测模型对北京市日均气温数据集的所有数据进行预测,本节模型采用多元高阶预测方法,其他模型采用单一气温时间序列预测方法,得到各模型的预测值和实际值对比如图 3.3 所示。

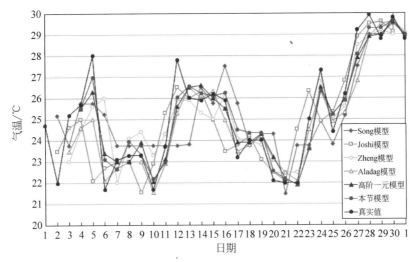

图 3.3 各模型对日均气温数据集的预测结果(后附彩图)

根据均方根误差 RMSE 和平均预测误差率 AFER 对各模型的预测性能进行检验,结果见表 3.16。

表 3.16 各模型对日均气温数据集的预测性能

指标	Song 模型	Joshi 模型	Zheng 模型	Aladag 模型	高阶一元模型	高阶多元模型
RMSE	1.70	1.29	1.30	1.06	0.94	0.86
AFER/%	5.29	3.91	3.89	2.9	2.81	2.57

由图 3.3 和表 3.16 可知,本节所建高阶多元 IFTS 预测模型由于同时考虑了主要元素日均气温和影响日均气温变化的两个次要元素(日照时数和气温日较差),预测结果更加精确,其中,RMSE 较其他五种模型最高下降了 0.84,AFER 最高下降了 2.72%。预测效果较现有模型有了较大好转,证明高阶多元 IFTS 模型具有更强的可行性和有效性。

该气温预测实验也反映出在现实问题中多种时间序列数据存在相关性的事实,基于主元数据时间序列和次元时间序列共同的假设,进行多元高阶时间序列预测,无论是在理论研究还是工程实践中都是十分必要的。

参考文献

[1] HWANG J R, CHEN S M, LEE C H. Handling forecasting problems using fuzzy time series[J]. Fuzzy Sets and Systems,1998,100(1): 217-228.

[2] TSAI C C, WU S J. A study for second-order modeling of fuzzy time series[C]//1999 IEEE International Fuzzy Systems Conference Proceedings. August 22-25, 1999, Seoul,

South Korea. Piscataway：IEEE Press,1999,22-25.

[3] LEE L W，WANG L H,CHEN S M,et al. Handling forecasting problems based on two-factors high-order fuzzy time series[J]. IEEE Transactions on Fuzzy Systems,2006,14(3)：468-477.

[4] AVAZBEIGI M，DOULABI S,KARIMI B. Choosing the appropriate order in fuzzy time series A new N-factor fuzzy time series for prediction of the auto industry production[J]. Expert Systems with Applications,2010,37(8)：5630-5639.

[5] ALADAG C H，BASARAN M A，EGRIOGLU，et al. Forecasting in high order fuzzy times series by using neural networks to define fuzzy relations[J]. Expert Systems with Applications,2009,36(3)：4228-4231.

[6] CHEN S M，CHEN S W. Fuzzy forecasting based on two-factor second-order fuzzy-trend logical relationship groups and the probabilities of trends of fuzzy logical relationships[J]. IEEE Transactions on Cybernetics,2015,45(3)：405-417.

[7] SONG Q，CHISSOM B S. Forecasting enrollments with fuzzy time series-Part Ⅰ[J]. Fuzzy Sets System,1993,54(1)：1-9.

[8] JOSHI B P,KUMAR S. Intuitionistic fuzzy sets based method for fuzzy time series forecasting[J]. Cybernetics and Systems：An International Journal,2012,43(1)：34-47.

[9] 郑寇全,雷英杰,王睿,等. 参数自适应的长期 IFTS 预测算法[J]. 系统工程与电子技术,2014,46(1)：99-104.

[10] ALADAG C H，BASARAN M A，EGRIOGLU，et al. Forecasting in high order fuzzy times series by using neural networks to define fuzzy relations[J]. Expert Systems with Applications,2009,36(3)：4228-4231.

第4章

启发式变阶IFTS预测模型

本章针对已有高阶模糊时间序列模型在预测精度和预测范围上的限制,结合直觉模糊集理论,提出一种启发式变阶直觉模糊时间序列预测模型。模型首先应用直接模糊聚类算法对论域进行非等分划分;然后,针对直觉模糊时间序列的数据特性,改进现有直觉模糊集隶属度和非隶属度函数的建立方法;最后,采用阶数随序列实时变化的高阶预测规则进行预测,并将历史数据发展趋势的启发知识引入解模糊过程,使模型的预测范围得到扩展。在亚拉巴马大学入学人数和北京市日均气温两组数据集上分别与典型方法进行对比实验,结果表明该模型有效克服了传统模型的缺点,拥有较高的预测精度,证明了模型的有效性和优越性。

4.1 引言

在模糊时间序列建模和预测的过程中,如果考虑模型在计算模糊关系时,是否随着时间的变化而发生变化,那么 IFTS 预测模型可以分为时变模型和非时变模型。非时变模型认为模糊时间序列中数据的模糊关系具有稳定特性,通过对历史数据的模糊关系推导和归纳,可以得到一个确定的模糊关系,且该模糊关系与时间变化无关。而时变模型中认为的模糊关系是一个随时间变化的动态变量,需要实时计算和更新,从而使模糊时间序列与实际变化趋势拟合度更高[1]。这一模糊时间序列思想在很大程度上提高了模型的适应性,可以为不同种类时间序列实际问题的建模工作提供更加灵活的解决方案。Hwang 和 Chen[2-3] 等根据时变模糊关系原理,提出了一系列时变模型,其基本思想是根据历史数据的变化趋势判断时间序列预测值的发展趋势,在模型计算时调节模型预测规则,达到增加或减小预测值的目的。Liu 等[4] 在此基础上提出了一个改进的时变模糊时间序列模型,主要解决在模型预测过程中异常值发现的问题。但是由于时变模型在模糊关系和预测规则上的不确定性以及多次计算带来的模型复杂度不断增高等问题,对 FTS 和 IFTS 预测模型的研究多集中于非时变的范畴,对时变直觉模糊时间序列和模糊关系计算的模型研究相对较少。

　　启发式算法(heuristic algorithm)是相对于最优化算法提出的。一个问题的最优算法可求得该问题每个实例的最优解。启发式算法可以这样定义：一个基于直观或经验构造的算法，在可接受的计算时间和空间开销下给出待解决组合优化问题每一个实例的一个可行解，该可行解与最优解的偏离程度一般不能被预计。而启发式算法则试图一次提供一个或全部目标。例如它可以发现一个可行解，但也没办法证明它不会得到较坏的解，它通常可在合理时间解出答案，但也没办法知道它是否每次都能以这样的速度求解。有时候人们会发现在某些特殊情况下，启发式算法会得到较坏的解或效率极差，然而造成那些特殊情况的数据组合，也许永远不会在现实世界出现。因此现实世界中可以利用启发式算法来解决实际问题。启发式算法在处理这些实际问题时通常可以在合理的时间内得到不错的答案。启发式算法在优化机制方面存在一定的差异，但在优化流程上却有较大的相似性，均是"邻域搜索"结构。算法都是从一个(一组)初始解出发，在算法关键参数的控制下通过邻域函数产生若干邻域解，按接受准则(确定性、概率性或混沌方式)更新当前状态，而后按关键参数修改准则调整关键参数。如此重复上述搜索步骤直到满足算法的收敛准则，最终得到问题的优化结果。可以说启发式算法对于一些不确定性和模糊性问题的处理有一定的优势。

　　在实际应用过程中，时间序列分析对象的复杂性越来越高，对模型预测性能的要求也在不断增强，因此直觉模糊时变时间序列模型成为研究者重点关注的方向。本章将针对时变模糊关系计算与合成问题进行时变 IFTS 模型的研究，构建高阶 IFTS 模型中阶数的自适应选择方法，以克服传统定阶模型和非时变模型的弊端，并且通过对历史数据发展趋势的分析，将趋势先验知识引入直觉模糊时间序列模型，扩展模型的预测范围，突破历史数据对论域的限制，建立一个基于启发式变阶的 IFTS 预测模型，使模型更贴近实际需求，满足高阶时变和实时性要求更高的时间序列预测问题。

4.2　启发式变阶 IFTS 预测模型

4.2.1　定阶时间序列模型分析

　　在高阶模糊时间序列预测模型的研究中，Hwang 等[2]以亚拉巴马大学入学人数预测为例，根据时变模糊关系原理，提出了一系列时变模型。这些模型的基本思想是根据历史数据的变化趋势判断时间序列预测值的发展趋势，而这种思想的依据是 Hwang 等建立的 3 条规则。在入学人数预测这一问题中，建立的 3 条规则符合现实逻辑和实际规律如下(其中，"某年入学人数的变化值"指的是相对于其前一年入学人数的变化值)。

　　(1) 当年入学人数的变化值与当年入学人数相对于过去各年入学人数的变化值之间存在联系，并且在这些联系中，当年入学人数与去年入学人数间的关联最为紧密。

（2）如果过去几年的入学人数呈递增趋势，则当年的入学人数也是增加的；如果过去几年的入学人数呈递减趋势，则当年的入学人数也是减少的。

（3）基于过去各年入学人数的变化值，计算去年变化值与过去各年变化值之间的模糊关系，进而推导出去年入学人数变化值与过去各年入学人数变化值之间的权重系数，利用这些权重系数和去年入学人数的变化值，即可预测当年入学人数的变化值。

在以上3条规则中，规则（3）是专门为 Hwang 提出的模糊时间序列模型预测方法而服务的，具有较强的针对性。而规则（1）和规则（2）更具有普遍适用性，这些规则也被后来研究 FTS 和 IFTS 的学者广泛接受和采用，作为预测模型建立的理论基础。

Hwang 等以这3条规则为基本依据，建立了一个高阶 FTS 预测模型，该模型的主要思想是利用一个长度为 w 的滑动窗口，窗口中包含了待预测值之前的 w 个连续的历史数据，利用这 w 个历史数据进行预测。Hwang 给出了将该模型应用到亚拉巴马大学入学人数的预测中时，w 取不同值对应的不同实验结果，见表 4.1。

表 4.1　Hwang 模型入学人数的预测结果

年份	招生数	预测值							
		$w=2$	$w=3$	$w=4$	$w=5$	$w=6$	$w=7$	$w=8$	$w=9$
1971	13055	—	—	—	—	—	—	—	—
1972	13563	—	—	—	—	—	—	—	—
1973	13867	—	—	—	—	—	—	—	—
1974	14696	**14267**	—	—	—	—	—	—	—
1975	15460	**15296**	15296	—	—	—	—	—	—
1976	15311	**16260**	16260	16260	—	—	—	—	—
1977	15603	15711	15711	**15511**	15511	—	—	—	—
1978	15861	**15803**	16003	16003	16003	16003	—	—	—
1979	16807	**16261**	16261	16261	16261	16261	16261	—	—
1980	16919	17407	17407	17407	**17607**	17607	17607	17607	—
1981	16388	17319	17119	17119	**16919**	16919	16919	16919	16919
1982	15433	**16188**	16188	16188	16188	16188	16188	16188	16188
1983	15497	**14833**	14833	14833	14833	14833	14833	14833	14833
1984	15145	**15097**	15297	15497	15497	15497	15497	15497	15497
1985	15163	**14945**	14745	14745	14745	14745	14745	14745	14745
1986	15984	14963	**15163**	15163	15163	15163	15163	15163	15163
1987	16859	16384	16384	16384	16384	16384	16384	**16784**	16784
1988	18150	**17659**	17659	17659	17659	17659	17659	17659	17659
1989	18970	**19150**	19150	19150	19150	19150	19150	19150	19150

续表

年份	招生数	预测值							
		$w=2$	$w=3$	$w=4$	$w=5$	$w=6$	$w=7$	$w=8$	$w=9$
1990	19328	19970	19970	19970	19970	19970	19970	19970	**19770**
1991	19337	19928	19928	19928	19928	**19728**	19728	19728	19728
1992	18876	19537	19537	19537	19537	19537	**19337**	19337	19337

　　自 Hwang 的模型提出之后,学者们相继提出了多种高阶 FTS 模型,但这些模型都有一个共同的特点:模型的阶数是固定的,也就是说虽然模型在初始化过程中可以计算不同的阶数,但当阶数确定之后,在整个模型预测过程中都不会改变,早期的这些模型也并没有给出初始化阶数的算法和选择原则。我们将这种模型称为"定阶模型"。例如,Singh 等[5] 基于重复模糊逻辑关系的加权计算建立了一种高阶模型,并且从离散化论域划分和基于人工神经网络去模糊化两个方面对模型进行了改进,将模型应用到温度预测中,通过模型初始化参数的不同选择,可以看到不同阶数的模型在实验数据集上对应的结果,见表 4.2。

表 4.2　Singh 模型的预测结果　　　　　　　单位:℃

阶数	RMSE			
	6 月	7 月	8 月	9 月
5	1.23	**1.33**	1.05	**1.35**
6	1.27	1.36	1.03	1.43
7	**1.22**	1.37	**1.02**	1.39
8	1.25	1.47	1.03	1.57

　　在表 4.1 和表 4.2 中,分别用黑体标识出了模型每步预测中的最优预测值。这里,当不同阶数的预测模型得到的预测值相同时,取最小阶数模型对应的预测值作为最优预测值,因为此时的模型阶数小即相应的计算复杂度就小。例如,表 4.1 中第 5 行,当 $w=2$ 和 $w=3$ 时,招生数预测值均为 15296,但显然 $w=2$ 的模型复杂度要小于 $w=3$ 的模型复杂度,因此当 $w=2$ 时的预测值为最优预测值。对表 4.1 和表 4.2 进行标识后可以明显地看出定阶模型存在的一个缺陷,即每一个历史数据的最优预测值对应的阶数并不相同。例如,从表 4.2 中可以看出,要得到7 月和 9 月的最优预测值需建立五阶模型,而要得到 6 月和 8 月的最优预测值需要建立七阶模型。利用五阶模型得到的 6 月和 8 月预测值分别为 1.23 和 1.05,其中8 月的 1.05 是 4 种阶数模型得到的所有预测值中预测误差最高的一个。这就说明无论定阶模型取哪一个阶数,对于不同数据集的预测得到的预测结果可能都不是最优的。

　　此外,传统 FTS 和现有 IFTS 模型的预测方法使它们都存在预测范围固定的共同缺陷,即预测值始终位于最初确定的论域之中,而这个论域又是由历史数据决定的,这就使得模型始终无法得到历史数据范围之外的预测值。这种缺陷严重影响了模型的预测准确度,也使模型无法应用于其他模式的时间序列预测问题,对于呈递增或递减趋势的线性变换数据,这种影响尤为严重,当预测值增大到论域上限或减小到论域下限时将保持该值不变,无法继续增大或减小。

为了克服"定阶模型"存在的上述缺陷,需要在直觉模糊时间序列预测过程中实时分析每一步的预测结果,动态计算和选择模型下一步预测的阶数,使模型的每一步预测都尽量贴近预测误差最小化,从而保证了模型整体预测结果的准确性。为了突破历史数据对预测范围的限制,需要将数据发展趋势的先验知识引入预测过程,根据历史数据的发展变化状态,实时地修正预测范围,以使模型的预测值最大限度地逼近真实值,进一步提高模型预测效果。

针对本章将要采用的启发式预测方法,为了使预测过程更符合实际需求,以Hwang 模糊时间序列模型中提出的 3 条规则为基础,建立了以下 3 条新的规则,作为一般性启发式预测最基础的理论前提。

规则 4.1:$t+1$ 时刻的数据和 $t,t-1,t-2$ 等时刻的数据相关。其中,和 t 时刻数据的相关性最大,与其他时刻数据的相关性随时间差距的增大而减小。

规则 4.2:t 时刻的最优预测值对应的模型阶数称为"t 时刻的最优预测阶数"。因为 $t+1$ 时刻的数据和 t 时刻的数据相关性最大,所以利用 t 时刻的最优预测阶数作为 $t+1$ 时刻预测模型的阶数。

规则 4.3:若 $t+1$ 时刻之前的数据呈递增趋势,则认为 $t+1$ 时刻的数据也是递增的;若 $t+1$ 时刻之前的数据呈递减趋势,则认为 $t+1$ 时刻的数据也是递减的;若 $t+1$ 时刻之前的数据无变化趋势,则认为 $t+1$ 时刻的数据也无变化。

在以上 3 条规则中,规则 4.1 和规则 4.2 是模型在预测过程中实现启发式变阶的理论依据,规则 4.3 是模型在预测过程中实时修正预测范围的理论依据。

4.2.2　启发式变阶预测规则

启发式变阶 IFTS 预测模型的主要思想:对于某一时刻的预测,在真实值未知的情况下,为了保证模型的预测值尽可能地接近真实值,也就是预测误差尽可能小,根据规则 4.2,可以利用使上一时刻预测误差最小的预测模型来预测当前时刻的值,也就是当前时刻预测模型的阶数与上一时刻最小预测误差的模型阶数相同。因为上一时刻的真实值是已知的,因此通过计算得到上一时刻的最小预测误差对应的模型阶数就是可行的。

由此,得到在历史数据 $\{x_1,x_2,\cdots,x_t\}$ 上利用启发式变阶规则对 $t+1$ 时刻的值 x_{t+1} 进行预测的主要步骤如下。

步骤 1:确定模型的最高预测阶数 $k_{\max}$,在整个预测过程中,模型阶数均不能大于该最高阶数。

步骤 2：分别以 $\{x_{t-1}\}$，$\{x_{t-2}, x_{t-1}\}$，$\cdots$，$\{x_{t-k_{\max}}, \cdots, x_{t-2}, x_{t-1}\}$ 为历史数据，建立一阶，二阶，$\cdots$，$k_{\max}$ 阶 IFTS 预测模型，对 x_t 进行预测，得到 $k_{\max}$ 个预测值 $\hat{x}_{t+1}$。计算每个预测值的预测误差，选择预测误差最小的预测值对应的预测模型阶数，作为启发式变阶预测模型的初始阶数 k_0。

步骤 3：建立 k_0 阶模型对 x_{t+1} 进行预测。但需注意的是，k_0 是 x_t 的最优预测阶数，而并非 x_{t+1} 的最优预测阶数。

步骤 4：$t+1$ 时刻，在得到 x_{t+1} 的真实值后，通过计算对比预测误差，得到 x_{t+1} 的最优预测阶数，进而以该阶数建立对 x_{t+2} 的预测模型，这就实现了模型在预测过程中的自适应变阶，从而保证始终遵循规则 4.2，以当前时刻的最优预测阶数对下一时刻进行预测。

可见，在启发式变阶 IFTS 预测过程中，最关键的两个算法就是确定初始阶数算法和寻找最优预测阶数算法（即预测中的变阶）。接下来给出这两个算法的具体计算过程。

由于在实际计算中，模型阶数过高会带来很大的计算开销，为了保证模型的高效性，根据相关文献实验分析，限制模型的最高阶数 $k_{\max}=9$。

下面给出初始阶数确定的方法，具体过程如算法 4.1 所示。

算法 4.1　初始阶数确定算法

Input：$x_1, x_2, \cdots, x_{10}$

Output：k_0

Begin

    op_$\sigma_{10}=1$

    op_$k_{10}=1$

    for $k_{10}=1$ to $k_{\max}$

        建立 k_{10} 阶预测模型，计算 $\hat{x}_{10}$

$$\sigma_{10}=\left|\frac{x_{10}-\hat{x}_{10}}{x_{10}}\right|$$

        if $\sigma_{10}<$ op_σ_{10}

            op_$\sigma_{10}=\sigma_{10}$

            op_$k_{10}=k_{10}$

        end if

    end for

    $k_0=$ op_k_{10}

return k_0

表 4.3 给出了算法 4.1 中涉及的变量及其含义。

表 4.3　算法 4.1 中的变量及含义

变量	含义	变量	含义	变量	含义
i	时刻,$i=1,2,\cdots,t+1$	$k\_\hat{x}_t$	k 阶模型得到的 $\hat{x}_i$	k_0	模型的初始阶数
x_i	i 时刻的历史数据	k_σ_t	$k\_\hat{x}_t$ 的预测误差	k_i	x_i 的预测模型的阶数
$\hat{x}_i$	x_i 的预测值	σ_i	$\hat{x}_i$ 的预测误差	op$\_k_i$	x_i 的最优预测阶数
op$\_\hat{x}_i$	x_i 的最优预测值	op$\_\sigma_i$	op$\_\hat{x}_i$ 的预测误差	$k_{\max}$	模型的最高阶数

由于确定了模型的最高阶数 $k_{\max}=9$,因此算法 4.1 以序列初始的 10 个数据 $\{x_1,x_2,\cdots,x_{10}\}$ 为训练数据集,来确定启发式变阶 IFTS 预测模型的初始阶数 k_0,也就是 x_{10} 的最优预测阶数 op$\_k_{10}$。

算法 4.1 的具体设计思想:当 k_{10} 依次取 $1,2,\cdots,9$ 时,分别用 $\{x_9\}$,$\{x_8,x_9\}$,$\cdots$,$\{x_1,x_2,\cdots,x_9\}$ 建立一阶,二阶,$\cdots$,九阶预测模型,得到 x_{10} 的 9 个预测值 $\hat{x}_{10}$,从这 9 个 $\hat{x}_{10}$ 中选取使预测误差 σ_{10} 最小的 $\hat{x}_{10}$ 所对应的模型阶数作为 x_{10} 的最优预测阶数 op$\_k_{10}$,那么 op$\_k_{10}$ 就是模型的初始预测阶数 k_0。

根据规则 4.1 和规则 4.2,x_{11} 的值和 x_{10} 的值与变化趋势最接近,因此接下来就可以建立 k_0 阶预测模型来得到 x_{11} 的预测值 $\hat{x}_{11}$。当我们得到 x_{11} 的真实值以后,就可以调用算法 4.2 所示的最优预测阶数搜索算法来计算 x_{11} 的最优预测阶数 op$\_k_{11}$。这里需要注意的是,$k_{11}=$op$\_k_{10}$,但并不能保证 $k_{11}=$op$\_k_{11}$。而接下来 x_{12} 的预测模型阶数 $k_{12}=$op$\_k_{11}$,因此寻找 x_{11} 的最优预测阶数 op$\_k_{11}$ 是必要的。也就是说,在接下来的每一步预测结束后,都需要调用算法 4.2 寻找当前时刻的最优预测阶数,从而作为下一时刻预测模型的阶数使用,因此算法 4.2 中为强调普遍性,以搜索 t 时刻 x_t 的最优预测阶数为例介绍算法的具体流程。

算法 4.2　最优预测阶数搜索算法

Input:x_t,$\hat{x}_t$,k_t,op$\_\sigma_{t-1}$,op$\_\sigma_{t-2}$,$\cdots$,op$\_\sigma_{t-10}$

Output:op$\_k_t$

Begin

$$\sigma_t = \left| \frac{x_t - \hat{x}_t}{x_t} \right|$$

op$\_\sigma_t = \sigma_t$

op$\_k_t = k_t$

for $k=1$ to $k_{\max}$

　　while $k \neq k_t$

　　　　建立 k 阶预测模型,计算 $k\_\hat{x}_t$

$$k\_\sigma_t = \left| \frac{x_t - k\_\hat{x}_t}{x_t} \right|$$

续

```
                if k_σ_t < op_σ_t
                    op_σ_t = k_σ_t
                    op_k_t = k
                else if k_σ_t = op_σ_t
                    if k < k_t
                        op_σ_t = k_σ_t
                        op_k_t = k
                    end if
                end if
            end while
        end for
    return op_k_t
```

在 t 时刻之前，已经使用 x_{t-1} 的最优预测阶数 op_k_{t-1} 建立了预测模型，得到 x_t 的预测值 $\hat{x}_t$。在 t 时刻得到 x_t 的真实值以后，计算 $\hat{x}_t$ 的预测误差 σ_t。然后，分别建立 1 阶～9 阶模型，对 x_t 进行预测，得到不同的预测值及其对应的预测误差，选取其中最小预测误差对应的模型阶数作为 x_t 的最优预测阶数 op_k_t。若存在预测误差相等的两个或多个预测值，则选取其中模型阶数的最小值作为 op_k_t，因为模型阶数最小则运算复杂度最小。这样就保证了按照当前时刻所能实现的最高准确度来进行下一时刻的预测，实现了模型在预测过程中的自适应变阶。

由此可见，选择最优阶数实际上是对每一时刻的值都建立了 9 个不同阶数的预测模型进行预测，是在牺牲了时间复杂度的基础上换来了预测的准确度。

这里通过一个例子说明变阶预测规则的实现过程。

例 4.1　假设一个时间序列 X 的历史数据包含 20 个观测值，表示为 $X=\{x_1,x_2,\cdots,x_{20}\}$，由前 10 项观测值进行训练，并计算其他各时刻的最优预测阶数。

设置模型的最高阶上限 $k_{\max}=9$，调用初始阶数确定算法，取历史数据的前 10 项 $\{x_1,x_2,\cdots,x_{10}\}$ 作为算法的输入数据，计算得到模型的初始预测阶数 k_0，也就是 x_{10} 的最优预测阶数 op_k_{10}，对应的预测误差即 x_{10} 的最小预测误差 op_σ_{10}，假设计算得到 $k_0=op\_k_{10}=4$，$op\_\sigma_{10}=0.5$。

由于 $op\_k_{10}=4$，利用历史数据 $\{x_7,x_8,x_9,x_{10}\}$ 建立一个四阶预测模型对 x_{11} 进行预测，得到 x_{11} 的预测值 $\hat{x}_{11}$，进而根据 x_{11} 计算 $\hat{x}_{11}$ 的预测误差 σ_{11}，假设 $\sigma_{11}=0.4$。调用最优预测阶数搜索算法，寻找 x_{11} 的最优预测阶数 op_k_{11}，假设 $op\_k_{11}=3$。

由于 $op\_k_{11}=3$，因此利用历史数据 $\{x_9,x_{10},x_{11}\}$ 建立一个三阶预测模型对 x_{12} 进行预测，得到 x_{12} 的预测值 $\hat{x}_{12}$，进而根据 x_{12} 计算 $\hat{x}_{12}$ 的预测误差 σ_{12}，假

设 $\sigma_{12}=0.5$。继续调用最优预测阶数搜索算法,寻找 x_{12} 的最优预测阶数 op_ k_{12},假设 op_ $k_{12}=3$。

以此类推,分别计算 $x_{13},x_{14},\cdots,x_{20}$ 的预测阶数和最优预测阶数,得到的结果见表 4.4。这样,就可以得到一个变阶时间序列预测模型。

表 4.4 各时刻的预测阶数和最优预测阶数

x_i	k_i	op_k_i
x_{10}	4	4
x_{11}	4	3
x_{12}	3	3
x_{13}	3	$\vdots$
$\vdots$	$\vdots$	$\vdots$

4.2.3 启发式解模糊算法

为了突破历史数据对预测范围的限制,结合启发式算法的思想,给出一个直觉模糊时间序列中的启发式解模糊算法,将历史数据的先验知识引入直觉模糊时间序列预测模型的解模糊,引入时间序列趋势值 h 来调节模型参数,根据历史数据的发展趋势适当地扩大或减小当前预测值取值区间的大小,使预测区间可以动态扩展或收缩,实现更加精确的预测。这里的启发式解模糊算法主要分为以下两步。

步骤 1:计算历史数据的趋势值 h。

根据规则 4.3,由于建立了 k_{t+1} 阶模型来预测 x_{t+1} 的值,认为 x_{t+1} 的值相对于之前时刻的值是呈增大还是减小的趋势,即趋势先验知识,由 $t+1$ 时刻之前的 k_{t+1} 个历史数据共同决定。趋势值 h 的计算方法为

$$h_{t+1} = \lambda c_t + (1-\lambda)\{\lambda c_{t-1} + (1-\lambda)[\cdots + (1-\lambda)(\lambda c_{t+1-k_{t+1}} + (1-\lambda)c_{t+1-k_{t+1}})]\}$$
$$(4.1)$$

式(4.1)中,需要分别计算 k_{t+1} 个历史数据相对于前一时刻的差值;然后以 k_{t+1} 个历史数据差值的加权平均值作为 x_{t+1} 的趋势值。根据规则 4.1,选择合适的加权系数 λ 进行时间序列历史数值启发式规则的权重分配,可以根据具体的应用问题进行参数调整,得到最优权重分配,更好地拟合时间序列预测。在本书的模型中,x_{t+1} 的值与 x_t 的值相关性最大,也就是说在其趋势先验知识中,x_t 的差值所占比重也应该最大,这里令加权系数 $\lambda=0.6$,那么得到一个启发式直觉模糊时间序列的趋势值计算公式如下:

$$h_{t+1} = 0.6c_t + 0.4\{0.6c_{t-1} + 0.4[\cdots + 0.4(0.6c_{t+1-k_{t+1}} + 0.4c_{t+1-k_{t+1}})]\}$$
$$(4.2)$$

其中,$c_i = x_i - x_{i-1}$ 为 $i(i=1,2,\cdots,t+1)$ 时刻历史数据 x_i 的差值,c_i 的正负表明第 i 时刻的时间序列值相对于第 $i-1$ 时刻的值呈递增还是递减趋势,为模型预

测进行趋势启发。

步骤 2：对直觉模糊预测结果去直觉模糊化。

若 IFTS 模型的直觉模糊预测值为 $\hat{A}_{t+1}$，对应的论域区间记为 $u_\theta=[d_{\theta-1},d_\theta](\theta\in\{1,2,\cdots,r\})$，将趋势先验知识 h_{t+1} 作用到 u_θ 上，可以得到新的区间为

$$\hat{u}_\theta=[\hat{d}_{\theta-1},\hat{d}_\theta]=[d_{\theta-1}+h_{t+1},d_\theta+h_{t+1}] \tag{4.3}$$

则 $\hat{A}_{t+1}$ 去直觉模糊化后的值 $\hat{x}_{t+1}$ 为

$$\hat{x}_{t+1}=\frac{\int_{\hat{d}_\theta}^{\hat{d}_{\theta+1}}x[1+\mu_{\hat{A}_{t+1}}(x)-\gamma_{\hat{A}_{t+1}}(x)]\mathrm{d}x}{\int_{\hat{d}_\theta}^{\hat{d}_{\theta+1}}[1+\mu_{\hat{A}_{t+1}}(x)-\gamma_{\hat{A}_{t+1}}(x)]\mathrm{d}x} \tag{4.4}$$

4.2.4　模型实现

在上述模型初始阶数确定算法和变阶算法的基础上，下面给出一个启发式变阶 IFTS 预测模型的完整步骤。

模型 4.1　启发式变阶 IFTS 预测模型

步骤 1：调用初始阶数确定算法（算法 4.1）初始化模型的阶数 k_0。

步骤 2：根据历史数据 $\{x_1,x_2,\cdots,x_t\}$ 定义论域，$U=[x_{\min}-\varepsilon_1,x_{\max}+\varepsilon_2]$。

步骤 3：划分论域。利用论域非等长划分算法将论域划分成 r 个非等长区间，即 $u_1=[d_0,d_1],u_2=[d_1,d_2],\cdots,u_r=[d_{r-1},d_r]$。

步骤 4：建立直觉模糊集。利用直觉模糊集构建方法，建立 r 个直觉模糊集：

$$A_j=\{\langle x,\mu_{A_j}(x),\gamma_{A_j}(x)\rangle\mid x\in U\}$$

其中，$j=1,2,\cdots,r$。

步骤 5：直觉模糊化历史数据。计算所有历史数据对每个直觉模糊集的隶属度、非隶属度和直觉指数，历史数据 x_i 的直觉模糊化值可以用一对向量表示：

$$\begin{cases}\boldsymbol{F}^\mu(i)=(\mu_{A_1}(x_i)\mu_{A_1}(x_i)\cdots\mu_{A_1}(x_i))\\\boldsymbol{F}^\gamma(i)=(\gamma_{A_1}(x_i)\gamma_{A_1}(x_i)\cdots\gamma_{A_1}(x_i))\end{cases} \tag{4.5}$$

步骤 6：调用最优预测阶数搜索算法（算法 4.2）确定 $\hat{x}_{t+1}$ 的预测模型阶数 k_{t+1}。

步骤 7：计算直觉模糊预测值。

以 x_t 的直觉模糊化值为标准向量：

$$\begin{cases}\boldsymbol{C}^\mu(t+1)=\boldsymbol{F}^\mu(t)=(C_1^\mu C_2^\mu\cdots C_r^\mu)=(\mu_{A_1}(x_t)\mu_{A_2}(x_t)\cdots\mu_{A_r}(x_t))\\\boldsymbol{C}^\gamma(t+1)=\boldsymbol{F}^\gamma(t)=(C_1^\gamma C_2^\gamma\cdots C_r^\gamma)=(\gamma_{A_1}(x_t)\gamma_{A_2}(x_t)\cdots\gamma_{A_r}(x_t))\end{cases} \tag{4.6}$$

以 $x_{t-1},x_{t-2},\cdots,x_{t+1-k_{t+1}}$ 的直觉模糊化值为操作矩阵：

$$\begin{cases} \boldsymbol{O}^{\mu}(t+1) = \begin{bmatrix} \boldsymbol{F}^{\mu}(t-1) \\ \boldsymbol{F}^{\mu}(t-2) \\ \vdots \\ \boldsymbol{F}^{\mu}(t+1-k_{t+1}) \end{bmatrix} = \begin{bmatrix} O^{\mu}_{11} & O^{\mu}_{12} & \cdots & O^{\mu}_{1r} \\ O^{\mu}_{21} & O^{\mu}_{22} & \cdots & O^{\mu}_{2r} \\ \vdots & \vdots & \vdots & \vdots \\ O^{\mu}_{(k_{t+1}-1)1} & O^{\mu}_{(k_{t+1}-1)2} & \cdots & O^{\mu}_{(k_{t+1}-1)r} \end{bmatrix} \\ \boldsymbol{O}^{\gamma}(t+1) = \begin{bmatrix} \boldsymbol{F}^{\gamma}(t-1) \\ \boldsymbol{F}^{\gamma}(t-2) \\ \vdots \\ \boldsymbol{F}^{\gamma}(t+1-k_{t+1}) \end{bmatrix} = \begin{bmatrix} O^{\gamma}_{11} & O^{\gamma}_{12} & \cdots & O^{\gamma}_{1r} \\ O^{\gamma}_{21} & O^{\gamma}_{22} & \cdots & O^{\gamma}_{2r} \\ \vdots & \vdots & \vdots & \vdots \\ O^{\gamma}_{(k_{t+1}-1)1} & O^{\gamma}_{(k_{t+1}-1)2} & \cdots & O^{\gamma}_{(k_{t+1}-1)r} \end{bmatrix} \end{cases}$$

(4.7)

对标准向量和操作矩阵进行运算得到一对关系矩阵：

$$\begin{cases} \boldsymbol{R}^{\mu}(t+1) = (R^{\mu}_{ij})_{(k_{t+1}-1)r} = \boldsymbol{C}^{\mu}(t+1) \wedge \boldsymbol{O}^{\mu}(t+1) \\ \quad = \begin{bmatrix} C^{\mu}_1 \wedge O^{\mu}_{11} & C^{\mu}_2 \wedge O^{\mu}_{12} & \cdots & C^{\mu}_r \wedge O^{\mu}_{1r} \\ C^{\mu}_1 \wedge O^{\mu}_{21} & C^{\mu}_2 \wedge O^{\mu}_{22} & \cdots & C^{\mu}_r \wedge O^{\mu}_{2r} \\ \vdots & \vdots & \vdots & \vdots \\ C^{\mu}_1 \wedge O^{\mu}_{(k_{t+1}-1)1} & C^{\mu}_2 \wedge O^{\mu}_{(k_{t+1}-1)2} & \cdots & C^{\mu}_r \wedge O^{\mu}_{(k_{t+1}-1)\gamma} \end{bmatrix} \\ \boldsymbol{R}^{\gamma}(t+1) = (R^{\gamma}_{ij})_{(k_{t+1}-1)r} = \boldsymbol{C}^{\gamma}(t+1) \vee \boldsymbol{O}^{\gamma}(t+1) \\ \quad = \begin{bmatrix} C^{\gamma}_1 \vee O^{\gamma}_{11} & C^{\gamma}_2 \vee O^{\gamma}_{12} & \cdots & C^{\gamma}_r \vee O^{\gamma}_{1r} \\ C^{\gamma}_1 \vee O^{\gamma}_{21} & C^{\gamma}_2 \vee O^{\gamma}_{22} & \cdots & C^{\gamma}_r \vee O^{\gamma}_{2r} \\ \vdots & \vdots & \vdots & \vdots \\ C^{\gamma}_1 \vee O^{\gamma}_{(k_{t+1}-1)1} & C^{\gamma}_2 \vee O^{\gamma}_{(k_{t+1}-1)2} & \cdots & C^{\gamma}_r \vee O^{\gamma}_{(k_{t+1}-1)r} \end{bmatrix} \end{cases}$$

(4.8)

其中，"$\vee$"和"$\wedge$"分别为"最大"和"最小"运算。

则直觉模糊预测结果为

$$\begin{cases} \hat{\boldsymbol{F}}^{\mu}(t+1) = (\mu_{A_1}(x_{t+1})\mu_{A_2}(x_{t+1})\cdots\mu_{A_r}(x_{t+1})) \\ \quad = (\max(R^{\mu}_{i1})\max(R^{\mu}_{21})\cdots\max(R^{\mu}_{r1})) \\ \hat{\boldsymbol{F}}^{\gamma}(t+1) = (\gamma_{A_1}(x_{t+1})\gamma_{A_1}(x_{t+1})\cdots\gamma_{A_1}(x_{t+1})) \\ \quad = (\min(R^{\gamma}_{i1})\min(R^{\gamma}_{21})\cdots\min(R^{\gamma}_{r1})) \end{cases}$$

(4.9)

其中，$i=1,2,\cdots,k_{t+1}-1$。式(4.9)中最大隶属度对应的直觉模糊集即 x_{t+1} 的直觉模糊预测值，将式(4.9)中的最大值个数记为 $l(l=1,2,\cdots,r)$，每个最大值对应的直觉模糊集记为 $\hat{A}^{w}_{t+1}(w=1,2,\cdots,l)$。

步骤 8：根据启发式时间序列趋势值计算方法计算预测值 x_{t+1} 包含的趋势

值 h_{t+1}。

步骤 9：根据模型采用的直觉模糊化方法对 $\hat{A}_{t+1}^w$ 分别进行反向去直觉模糊化，然后得到 $\hat{x}_{t+1}^w$，最后取平均值作为模型的最终预测结果。即

$$\hat{x}_{t+1} = \frac{1}{l} \sum_{w=1}^{l} \hat{x}_{t+1}^w \qquad (4.10)$$

4.3　实验和分析

4.3.1　入学人数预测实验

应用本章构建的启发式 IFTS 预测模型对亚拉巴马大学各年的招生人数进行预测，说明该模型的实现过程，详细步骤如下。

步骤 1：以 1971—1980 年的 10 个历史数据为训练数据集，确定初始阶数，即用 1971—1979 年的数据来预测 1980 年的数据。那么论域 $U = [13000, 17000]$。运用非等分区间模糊聚类方法划分集合的论域，通过计算可以得到 $r = 5$，且各区间分别为 $U_1 = [13000, 13309]$，$U_2 = [13309, 14282]$，$U_3 = [14282, 15004]$，$U_4 = [15004, 16334]$，$U_5 = [16334, 17000]$。

调用初始阶数确定算法计算得到模型的初始阶数

$$k_0 = \text{op\_}k_{1980} = 1 \qquad (4.11)$$

且

$$\hat{x}_{1980} = \text{op\_}\hat{x}_{1980} = 17235 \qquad (4.12)$$

$$\sigma_{1980} = \text{op\_}\sigma_{1980} = 0.019 \qquad (4.13)$$

接下来预测 1981 年的入学人数数据。

步骤 2：将 1971—1980 年的入学人数作为历史数据，得到论域 $U = [13000, 17000]$。

步骤 3：对预测数据集进论域划分，得到的相同划分结果为 $U_1 = [13000, 13309]$，$U_2 = [13309, 14282]$，$U_3 = [14282, 15004]$，$U_4 = [15004, 16334]$，$U_5 = [16334, 17000]$。

步骤 4：对应的 5 个划分区间建立 5 个直觉模糊集 $A_j (j = 1, 2, 3, 4, 5)$。

步骤 5：对历史数据进行直觉模糊化，得到的结果见表 4.5。

表 4.5　历史数据的直觉模糊化结果

t	x_i	A_1			A_2			A_3			A_4			A_5		
		μ_{A_1}	γ_{A_1}	π_{A_1}	μ_{A_2}	γ_{A_2}	π_{A_2}	μ_{A_3}	γ_{A_3}	π_{A_3}	μ_{A_4}	γ_{A_4}	π_{A_4}	μ_{A_5}	γ_{A_5}	π_{A_5}
1971	13055	0.607	0.138	0.256	0.061	0.562	0.376	0.000	0.999	0.001	0.000	0.996	0.004	0.000	1.000	0.000
1972	13563	0.000	0.917	0.082	0.760	0.078	0.162	0.000	0.959	0.041	0.000	0.972	0.028	0.000	1.000	0.000
1973	13867	0.000	0.999	0.001	0.974	0.008	0.018	0.004	0.807	0.189	0.000	0.927	0.073	0.000	1.000	0.000
1974	14696	0.000	1.000	0.000	0.016	0.706	0.278	0.974	0.008	0.018	0.076	0.534	0.390	0.000	1.000	0.000

t	x_i	A_1			A_2			A_3			A_4			A_5		
		μ_{A_1}	γ_{A_1}	π_{A_1}	μ_{A_2}	γ_{A_2}	π_{A_2}	μ_{A_3}	γ_{A_3}	π_{A_3}	μ_{A_4}	γ_{A_4}	π_{A_4}	μ_{A_5}	γ_{A_5}	π_{A_5}
1975	15460	0.000	1.000	0.000	0.000	0.985	0.015	0.002	0.839	0.158	0.888	0.035	0.077	0.000	0.991	0.009
1976	15311	0.000	1.000	0.000	0.000	0.969	0.031	0.016	0.706	0.278	0.706	0.098	0.196	0.000	0.997	0.003
1977	15603	0.000	1.000	0.000	0.000	0.993	0.007	0.920	0.080	0.988	0.003	0.008	0.000	0.974	0.026
1978	15861	0.000	1.000	0.000	0.000	0.998	0.002	0.000	0.983	0.017	0.904	0.029	0.066	0.001	0.876	0.123
1979	16807	0.000	1.000	0.000	0.000	1.000	0.000	0.000	1.000	0.000	0.029	0.648	0.323	0.808	0.061	0.131
1980	16919	0.000	1.000	0.000	0.000	1.000	0.000	0.000	1.000	0.000	0.014	0.716	0.270	0.502	0.185	0.313

步骤6：计算得到 x_{1981} 的预测模型阶数为

$$k_{1981} = \text{op\_}k_{1980} = 1 \tag{4.14}$$

步骤7：计算得到 x_{1981} 的标准向量为

$$\begin{cases} \boldsymbol{C}^{\mu}(1981) = (0\ 0\ 0\ 0\ 0.014\ 0.502) \\ \boldsymbol{C}^{\gamma}(1981) = (1\ 1\ 1\ 1\ 0.716\ 0.185) \end{cases} \tag{4.15}$$

由于 $k_{1981}=1$，操作矩阵 $\boldsymbol{O}^{\mu}(1981)$ 和 $\boldsymbol{O}^{\gamma}(1981)$ 均为空矩阵。则关系矩阵为

$$\begin{cases} \boldsymbol{R}^{\mu}(1981) = \boldsymbol{C}^{\mu}(1981) = (0\ 0\ 0\ 0\ 0.014\ 0.502) \\ \boldsymbol{R}^{\gamma}(1981) = \boldsymbol{C}^{\gamma}(1981) = (1\ 1\ 1\ 1\ 0.716\ 0.185) \end{cases} \tag{4.16}$$

得到直觉模糊预测结果为

$$\begin{cases} \boldsymbol{F}^{\mu}(1981) = (0\ 0\ 0\ 0\ 0.014\ 0.502) \\ \boldsymbol{F}^{\gamma}(1981) = (1\ 1\ 1\ 1\ 0.716\ 0.185) \end{cases} \tag{4.17}$$

步骤8：计算得到的所有历史数据的差值见表4.6。由于 $k_{1981}=1$，计算趋势值 h_{1981} 为

$$h_{1981} = 0.6 \times c_{1980} = 67.2 \tag{4.18}$$

表4.6　历史数据差值

t	x_i	c_i	t	x_i	c_i	t	x_i	c_i
1971	13055	—	1979	16807	946	1987	16859	875
1972	13563	508	1980	16919	112	1988	18150	1291
1973	13867	304	1981	16388	−531	1989	18970	820
1974	14696	829	1982	15433	−955	1990	19328	358
1975	15460	764	1983	15497	64	1991	19337	9
1976	15311	−149	1984	15145	−352	1992	18876	−461
1977	15603	292	1985	15163	18	—	—	—
1978	15861	258	1986	15984	821	—	—	—

步骤9：$\boldsymbol{F}^{\mu}(1981)$ 中只有一个最大值，即 0.502，因此对应的直觉模糊集为 A_5，且论域区间 $U_5 = [16334, 17000]$。则

$$\hat{u}_5 = [16334 + h_{1981}, 17000 + h_{1981}] = [16401.2, 17067.2] \qquad (4.19)$$

计算得到预测值为

$$\hat{x}_{1981} = \frac{\int_{16401.2}^{17067.2} x[1 + \mu_{A_5}(x) - \gamma_{A_5}(x)]dx}{\int_{16401.2}^{17067.2} [1 + \mu_{A_5}(x) - \gamma_{A_5}(x)]dx} \approx 16735 \qquad (4.20)$$

计算得到预测误差为

$$\sigma_{1981} = \frac{x_{1981} - \hat{x}_{1981}}{x_{1981}} = 0.036 \qquad (4.21)$$

因为 $\sigma_{1981} > \mathrm{op\_}\sigma_{1980}$，所以需要调用最优预测阶数搜索算法寻找 x_{1981} 的最优预测值 $\mathrm{op\_}\hat{x}_{1981}$ 及其对应的最优预测阶数 $\mathrm{op\_}k_{1981}$。通过计算得到最优预测阶数搜索算法的输出结果为 $\mathrm{op\_}k_{1981} = 1$，也就是说 17325 已经是误差最小的预测值了。

那么接下来预测 x_{1982}，使用阶数 $k_{1982} = \mathrm{op\_}k_{1981} = 1$ 进行预测。根据以上预测过程，可以得到其余年份的入学人数预测结果见表 4.7。

从表 4.7 中可以看出 1977—1980 年的入学人数都是递增的，但在 1981 年出现了较大的下降，因此在 1981 年不可避免地出现了较大的预测误差。

表 4.7　亚拉巴马大学入学人数的预测值

t	x_i	$\hat{x}_i$	k_i	$\mathrm{op\_}k_i$
1981	16388	16735	1	1
1982	15433	15768	1	4
1983	15497	15693	4	4
1984	15145	15329	4	4
1985	15163	15201	4	4
1986	15984	15594	4	1
1987	16859	16780	1	1
1988	18150	17874	1	1
1989	18970	18789	1	1
1990	19328	19600	1	1
1991	19337	19533	1	1
1992	18876	19321	1	1

将 Song 模型[6]、Joshi 模型[7]、Aladag 模型[8] 和 Hwang 模型[9] 的时间序列预测模型分别应用在亚拉巴马大学入学人数数据集上，各模型的预测结果如图 4.1 所示，预测误差如图 4.2 所示。其中，在 Hwang 模型中，不同的模型阶数对应了不同的预测结果，这里选取其中的最优结果用于比较。

利用 RMSE 和 AFER 两项指标将启发式变阶 IFTS 模型的预测结果同其他 4 种模型的预测结果进行比较，计算得到的结果见表 4.8。

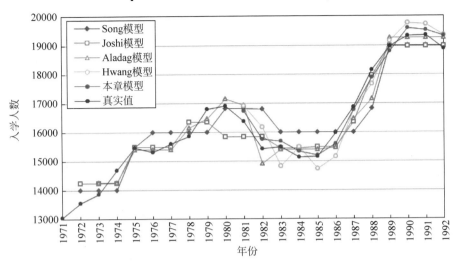

图 4.1　各模型对亚拉巴马大学入学人数的预测结果（后附彩图）

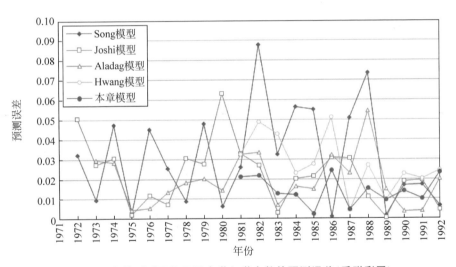

图 4.2　各模型对亚拉巴马大学入学人数的预测误差（后附彩图）

表 4.8　各模型对亚拉巴马大学入学人数的预测性能

指标	Song 模型	Joshi 模型	Aladag 模型	Hwang 模型	启发式模型
RMSE	677.1	418.9	342.7	508	271.42
AFER/%	3.35	2.07	1.73	2.79	1.43

　　从表 4.7 和图 4.1 的结果可以看出，与传统 FTS 模型相比，启发式 IFTS 模型扩展了预测值的取值范围，而不是仅仅局限于历史数据范围内。例如，当预测 1990 年的数据时，历史数据的取值范围是［13000，19000］，而 1990 年的数据为 19328，并不在历史数据范围内。Song 模型和 Joshi 模型的预测值分别为 19000 和 18961 是由于在时间序列建模的过程中它们的预测值被限制，始终只能位于区间

[13000,19000]。而启发式变阶 IFTS 模型的预测值为 19600,没有受到历史数据
取值范围的制约。结合图 4.2 和表 4.7 的结果可以看出,与定阶模型(即 Aladag
模型和 Hwang 模型)相比,本章模型的预测阶数不是固定不变的,而是通过阶数的
自适应变化使每一年的预测数据都尽可能接近真实数据,更加准确地追踪历史时
间序列变化趋势,从而得到了更小的平均预测误差率。

4.3.2　气温数据预测实验

为了进一步比较启发式变阶 IFTS 预测模型的性能,将 Song 模型、Joshi 模型、
Aladag 模型和 Hwang 模型,以及本章模型应用于典型的气温数据预测问题,这里使
用北京市 2014 年日平均气温(http://www.cma.gov.cn)数据集,选取一个月的气温
数据进行试验,各模型的预测值和实际值如图 4.3 所示,预测误差如图 4.4 所示。

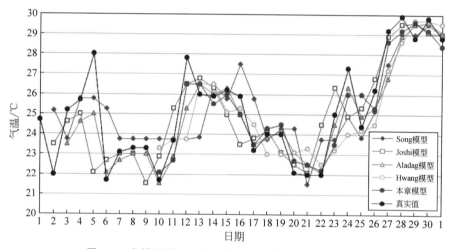

图 4.3　各模型对日均气温数据集的预测值(后附彩图)

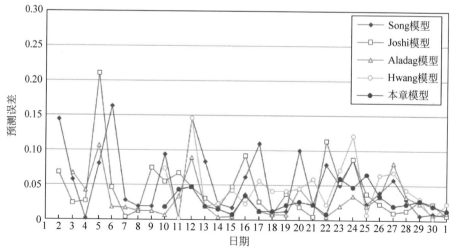

图 4.4　各模型对日均气温数据集的预测误差(后附彩图)

利用 RMSE 和 AFER 两项指标将本章模型的预测结果同其他 4 种模型进行比较,结果见表 4.9,最优结果由黑体标出。

表 4.9　各模型对日均气温数据集的预测性能

指标	Song 模型	Joshi 模型	Aladag 模型	Hwang 模型	启发式模型
RMSE	1.70	1.06	1.29	1.53	**0.81**
AFER/%	5.29	2.89	3.91	4.59	**2.74**

从图 4.3 和图 4.4 中可以看出,本章构建的启发式变阶 IFTS 模型与其他 4 种模型相比,每个预测值都尽可能地接近真实值,从而使其预测误差的折线图始终位于各模型折线图的平均线以下。从表 4.9 中可以看到,启发式变阶 IFTS 模型的 RMSE 和 AFER 指标均为 5 个模型中的最小值,整体实验结果与亚拉巴马大学数据集上的实验结果保持一致,证明该模型是一种更加准确的预测模型,可以应用于不同时间序列预测问题。

参考文献

[1] SONG Q, CHISSOM B S. Forecasting enrollments with fuzzy time series—Part II[J]. Fuzzy Sets System,1994,62(1):1-8.

[2] HWANG J R, CHEN S M, LEE C H. Handling forecasting problems using fuzzy time series[J]. Fuzzy Sets and Systems,1998,100(1):217-228.

[3] CHEN S M, HWANG J R. Temperature prediction using fuzzy time series[J]. IEEE Transactions on Systems, Man, and Cybernetics-part B:Cybernetics,2000,30(2):263-275.

[4] LIU H T, WEI N C, YANG C G. Improved time-variant fuzzy time series forecast[J]. Fuzzy Optimization Decision Making,2009,8(1):45-65.

[5] SINGH P, BORACH B. High-order fuzzy-neuro expert system for time series forecasting[J]. Knowledge-Based Systems,2013,46:12-21.

[6] SONG Q, CHISSOM B S. Forecasting enrollments with fuzzy time series—Part Ⅰ[J]. Fuzzy Sets System,1993,54(1):1-9.

[7] JOSHI B P, KUMAR S. Intuitionistic fuzzy sets based method for fuzzy time series forecasting[J]. Cybernetics and Systems:An International Journal,2012,43(1):34-47.

[8] ALADAG C H, BASARAN M A, EGRIOGLU, et al. Forecasting in high order fuzzy times series by using neural networks to define fuzzy relations[J]. Expert Systems with Applications,2009,36(3):4228-4231.

[9] HWANG J R, CHEN S M, LEE C H. Handling forecasting problems using fuzzy time series[J]. Fuzzy Sets and Systems,1998,100(1):217-228.

第5章

自适应划分的IFTS预测方法

本章对 IFTS 模型的论域划分进行讨论和研究。根据一般 IFTS 模型的建立过程,分析了不同论域划分方法对于模型预测结果的影响,针对传统全局论域划分方法不适用于长期趋势模型和线性模型预测的问题,尤其是传统模糊关系组会存在关系库过度增长的缺陷,提出了论域自适应划分算法;本章给出了 IFTS 定阶算法,通过寻优阶数,可以提高预测模型精度;在分析模型复杂度的基础上,将该模型与其相关的模型分别应用于经典模糊时间序列数据集预测,实验结果证明自适应划分 IFTS 模型在多种预测场景下都具有一定的优越性。

5.1 直觉模糊时间序列建模

为了更好地比较分析 IFTS 模型,我们还是首先从 FTS 模型的讨论开始。为了提高预测模型的准确性,许多文献尝试用高阶 FTS 模型来代替原有的一阶模型,提升模型的应用能力。比如 Chen[2] 提出的一种高阶 FTS 预测模型和 Lee[3] 考虑到的多因子预测问题,通过区分主因子和次因子,提出了一个双因子高阶 FTS 模型,形成了高阶 FTS 模型理论。除了针对高阶和多元的研究以外,论域划分也是模糊时间序列预测的关键步骤,由于早期 FTS 模型采用的是等分论域划分,数据处理相对容易,计算简便,但预测精度不够,应用场景和范围不够广。Huarng[4] 讨论了论域长度对预测效果的影响,提出基于分布和平均值的论域划分方法。随后,许多模糊聚类被广泛应用于论域的划分问题,比如相关文献提出信息粒对论域进行非等分划分,而其他如 PSO、禁忌搜索、蚁群繁殖等优化方法也被尝试应用于搜索最优间隔的问题。然而,时间序列本身就存在着不同的模式类型,Tsaur[5] 在分析时间序列变化趋势的基础上,将时间序列模型概括为 4 种模式,即长期趋势、季节性趋势、周期性趋势和随机性趋势。为了解决与稳定趋势时间序列不同的季节性时间序列预测问题,通常可以通过优化论域划分来改进 FTS 模型。可以看出,全局论域的划分,最优区间搜索和模糊合成关系对不同模式的时间序列模型预测有不同的影响。

总之,在一般的时间序列建模和预测过程中,定阶和论域划分是影响预测精度非常重要的两个方面,针对不同的应用环境,更准确的论域划分在一定程度上可以得到更好的预测结果。对不同建模方法进行分析和总结,发现无论论域采用等分划分方法还是聚类算法,这些模型都需要讨论全局论域,并且模型的计算复杂度会随着数据规模的增长而增长。通常这些方法应用于小规模、平稳波动范围或者季节性变化的时间序列数据中,比如常见的入学人数或者天气气温数据,这说明传统的模糊时间序列模型在应用泛化性方面存在一定的局限性。为了解决最优定阶和论域划分局限性的问题,本章提出了基于自适应划分原理的 IFTS 预测模型,给出了在预测建模过程中,历史数据直觉模糊化方法和定阶算法。提出的基于自适应划分的 IFTS 模型既可以解决常见的 FTS 问题,也可以克服全局论域的局限性,提高模型的预测精度和适用性,满足不同模式时间序列预测场景。

5.2　自适应划分 IFTS 模型及其算法

根据 5.1 节所述,直觉模糊时间序列预测模型的建模工作主要包括 7 个步骤,本章提出的自适应划分 IFTS 模型分为历史数据训练部分和预测两个部分,主要讨论针对定价和论域划分问题,对模型中涉及的这两个方面进行改进。其中,模型参数 m 由定阶算法确定,论域由自适应划分算法确定,本章所提出的自适应划分 IFTS 模型基本流程框架如图 5.1 所示。

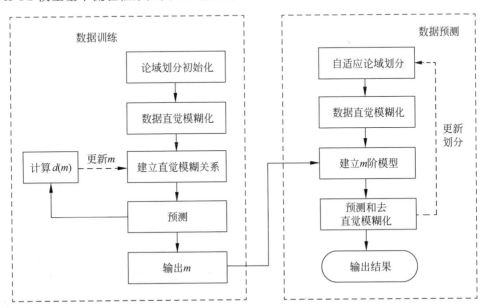

图 5.1　自适应划分 IFTS 模型流程框架图

5.2.1　IFTS 模型定阶算法

设 $\{x_1, x_2, \cdots, x_i\}$ 是一个 IFTS 模型的历史数据集合,在数据训练部分,IFTS 模型的阶数 m 由定阶算法 5.1 确定,其详细算法步骤如下。

算法 5.1　IFTS 定阶算法

步骤 1:根据历史数据集合 $\{x_i\}$ 定义全局论域为 U,且 $U = [D_{\min} - D_1, D_{\max} - D_2]$。其中,$D_{\min}$ 为最小历史数据,$D_{\max}$ 为最大历史数据。在一些文献中,论域边界被直接划分成模糊区间,这样只在区间内产生了模糊化结果,没有考虑边界的模糊性,为了突出论域 U 的全局模糊属性,我们采用将论域划分为 n 个重叠部分(图 5.2)的直觉模糊化方法,即 $U = u_1 \bigcup u_2 \bigcup \cdots \bigcup u_n$。其中,每一个区间的中点作为下一个区间的起点,$F_i (i = 1, 2, \cdots, n)$ 表示论域中几种不同的取值情况。

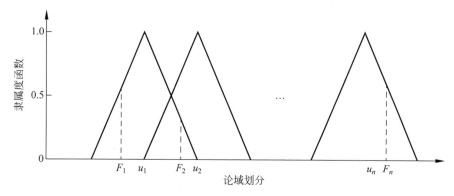

图 5.2　直觉模糊化

步骤 2:令 A_i 为语言值变量,那么 $A_i = \sum\limits_{j=1}^{n} \langle \mu_{ij}, \gamma_{ij} \rangle / u_j$。其中,$\mu_{ij}$ 和 γ_{ij} 分别为 A_i 属于 u_i 的隶属度函数和非隶属度函数。由于采用三角形隶属度模糊化函数,那么 μ_{ij} 和 γ_{ij} 可由式(5.1)分别求得。

$$\langle \mu_{ij}, \gamma_{ij} \rangle = \begin{cases} \left\langle 1 - \left| \dfrac{2d_i - (A+B)}{\lambda(B-A)} \right|, \left| \dfrac{2d_i - (A+B)}{B-A} \right| \right\rangle, & d_i \in u_j \\ \langle 0, 1 \rangle, & \text{其他} \end{cases} \quad (5.1)$$

其中,A 和 B 分别表示划分区间的边界值,d_i 表示历史数据,λ 为犹豫度调节因子,对于复杂性考虑并不高的模型,λ 取固定值即可。

步骤 3:根据历史数据所在区间直觉模糊化语言值变量,根据时间序列顺序,可以得到直觉模糊逻辑关系(intuitonistic fuzzy logic relationship,IFLR),即 A_i,$A_j \rightarrow A_{i+1}, A_{j+1}$。其中,成对出现的语言值变量 A_i 和 A_j 称为"前直觉模糊逻辑关系状态",A_{i+1} 和 A_{j+1} 称为"后直觉模糊逻辑关系状态",也就是时间序列推理的前后状态值。

步骤 4：根据上一步的结果可以得到 m（初始 $m=1$）个直觉模糊关系对，即 $A_{t-m} \rightarrow A_{t-m+1}, A_{t-m+1} \rightarrow A_{t-m+2}, \cdots, A_{t-1} \rightarrow A_t$。根据式（5.2）可以分别计算 m 个直觉模糊关系 $\boldsymbol{R}_k = \langle \boldsymbol{R}(\mu_{ij}), \boldsymbol{R}(\gamma_{ij}) \rangle, k=1,2,\cdots,m$，最后根据式（5.3）合成计算得到直觉模糊关系 $\boldsymbol{R}_I$。

$$\boldsymbol{R}(\mu_{ij}) = \bigvee_{k=1}^{r} (\mu_{1ik} \wedge \mu_{2ik}), \quad \boldsymbol{R}(\gamma_{ij}) = \bigwedge_{k=1}^{r} (\gamma_{1ik} \vee \gamma_{2ik}) \tag{5.2}$$

$$\boldsymbol{R}_I = \langle \bigcup_{k=1}^{m} \boldsymbol{R}_k(\mu_{ij}), \bigcap_{k=1}^{m} \boldsymbol{R}_k(\gamma_{ij}) \rangle \tag{5.3}$$

步骤 5：将这些 IFLR 聚集成直觉模糊逻辑关系组（intuitonistic fuzzy logic relationship group，IFLRG），所有 IFLRG 构成直觉模糊关系库。如果存在一个前直觉模糊逻辑状态对应多个后直觉模糊逻辑状态，那么将这些 IFLR 合并为一组。在 IFLRG 中，采用一个简单的平均值法，即根据平均前直觉模糊逻辑关系计算预测后直觉模糊逻辑状态。

例如：如果当前直觉模糊逻辑状态组为 $\langle A_4 A_5 \rightarrow A_3 A_4, A_4 A_5 \rightarrow A_4 A_5, A_4 A_5 \rightarrow A_5 A_6 \rangle$，那么可以得到直觉模糊推理的预测结果为 $A_4 A_5$。

步骤 6：对于 m 阶的直觉模糊时间序列，根据式（5.4）可以计算得到直觉模糊预测输出结果 $F_I(t+1)$。根据三角隶属度函数，选择属于相应的直觉模糊关系中非零的 $\langle \mu_i, \gamma_i \rangle / u_i$，根据去直觉模糊化式（5.5）计算得到精确的输出结果：

$$F_I(t) = F_I(t-1) \times F_I(t-2) \times \cdots \times F_I(t-m) \circ \boldsymbol{R}_I(t, t-m) \tag{5.4}$$

$$\text{def}(F(t+1)) = \frac{1}{n} \sum_{i=1}^{n} \left(B_i - \frac{B_i - A_i}{4}(1 + \mu_i - \gamma_i) \right) \tag{5.5}$$

步骤 7：根据式（5.6），计算直觉模糊距离平方误差（intuitonistic fuzzy distance squre error，IFDSE）$d(\mu(m), \gamma(m))$，利用 IFDSE 进行终止条件判定：

$$d(\mu(m), \gamma(m)) = \frac{1}{l} \sum_{i=1}^{l} \sum_{j=1}^{n} \left[(\mu_{ij} - \mu'_{ij})^2 + (\gamma_{ij} - \gamma'_{ij})^2 \right] \tag{5.6}$$

其中，μ_{ij} 和 γ_{ij} 由式（5.1）分别计算得到，μ'_{ij} 和 γ'_{ij} 由式（5.4）分别计算直觉模糊预测输出结果得到。式（5.6）中前一对隶属度函数和非隶属度函数是真实值，后一对隶属度函数和非隶属度函数为预测值。假设 l 为训练数据容量，那么更新 $m = m+1$，再根据式（5.7），选择属于最小平均直觉模糊距离方差的 m，或者当 $d(m+1)$ 已经足够小，终止迭代：

$$\begin{cases} d(\mu(m-1), \gamma(m-1)) \leqslant d(\mu(m), \gamma(m)) \leqslant d(\mu(m+1), \gamma(m+1)) \\ \text{或} \\ d(\mu(m), \gamma(m)) - d(\mu(m+1), \gamma(m+1)) \leqslant \varepsilon \end{cases} \tag{5.7}$$

其中，ε 是系统允许误差。

步骤 8：最后输出定阶参数 m。

由算法 5.1 可以得到,IFTS 模型定阶算法的基本流程图如图 5.3 所示。

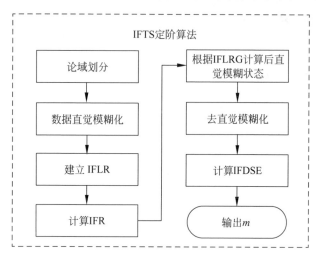

图 5.3　IFTS 定阶算法流程框架图

5.2.2　IFTS 自适应划分算法

在 IFTS 的建模过程中,直觉模糊逻辑关系的建立是一个至关重要的环节。在传统建模过程中,设计的模糊逻辑关系由前 m 个模糊关系直接合成得到,并作为计算下一输出值的模糊关系使用,这种建模方法的优点是简便易实现,直接计算即可得到一个输出结果,但是预测精确性不高,很难应用于复杂的数据处理过程。一些改进的 FTS 模型提出基于模糊关系组来获得预测模糊关系,相比于早期模型,在一定程度上改善了模型计算模糊关系的方法,提高了预测准确度。然而这样建立的模糊关系组可以说是一种先验信息,必须用历史数据中蕴含的模糊关系作为推理基础,一旦后模糊逻辑关系不存在于前模糊关系组中,预测误差就会很大。因此,传统模型算法在模糊关系计算方面都存在一定的局限性,考虑模型改进的方向一是对模糊关系提取的方法进行优化,二是设计更加合理的推理逻辑规则。从处理数据本身来看,时间序列数据的类型对论域划分有很大影响,不同的时间序列模式对论域划分要求不同。平稳型时间序列数据类型可以进行粗糙划分,传统模型在一定程度上并不影响其预测精度,然而对于一个线性变化的时间序列或者波动范围很大的时间序列预测问题来说,如果简单对全局论域进行划分,利用关系库建模的 FTS 模型就会引起模糊关系库爆炸性增长,这样的模型预测精度正相关于计算复杂度,那么在这种情况下,为了提高预测准确性,往往只能以牺牲系统计算复杂度为代价。可见,单纯依靠构建模糊关系组的方法并不实用。

为了克服 IFTS 模型的上述缺陷,在模型预测阶段,本章提出一种基于向量操作矩阵 $O(t)$ 的直觉模糊关系合成算法来改进 IFTS 模型。

定义 5.1

假设一个 IFTS 在当前 t 时刻的序列值 $F_I(t)$ 由 $F_I(t-1), F_I(t-2), \cdots, F_I(t-m)$ 得到,且直觉模糊逻辑关系矩阵 $R_I(t, t-m)$ 可以由式(5.2)计算得到,如果这里的 m 个直觉模糊逻辑关系 $A_i \to A_j$ 是有效的,那么有

$$F_I(t+1) = F_I(t) \times R_I(t-m) \times O(t) \tag{5.8}$$

其中,$O(t)$ 是向量操作矩阵,由式(5.9)~式(5.11)计算得到:

$$O(t) = \begin{cases} D^r, & d > 0 \\ E, & d = 0 \\ D^{\mathrm{T}(-r)}, & d < 0 \end{cases} \tag{5.9}$$

$$D = [a_{k,k+1} = 1]_{p \times p}, \quad k = 1, 2, \cdots, p-1 \tag{5.10}$$

$$r = \left\lceil \frac{1}{m} \sum_{t=1}^{m} i - j \right\rceil \tag{5.11}$$

其中,D 是方向向量矩阵,用来描述向量增长或减少的方向,对时间序列的发展趋势进行调整,E 是单位矩阵,r 是预测指数,p 是划分值。向量操作矩阵的核心思想是通过计算数据经验范围的变化来对区间划分矩阵进行相应的平移或者缩放操作,是一个自动校正参数的过程。

例如,假设一个 3 阶 IFTS 预测模型,其划分区间值 $p=5$,其中有 3 个可用的直觉模糊关系,即 $\langle A_1 \to A_3, A_3 \to A_3, A_3 \to A_4 \rangle$,根据式(5.11)计算得到 $r=1$,那么计算

$$O(t) = D^1 = \begin{bmatrix} 0 & 1 & 0 & 0 & 0 \\ 0 & 0 & 1 & 0 & 0 \\ 0 & 0 & 0 & 1 & 0 \\ 0 & 0 & 0 & 0 & 1 \\ 0 & 0 & 0 & 0 & 0 \end{bmatrix}$$

为了方便说明,这里假设 $A_4 = 0/u_1 + 0/u_2 + 0.5/u_3 + 1/u_4 + 0/u_5$,取 $R_I(t-m) = E$,最后根据式(5.4)可以计算得到 $F_I(t+1) = A_5 = 0/u_1 + 0/u_2 + 0/u_3 + 0.5/u_4 + 1/u_5$。从这个例子中可以直观地看到直觉模糊推理关系正在正向增长,向量操作矩阵可以有效地跟踪到增长趋势。

根据上述定义,可以给出 IFTS 的论域自适应划分算法和详细步骤。

算法 5.2　IFTS 自适应划分算法

步骤 1:设置初始化论域划分值为 p。论域 U 以等长区间 ΔA 被初始划分为 p 个部分,即 $U = A_1 \cup A_2 \cup \cdots \cup A_p$,采用三角形隶属度直觉模糊化方法,且当前区间的中点作为下一区间的起点。

步骤 2:根据历史数据落入的区间进行语言值变量 A_i 直觉模糊化。隶属度函数和非隶属度函数 μ_{ij} 和 γ_{ij} 的计算方法与 IFTS 定阶算法中的步骤 2 相同。

步骤 3：根据历史序列数据计算得到直觉模糊关系 $A_i,A_j \rightarrow A_{i+1},A_{j+1}$。根据式(5.9)和式(5.11)分别计算 r 和 $O(t)$。根据式(5.12)分别计算直觉模糊隶属度和直觉模糊非隶属度关系矩阵 R_μ 和 R_γ。

$$R_I(t,t-m) = f_I(t) \times f_I(t-1) \bigcup f_I(t-1) \times$$
$$f_I(t-2) \bigcup \cdots \bigcup f_I(t-m+1) \times f_I(t-m) \quad (5.12)$$

步骤 4：根据式(5.8)计算 IFTS 预测结果 $F(t+1)$。预测模糊输出结果 A_i，$A_j \rightarrow A_{i+r},A_{j+r}$，根据去直觉模糊化式(5.5)计算得到精确预测结果。因为这里选择了三角形直觉模糊化方式，只有相邻两个区间的隶属度和非隶属度函数不为 0，那么选择$\langle A_{i+r},A_{j+r} \rangle$的隶属度函数和非隶属度函数，且 $n=2$。

步骤 5：根据预测结果更新划分区间 ΔA 和区间界限。当 $r>0$ 时，同时增加论域的区间上限和下限；相应地，当 $r<0$ 时，同时降低论域的区间上限和下限；当 $r=0$ 时，保持论域区间不变。当直觉模糊化结果属于第一个或最后一个区间时，则令 $p=p+1$，表明论域区间划分不足，需要扩大划分。当论域规模急剧改变时，也就是时间序列数据发生波动范围增大或缩小时，则令 $\Delta A = 2^n \Delta A$ 或 $\Delta A = (1/2)^n \Delta A$。其中，$n=1,2,\cdots,n$。

步骤 6：返回步骤 4 并计算其他直觉模糊化和去直觉模糊化值。

根据算法 5.2 的步骤，可以概括出 IFTS 自适应划分算法的流程如图 5.4 所示。可以看出，算法中通过预测指数 r 和是向量操作矩阵 $O(t)$，可以调整 IFTS 模型的论域划分，达到划分动态调整的目的。

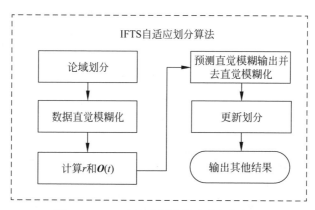

图 5.4 IFTS 自适应划分算法流程框架图

5.2.3 直觉模糊化和去直觉模糊化

由于常见的时间序列实验数据集并没有标准的语言值序列集，对于理论研究通常可以通过模糊化或者直觉模糊化一般时间序列数据来进行 FTS 或 IFTS 的建模。直觉模糊集作为模糊集的拓展，直觉模糊化和去直觉模糊化过程也具有代表性，因此本章只考察直觉模糊化的方法。

通常假设直觉指数 $\pi=0$，那么，常见的直觉模糊化方法包括三角形、梯形、正态型和不规则型直觉模糊化函数，其示意图如图 5.5 所示。

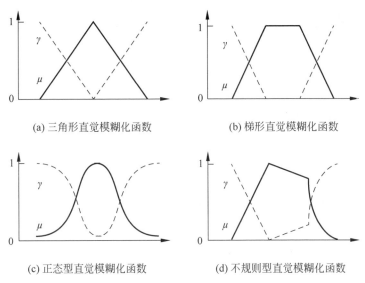

(a) 三角形直觉模糊化函数　　　　　(b) 梯形直觉模糊化函数

(c) 正态型直觉模糊化函数　　　　　(d) 不规则型直觉模糊化函数

图 5.5　直觉模糊化函数

在图 5.5 中，横坐标为精确数据值，纵坐标为函数值，实线为隶属度函数分布，虚线为非隶属度函数分布。根据数据具体情况与语言值定义的要求，可以选择不同直觉模糊化函数，达到符合客观实际的目的。这里需要强调的是，基于经典数学函数的直觉模糊化函数分布可以很好地进行模型运算，是非常理想的直觉模糊化运算。然而在实际应用中，并不是所有直觉模糊变量都能进行严格直觉模糊化，尤其是在决策问题中，由于专家系统评判的差异，往往产生不规则的直觉模糊化函数，甚至有矛盾的直觉模糊化结果，这就涉及直觉模糊化一致性等问题的研究。在理论研究中，通常采用三角形直觉模糊化方法进行建模和说明，许多公式和推导过程都是有前提约束条件的，例如在算法 5.2 中，因为选择了三角形直觉模糊化方式，只有相邻两个区间的隶属度和非隶属度函数不为 0，那么在计算 $\langle A_{i+r}, A_{j+r} \rangle$ 的隶属度函数和非隶属度函数时，取 $n=2$ 就可以了；而在实际情况中，也可能产生一个语音值变量有多个区间的隶属度函数和非隶属度函数（比如由不同专家引起的直觉模糊差异性），这里不再进行深入的分析。

为了方便与其他相关模型进行直观地比较，本章提出的自适应划分 IFTS 模型采用最常见的三角形函数作为模糊化函数。在 IFTS 预测输出时需要对模糊数据进行去直觉模糊化，算法 5.1 和算法 5.2 中的去直觉模糊化包括两种情形，第一种是模糊输出结果 F 仅存在于第一个或者最后一个区间，即边界区间，如图 5.2 中的 F_1 和 F_n 所示，那么仅考虑边界区间的隶属度函数和非隶属度函数即可；另一种是模糊输出 F_2 存在于两个重叠的区间中，那么需要分别计算 $\langle \mu_i, \gamma_i \rangle$ 的精确值取平均得到最终的预测输出结果。

5.3　自适应划分 IFTS 预测模型

本节将提出的自适应划分 IFTS 预测模型应用于一个常见的时间序列数据集——亚拉巴马大学 1971—1992 年入学人数的预测问题,使传统模型通过对历史入学人数分析建模,预测下一年入学人数。同时利用该数据对本章提出的自适应划分 IFTS 预测模型进行详细说明。

5.3.1　数据训练

亚拉巴马大学 1971—1992 年入学人数见表 5.1,在数据训练部分,利用前 12 个数据作为训练样本计算定阶参数 m,其他数据来验证定阶算法。数据训练详细步骤如下。

表 5.1　入学人数样本

年份	人数	直觉模糊化结果	年份	人数	直觉模糊化结果
1971	13,055	A_1,—	1982	15,433	A_4,A_5
1972	13,563	A_1,A_2	1983	15,497	A_4,A_5
1973	13,867	A_1,A_2	1984	15,145	A_4,A_5
1974	14,696	A_3,A_4	1985	15,163	A_4,A_5
1975	15,460	A_4,A_5	1986	15,984	A_5,A_6
1976	15,311	A_3,A_4	1987	16,859	A_7,A_8
1977	15,603	A_5,A_6	1988	18,150	A_{10},A_{11}
1978	15,861	A_5,A_6	1989	18,970	A_{11},A_{12}
1979	16,807	A_7,A_8	1990	19,328	A_{12},A_{13}
1980	16,919	A_7,A_8	1991	19,337	A_{12},A_{13}
1981	16,383	A_6,A_7	1992	18,876	A_{11},A_{12}

（1）定义全局论域 $U=[13000,20000]$,将论域等值划分为如下 13 个区间:$A_1=[13000,14000]$,$A_2=[13500,14500]$,$A_3=[14000,15000]$,$A_4=[14500,15500]$,$A_5=[15000,16000]$,$A_6=[15500,16500]$,$A_7=[16000,17000]$,$A_8=[16500,17500]$,$A_9=[17000,18000]$,$A_{10}=[17500,18500]$,$A_{11}=[18000,19000]$,$A_{12}=[18500,19500]$,$A_{13}=[19000,20000]$。根据历史数据所属论域区间,计算得到的语言值直觉模糊化结果见表 5.1。

（2）根据 1973—1974 年的数据,可以得到直觉模糊逻辑关系 A_1,$A_2 \rightarrow A_3$,A_4,同理,可以分别得到直觉模糊时间序列的模糊逻辑关系,将这些直觉模糊逻辑关系聚集,如果存在一个前状态对应多个后状态,就可以将这些直觉模糊关系看作一组。如根据 1972—1974 年的数据可以分别得到直觉模糊关系 A_1,$A_2 \rightarrow A_1$,

$A_1,A_1,A_2 \to A_3,A_4$，那么将它们归为一组。直觉模糊逻辑关系和直觉模糊逻辑关系组分别见表 5.2 和表 5.3。

表 5.2　入学人数的直觉模糊逻辑关系

直觉模糊逻辑关系	
$A_1 \to A_1,A_2$	$A_1,A_2 \to A_1,A_2$
$A_1,A_2 \to A_3,A_4$	$A_3,A_4 \to A_4,A_5$
$A_4,A_5 \to A_3,A_4$	$A_3,A_4 \to A_5,A_6$
$A_5,A_6 \to A_5,A_6$	$A_5,A_6 \to A_7,A_8$
$A_7,A_8 \to A_7,A_8$	$A_7,A_8 \to A_6,A_7$
$A_6,A_7 \to A_4,A_5$	$A_4,A_5 \to A_4,A_5$
$A_4,A_5 \to A_4,A_5$	$A_4,A_5 \to A_4,A_5$
$A_4,A_5 \to A_4,A_5$	$A_4,A_5 \to A_5,A_6$
$A_5,A_6 \to A_7,A_8$	$A_7,A_8 \to A_{10},A_{11}$
$A_{10},A_{11} \to A_{11},A_{12}$	$A_{11},A_{12} \to A_{12},A_{13}$
$A_{12},A_{13} \to A_{11},A_{12}$	—

表 5.3　入学人数的直觉模糊逻辑关系组

直觉模糊逻辑关系组		
$A_1 \to A_1,A_2$	—	—
$A_1,A_2 \to A_1,A_2$	$A_1,A_2 \to A_3,A_4$	—
$A_3,A_4 \to A_4,A_5$	$A_3,A_4 \to A_5,A_6$	—
$A_4,A_5 \to A_3,A_4$	$A_4,A_5 \to A_4,A_5$	$A_4,A_5 \to A_5,A_6$
$A_5,A_6 \to A_5,A_6$	$A_5,A_6 \to A_7,A_8$	—
$A_6,A_7 \to A_4,A_5$	—	—
$A_7,A_8 \to A_7,A_8$	$A_7,A_8 \to A_6,A_7$	$A_7,A_8 \to A_{10},A_{11}$
$A_{10},A_{11} \to A_{11},A_{12}$	—	—
$A_{11},A_{12} \to A_{12},A_{13}$	—	—
$A_{12},A_{13} \to A_{11},A_{12}$	—	—

(3) 初始化 $m=1$，根据式(5.6)计算 IFDSE $d(\mu(m),\gamma(m))$，更新 $m=m+1$。计算结果如图 5.6 所示。分别计算得到直觉模糊距离平方误差 $d(\mu(m),\gamma(m))$ 为 $d(1)=0.4475,d(2)=0.2976,d(3)=0.2477,d(4)=0.3570$。

(4) 根据式(5.7)计算得到最优阶参数解 $m=3$，从图 5.6 中也可以直观地看出，当阶数为 3 时，平均预测误差最小。

另外，在实验中通过计算，可以观察不同的定阶结果，当 $m \geqslant 5$ 进行模型训练时，可以发现直觉模糊关系矩阵 $\boldsymbol{R}_I$ 的行向量中出现大量相同的 R_{ij}，那么这样的直觉模糊关系矩阵是无效的，原因在于高阶预测模型进行了多次直觉模糊合成运算，次要因素被不断舍弃，无法体现对直觉模糊关系的影响了。因此，可以得出一个结论，阶数过高的预测模型会使 $\boldsymbol{R}_I$ 失效，这也说明了对于 IFTS 模型确定一个合适的阶数是建模中十分重要的步骤。

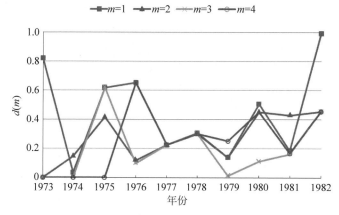

图 5.6　直觉模糊距离平方误差

5.3.2　自适应划分

在数据训练阶段,通过计算得到了最优阶 $m=3$,因此建立一个 3 阶自适应划分 IFTS 预测模型。这里,以前 4 项样本数据作为一个例子来说明模型预测的基本步骤,具体过程如下所示。

步骤 1:论域初始化划分

设 $p=6$,$\Delta A=1000$,采用等分论域划分方法,初始化论域为 $A_1=[12500,13500]$,$A_2=[13000,14000]$,$A_3=[13500,14500]$,$A_4=[14000,15000]$,$A_5=[14500,15500]$ 和 $A_6=[15000,16000]$,根据入学人数所在区间计算两个语言值的直觉模糊化结果,见表 5.4 第 3 列。

表 5.4　入学人数的直觉模糊化

年份	精确值	模糊化结果	隶属度和非隶属度函数
1971	13055	A_1,A_2	$\langle 0.884\,2,0.110\,0\rangle/u_1+\langle 0.063\,2,0.890\,0\rangle/u_2$
1972	13563	A_2,A_3	$\langle 0.867\,4,0.126\,0\rangle/u_2+\langle 0.080\,0,0.874\,0\rangle/u_3$
1973	13867	A_2,A_3	$\langle 0.227\,4,0.734\,0\rangle/u_2+\langle 0.720\,0,0.266\,0\rangle/u_3$
1974	14696	A_4,A_5	$\langle 0.587\,4,0.392\,0\rangle/u_4+\langle 0.360\,0,0.608\,0\rangle/u_5$

步骤 2:历史时间序列数据直觉模糊化

根据自适应划分算法 5.2 中的步骤 2 和式(5.1),并调整直觉指数,这里设 $\lambda=0.95$,计算前 4 项数据的隶属度函数和非隶属度函数,对于 $A_i=\langle 0,1\rangle/u_j$ 均忽略,计算结果见表 5.4 的第 4 列。

步骤 3:计算直觉模糊关系和向量操作矩阵

由直觉模糊化结果可以得到直觉模糊关系,即 $\langle A_1A_2 \rightarrow A_2A_3\rangle$,$\langle A_2A_3 \rightarrow A_2A_3\rangle$ 和 $\langle A_2A_3 \rightarrow A_4A_5\rangle$,根据式(5.9)和式(5.11),分别计算得到 $r=1$,$O(t)=D$。根据式(5.2)可以计算得到直觉模糊隶属度关系矩阵和直觉模糊非隶

属度关系矩阵 $\boldsymbol{R}_\mu$ 和 $\boldsymbol{R}_\gamma$：

$$\boldsymbol{R}_\mu = \begin{bmatrix} 0.8842 & 0.8842 & 0.8842 & 0.8842 & 0.8842 & 0.8842 \\ 0.8674 & 0.8674 & 0.8674 & 0.8674 & 0.8674 & 0.8674 \\ 0.7200 & 0.8674 & 0.7200 & 0.7200 & 0.7200 & 0.7200 \\ 0 & 0.8674 & 0.7200 & 0.5874 & 0.3600 & 0 \\ 0 & 0.8674 & 0.7200 & 0.5874 & 0.3600 & 0 \\ 0 & 0.8674 & 0.7200 & 0.5874 & 0.3600 & 0 \end{bmatrix}$$

$$\boldsymbol{R}_\gamma = \begin{bmatrix} 0.1100 & 0.1100 & 0.1100 & 0.1100 & 0.1100 & 0.1100 \\ 0.1260 & 0.1260 & 0.1260 & 0.1260 & 0.1260 & 0.1260 \\ 0.2660 & 0.1260 & 0.2660 & 0.2660 & 0.2660 & 0.2660 \\ 1 & 0.1260 & 0.2660 & 0.3920 & 0.6080 & 1 \\ 1 & 0.1260 & 0.2660 & 0.3920 & 0.6080 & 1 \\ 1 & 0.1260 & 0.2660 & 0.3920 & 0.6080 & 1 \end{bmatrix}$$

步骤 4：预测和去直觉模糊化

随后根据式(5.4)计算 $F(t+1)$，即模糊预测输出 $A_i, A_j \rightarrow A_{i+r}, A_{j+r}$，通过直觉模糊合成推理计算得到下一年入学结果为 $\langle A_5, A_6 \rangle$。再根据去直觉模糊化式(5.5)计算得到精确预测值为 15507。公式中选择 $\langle A_5, A_6 \rangle$ 的隶属度函数和非隶属度函数，且 $l=2$。

步骤 5：论域划分更新

通过计算，得到预测结果并未溢出，因此 $r=0$，即论域区间可以保持不变，新的论域划分 A_i 为 $A_1 = [13000, 14000]$，$A_2 = [13500, 14500]$，$A_3 = [14000, 15000]$，$A_4 = [14500, 15500]$，$A_5 = [15000, 16000]$，$A_6 = [15500, 16500]$，$A_7 = [16000, 17000]$。最后转至算法 5.2 中的步骤 4，并计算剩余直觉模糊结果和去直觉模糊化结果，最终的直觉模糊化结果见表 5.5，括号中数字为算法更新次数。

表 5.5　入学人数的直觉模糊化结果

年份	人数	直觉模糊化结果	预测结果
1975	15460	$(0)A_5, A_6$	$(0)A_5, A_6$
1976	15311	$(1)A_4, A_5$	$(1)A_5, A_6$
1977	15603	$(1)A_5, A_6$	$(1)A_5, A_6$
1978	15861	$(1)A_5, A_6$	$(1)A_5, A_6$
1979	16807	$(2)A_5, A_6$	$(2)A_4, A_5$
1980	16919	$(2)A_5, A_6$	$(2)A_6, A_7$
1981	16383	$(2)A_4, A_5$	$(2)A_4, A_5$
1982	15433	$(2)A_2, A_3$	$(2)A_3, A_4$

续表

年份	人数	直觉模糊化结果	预测结果
1983	15497	$(2)A_2, A_3$	$(2)A_2, A_3$
1984	15145	$(2)A_2, A_3$	$(2)A_2, A_3$
1985	15163	$(2)A_2, A_3$	$(2)A_2, A_3$
1986	15984	$(2)A_3, A_4$	$(2)A_2, A_3$
1987	16859	$(2)A_5, A_6$	$(2)A_4, A_5$
1988	18150	$(3)A_6, A_7$	$(3)A_6, A_7$
1989	18970	$(4)A_5, A_6$	$(4)A_4, A_5$
1990	19328	$(4)A_6, A_7$	$(4)A_6, A_7$
1991	19337	$(4)A_6, A_7$	$(4)A_6, A_7$
1992	18876	$(4)A_5, A_6$	$(4)A_6, A_7$

5.3.3　预测结果比较

将本章提出的自适应划分 IFTS 预测模型在亚拉巴马大学入学人数预测问题上得到的实验结果与文献中的 Song[1]、Chen[2]、Huarng[6]、Lee[7] 和 Joshi[8] 模型的预测结果进行对比,如图 5.7 所示,进而计算得到不同模型中的误差,如图 5.8 所示。实验对比结果表明本章提出的自适应划分 IFTS 预测模型的性能优于上述文献中的预测模型。相关文献中通常用均方误差(MSE)、均方根误差(RMSE)和平均预测误差率(AFER)来衡量模型的预测能力,计算公式如式(5.12)~式(5.15)所示。其中,fv_i 是预测值,av_i 是实际值,fe_i 是预测误差,这里也通过这 3 种指标进行模型性能的分析比较。

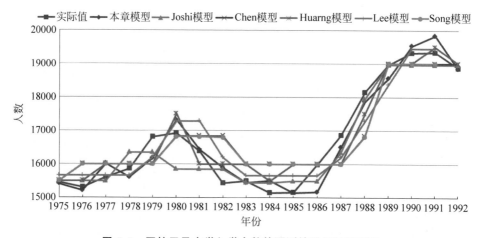

图 5.7　亚拉巴马大学入学人数的预测结果(后附彩图)

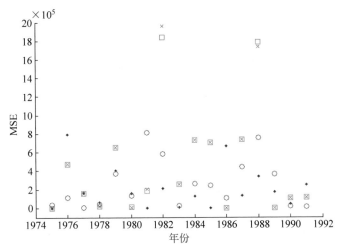

(a) 本章模型与Chen模型、Lee模型、Song模型的MSE

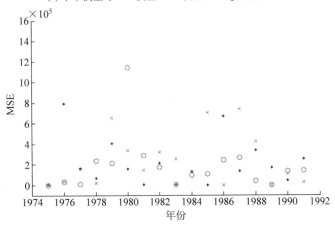

(b) 本章模型与Huarng模型、Joshi模型的MSE

图 5.8 不同算法的 MSE

$$MSE = \frac{\sum_{i=1}^{n} (fv_i - av_i)^2}{n} \qquad (5.12)$$

$$RMSE = \sqrt{\frac{\sum_{i=1}^{n} (fv_i - av_i)^2}{n}} \qquad (5.13)$$

$$fe_i = \left| \frac{av_i - fv_i}{av_i} \right| \qquad (5.14)$$

$$\text{AFER} = \frac{\sum \text{fe}_i}{n} \times 100\% \qquad (5.15)$$

本章提出的预测模型与其他模型的 MSE 和 AFER 指标见表 5.6。该结果表明本章提出的预测模型的平均误差在该实验数据集上比其他模型更低。需要进一步强调的是，本章提出的 IFTS 模型采用了自适应划分论域的方法，可以有效地降低空间复杂度。

表 5.6　预测模型的预测性能

指标	本章模型	Joshi 模型	Chen 模型	Huarng 模型	Lee 模型	Song 模型
MSE	**103950**	175559	439421	239483	240047	458438
AFER/%	**1.58000**	2.069264	2.482540	3.21735	2.49977	3.349670

对于同样的实验，Chen 的模型将论域划分为 7 个部分，直接运用矩阵操作相对简单，但是预测精度并不理想。Joshi 的模型将论域划分为 14 个部分，虽然提高了预测精度，但以牺牲计算空间为代价。而本章提出的自适应划分 IFTS 模型将论域划分为少于 8 个区间并迭代 4 次，同时提高了预测精度和降低了计算复杂度，是一种有效且实用的预测模型。

5.4　实验和分析

5.3 节对本章提出的自适应划分 IFTS 预测模型的构建过程进行了详细说明，并将该模型应用于亚拉巴马大学入学人数预测问题，通过对实验结果的分析可以证明该模型的有效性。为了进一步体现该模型的优点，再通过几种不同类型的时间序列模式预测实验对 IFTS 模型泛化性能进行验证。

5.4.1　季节性时间序列预测

台湾加权股价指数(TAIEX)是一个典型的季节性时间序列数据集，被广泛应用于模糊时间序列模型实验。为了方便与现有模型进行比较，这里建立一个四阶自适应划分 IFTS 预测模型。给定初始论域划分 $p=8, \Delta A=100$。由于在现有文献关于其他模型的实验中，只给出了部分预测结果，因此，我们分别进行实验比较。本章提出的自适应划分 IFTS 模型与文献[6]和文献[2]中的模型比较 2000/11/2—2000/12/30 的预测结果，见表 5.7 中第 1 列～第 5 列；与文献[9]和文献[10]中的两个模型比较 2004/11/1—2004/12/31 的预测结果，见表 5.7 中第 6 列～第 10 列。

表 5.7 部分 TAIEX 的预测结果

日期	实际值	文献[6]	文献[2]	本章	日期	实际值	文献[9]	文献[10]	本章
2000/11/2	5626	5550	5300	5524.34	2004/11/1	5656.17	5718.09	—	—
2000/11/3	5796	5650	5750	5742.54	2004/11/2	5759.61	5658.97	—	—
2000/11/4	5677	5750	5450	5514.26	2004/11/3	5862.85	5754.24	5756.8	—
2000/11/6	5657	5650	5750	5658.21	2004/11/4	5860.73	5863.09	5865.05	—
2000/11/7	5877	5650	5750	5865.27	2004/11/5	5931.31	5868.04	5868.44	5897.32
2000/11/8	6067	5850	5750	5924.15	2004/11/8	5937.46	5927.67	5935.51	5932.14
2000/11/9	6089	5950	6075	5994.35	2004/11/9	5945.2	5942.9	5932.96	5935.98
2000/11/10	6088	5950	6075	6035.24	2004/11/10	5948.49	5942.85	5940.7	5948.36
2000/11/13	5793	5950	6075	5835.12	2004/11/11	5874.52	5952.69	5945.72	5936.32
2000/11/14	5772	5750	5450	5678.65	2004/11/12	5917.16	5882.56	5873.1	5914.05
2000/11/15	5737	5750	5450	5724.04	2004/11/15	5906.69	5931.63	5919.36	5901.52
2000/11/16	5454	5750	5450	5514.83	2004/11/16	5910.85	5908.03	5905.27	5896.91
2000/11/17	5351	5550	5300	5451.29	2004/11/17	6028.68	5912.13	5905.27	5943.21
2000/11/18	5167	5350	5350	5198.35	2004/11/18	6049.49	6037.08	6030.88	6014.24
2000/11/20	4845	5150	5150	4836.21	2004/11/19	6026.55	6042.75	6051.69	6054.36
2000/11/21	5103	4850	4850	5178.36	2004/11/22	5838.42	6010.72	6051.69	5863.14
2000/11/22	5130	5150	5150	5145.07	2004/11/23	5851.1	5862.23	5837	5774.63
2000/11/23	5146	5150	5150	5136.89	2004/11/24	5911.31	5855.49	5853.3	5712.24
2000/11/24	5419	5150	5150	5336.15	2004/11/25	5855.24	5911.03	5913.51	5741.26
2000/11/27	5433	5550	5300	5324.84	2004/11/26	5778.26	5858.01	5862.16	5873.24
2000/11/28	5362	5550	5300	5382.80	2004/11/29	5785.26	5773.75	5785.57	5843.84
2000/11/29	5319	5350	5350	5314.18	2004/11/30	5844.76	5783.93	5780.76	5815.39
2000/11/30	5256	5350	5250	5221.92	2004/12/1	5798.62	5844.68	5841.95	5658.85
2000/12/1	5342	5250	5350	5336.24	2004/12/2	5867.95	5817.26	5797.2	5748.36
2000/12/2	5811	5350	5250	5563.36	2004/12/3	5893.27	5861.34	5865.14	5896.14
2000/12/4	5174	5250	5250	5114.66	2004/12/6	5919.17	5897.53	5895.47	5954.36
2000/12/5	5199	5150	5150	5214.47	2004/12/7	5925.28	5916.83	5916.36	5963.17
2000/12/6	5170	5150	5150	5363.31	2004/12/8	5892.51	5910.24	5920.78	5847.54
2000/12/7	5212	5150	5150	5691.01	2004/12/9	5913.97	5895.93	5891.09	5968.36
2000/12/8	5252	5250	5250	5332.78	2004/12/10	5911.63	5918.24	5916.17	5964.78
2000/12/11	5284	5250	5250	5363.91	2004/12/13	5878.89	5915.62	5910.71	5912.4
2000/12/12	5380	5250	5250	5236.31	2004/12/14	5909.65	5882.3	5877.47	5914.04
2000/12/13	5384	5350	5350	5342.78	2004/12/15	6002.58	5911.86	5911.85	6082.16
2000/12/14	5320	5350	5350	5341.03	2004/12/16	6019.23	6002.5	6004.78	6024.15
2000/12/15	5224	5350	5350	5324.0	2004/12/17	6009.32	5027.15	6026.94	6254.36
2000/12/16	5134	5250	5250	5436.54	2004/12/20	5985.94	6012.86	6004.82	6014.25
2000/12/18	5055	5150	5150	5234.63	2004/12/21	5987.85	5999.1	5984.52	6114.91
2000/12/19	5040	5350	5450	5123.14	2004/12/22	6001.52	6005.92	5995.56	6011.38
2000/12/20	4947	5350	5450	4721.39	2004/12/23	5997.67	6005.86	6009.23	5954.1
2000/12/21	4817	4950	4950	4745.86	2004/12/24	6019.42	5997.68	6005.38	5987.29
2000/12/22	4811	4850	4850	4984.25	2004/12/27	5985.94	6026.35	6016.65	6087.76
2000/12/26	4721	4850	4850	4832.12	2004/12/28	6000.57	5987.87	5985.02	6010.47
2000/12/27	4614	4750	4750	4654.32	2004/12/29	6088.49	6018.68	6008.28	6000.14
2000/12/28	4974	4650	4650	4924.24	2004/12/30	6100.86	6086.83	6085.68	6004.2
2000/12/29	4743	4750	4750	4785.36	2004/12/31	6139.69	6099.45	6098.05	6124.85
2000/12/30	4739	4750	4750	4612.01	—	—	—	—	—
RMSE	—	173.46	200.32	127.88	RMSE	—	155.65	53.3617	77.57

从表 5.7 中可以看出，本章提出的自适应划分 IFTS 模型在 RMSE 指标上，优于文献[2]、文献[6]和文献[9]中的模型，与文献[10]中的模型十分接近。另外，将本章模型应用在 1990—1999 年的 TAIEX 数据集上，预测结果与 Chen、Chen 和 Kao[11]及 Cai[12]模型的预测结果进行比较，RMSE 指标见表 5.8，最小均方根误差由黑体标出。从表中 10 年平均 RMSE 指标可以看出，对于这类季节性时间序列预测问题，本章模型比其他相关文献中的模型预测误差更低，也更加适用。

表 5.8　各模型的 RMSE

模型	1990	1991	1992	1993	1994	1995	1996	1997	1998	1999	平均
Chen	174.62	43.22	42.66	104.17	94.6	**54.24**	50.5	138.51	117.87	101.33	92.17
Chen 和 Kao	156.47	56.50	**36.45**	126.45	**62.57**	105.52	51.50	125.33	**104.12**	87.63	91.25
Cai 和 Zhang	187.10	**39.58**	39.37	101.80	76.32	56.05	**49.45**	123.98	118.41	102.34	**89.44**
本章模型	**148.17**	40.14	38.14	**98.47**	84.69	55.78	51.96	**89.87**	122.87	**76.02**	**80.61**

5.4.2　长期趋势时间序列预测

为了说明自适应划分 IFTS 预测模型的泛化性能，将该模型应用于另一种时间序列数据类型，即长期趋势模型。本节利用自适应划分 IFTS 模型与其他相关模型对社会消费品零售额（TRSSCG）数据集进行预测和分析。训练数据集包括从 1994 年 1 月—2011 年 12 月共 95 个数据。部分数据见表 5.9。

表 5.9　部分 TRSSCG 数据　　　　　　　　　　　　单位：10 亿

日期	数值	日期	数值	日期	数值	…	日期	数值
1994 年 1 月	120.85	1995 年 1 月	160.83	1996 年 1 月	192.45	…	2001 年 1 月	1524.90
1994 年 2 月	117.81	1995 年 2 月	150.53	1996 年 2 月	192.67		2001 年 2 月	1376.91
1994 年 3 月	118.30	1995 年 3 月	154.65	1996 年 3 月	187.52		2001 年 3 月	1358.80
1994 年 4 月	118.59	1995 年 4 月	154.65	1996 年 4 月	186.98		2001 年 4 月	1364.90
1994 年 5 月	122.98	1995 年 5 月	158.77	1996 年 5 月	191.37		2001 年 5 月	1469.68
1994 年 6 月	129.81	1995 年 6 月	164.96	1996 年 6 月	198.19	⋮	2001 年 6 月	1456.51
1994 年 7 月	126.81	1995 年 7 月	162.90	1996 年 7 月	190.40		2001 年 7 月	1440.80
1994 年 8 月	130.31	1995 年 8 月	164.96	1996 年 8 月	193.19		2001 年 8 月	1470.50
1994 年 9 月	141.47	1995 年 9 月	177.33	1996 年 9 月	210.04		2001 年 9 月	1586.51
1994 年 10 月	146.32	1995 年 10 月	181.46	1996 年 10 月	216.57		2001 年 10 月	1654.64
1994 年 11 月	157.44	1995 年 11 月	193.83	1996 年 11 月	230.86		2001 年 11 月	1612.89
1994 年 12 月	195.78	1995 年 12 月	237.13	1996 年 12 月	287.17	…	2001 年 12 月	1773.97

实验中，设定初始化论域划分为 $p=6$，$\Delta A=20$，$A_1=[100,120]$，$A_2=[110,130]$，$A_3=[120,140]$，$A_4=[130,150]$，$A_5=[140,160]$和 $A_6=[150,170]$。在预测过程中，区间迭代更新三次，即 $\Delta A_1=2\times20=40$，$\Delta A_2=2^2\times20=80$，$\Delta A_3=2^3\times20=160$，满足论域动态变化需求，保证预测范围没有溢出。实际值和预测结

果如图 5.9 所示。

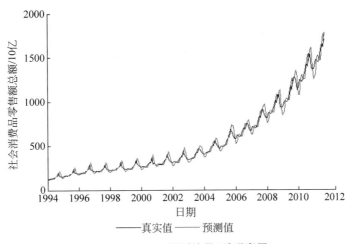

图 5.9 TRSSCG 预测结果（后附彩图）

自适应划分 IFTS 模型与 Song 模型、Joshi 模型的 MSE 如图 5.10 和图 5.11 所示。对于同样规模的数据，Song 模型和 Joshi 模型初始化设置全局论域划分为 $p=10$，即使在论域划分更为精细的条件下，均方误差分布图也表明了这两种模型比本章提出的模型的预测误差更高。由于在指标 AFER 的计算公式中误差与数据规模成反比，随着绝对数据取值的增大，前期计算误差会被稀释；同样，如果绝对数据取值逐渐减少，后期计算误差会被稀释，结果不够客观，也就是说该指标对于长期趋势时间序列模型并不适用，因此仅考察 MSE 指标，不同模型的对比结果见表 5.10，本章提出的 IFTS 模型 MSE 指标均低于其他 3 种模型。由此可见，自适应划分 IFTS 模型对于 TRSSCG 这样的长期趋势数据集具有较好的预测能力。

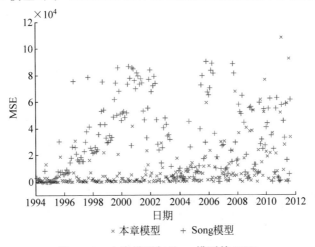

图 5.10 本章模型与 Song 模型的 MSE

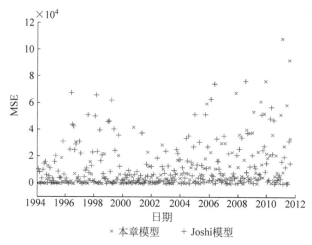

图 5.11 本章模型与 Joshi 模型的 MSE

表 5.10 各模型的 MSE

模型	本章模型	Song 和 Chissom[1] 模型	Lee 和 Chou[14] 模型	Joshi 和 Kumar[8] 模型
MSE	**7308**	32452	22603	11747

5.4.3 复杂度分析

对不同模型进行计算复杂度分析,各模型的时间复杂度见表 5.11。其中,Song[1] 模型、Lee[3] 模型和 Joshi[8] 模型将时间序列数据划分为 n 个部分,定义了 n 个语言值变量。Chen[9] 模型,Huarng[6] 模型和 Gangwar[13] 模型依赖论域划分 n 和模糊逻辑关系组 g,每一个 FLT 都需要进行区间划分。本章提出的自适应划分 IFTS 模型需要计算最优定阶参数 m,预测阶段对论域进行划分,与其他模型的时间复杂度相当。

表 5.11 各模型的时间复杂度

模型	$T(n)$
Song 模型	$O(n^2)$
Chen 模型	$O(gn^2)$
Huarng 模型	$O(gn^2)$
Gangwar 模型	$O(gn^2)$
Joshi 模型	$O(n^2)$
Lee 模型	$O(n^2)$
本章模型	$O(m+n^2)$

详细分析上述实验结果可以看出,Song 模型、Joshi 模型和 Lee 模型对于入学人数这样的数据集预测结果并不差,主要原因在于该时间序列数据模式类型比较

平稳,数据波动范围也相对固定,不容易出现预测数据溢出的情况,对全局论域进行划分能够保证模型的预测精度。然而,当模型应用于 TRSSCG 这样的长期趋势时间序列数据中时,预测均方误差很高,说明这些模型对其失效,适用性有限。本章提出的自适应划分 IFTS 模型不仅对平稳时间序列具有有效的预测能力,对季节性时间序列数据集(TAIEX)的预测准确性也比其他模型更高。由此可见,对不同类型的时间序列模式预测问题,同一个模型的性能可能存在很大差异,传统的预测模型仅仅适用于平稳的时间序列预测,通过对论域的自适应划分调整,本章提出的 IFTS 模型具有更好的泛化性能,可以满足不同模式的时间序列预测问题。

参考文献

[1] SONG Q, CHISSOM B S. Forecasting enrollments with fuzzy time series—Part I[J]. Fuzzy Sets Systems. 1993,54(1):1-9.

[2] CHEN S M. Forecasting enrollments based on high-order fuzzy time series[J]. Cybernetics and Systems,2002,33(1):1-16

[3] LEE L W, WANG L H, CHEN S. M. Handling forecasting problems based on two-factors high-order fuzzy time series[J]. IEEE Transactions on Fuzzy Systems. 2006, 14(3): 468-477.

[4] HUARNG K. Effective lengths of intervals to improve forecasting in fuzzy time series[J]. Fuzzy Sets and Systems,2001b,123(3):387-394.

[5] TSAUR R C, YANG J C, WANG H F. Fuzzy relation analysis in fuzzy time series model [J]. Computers and Mathematics with Applications,2005,49(4): 539-548.

[6] HUARNG K. Heuristic models of fuzzy time series for forecasting[J]. Fuzzy Sets Systems. 2001,123(2):369-386.

[7] LEE L W, WANG L H, CHEN S. M. Handling forecasting problems based on two-factors high-order fuzzy time series[J]. IEEE Transactions on Fuzzy Systems. 2006,14 (3):468-477.

[8] JOSHI B P, KUMAR S. Intuitionistic fuzzy sets based method for fuzzy time series forecasting[J]. Cybernetics and Systems: An International Journal,2012,43(1): 34-47.

[9] CHEN S M, CHU H P, SHEU T W. TAIEX forecasting using fuzzy time series and automatically generated weights of multiple factors[J]. IEEE Transactions on Systems, Man,and Cybernetics-Part A: Systems and Humans,2012,42(6): 1485-1495.

[10] CHEN S M, CHEN S H. Fuzzy Forecasting Based on Two-Factors Second-Order Fuzzy-Trend Logical Relationship Groups and the Probabilities of Trends of Fuzzy Logical Relationships[J]. IEEE TRANSACTIONS ON CYBERNETICS,2015,45(3): 405-417.

[11] CHEN S M, KAO P Y. TAIEX forecasting based on fuzzy time series,particle swarm optimization techniques and support vector machines[J]. Information Sciences,2013, 247(1): 62-71.

[12] CAI Q S, ZHANG D F, ZHANG W. A new fuzzy time series forecasting model combined with ant colony optimization and auto-regression[J]. Knowledge-Based Systems. 2015,

74(11): 61-68.

[13] GANGWAR S S, KUMAR S. Partitions based computational method for high-order fuzzy time series forecasting[J]. Expert Systems with Applications,2012,39(15): 12158-12164.

[14] LEE H S,CHOU M T. Fuzzy forecasting based on fuzzy time series[J]. International Journal of Computer Mathematics,2004,81(7),781-789.

第6章

基于DTW的长期IFTS预测方法

本章开始涉及长期 IFTS 预测模型的分析和研究,主要对基于建立直觉模糊关系组和确定性转换规则的 IFTS 模型进行研究,解决这一类 IFTS 模型存在的规则库建立过度依赖训练数据规模,造成计算复杂度急剧增加的问题。通过直觉模糊 C 均值聚类的方法构建直觉模糊时间序列片段库,并对片段库进行态更新和维护,给出一个基于 DTW 距离的直觉模糊时间序列片段相似度计算方法,该方法可以有效解决非等长时间序列片段匹配的问题。最终建立一个基于 DTW 的 $(p-q)$ IFTS 模型,利用合成数据集和气温数据集进行实验,并与现有其他模型进行对比,通过实验结果可以证明基于 DTW 的 $(p-q)$ IFTS 在不同时间序列趋势模式中均具有较好的预测能力。

6.1 规则库 IFTS 模型

由于对模糊数据和不确定性信息处理的天然优势,模糊时间序列分析理论自提出就得到了学者的广泛研究和关注。时间序列分析的目的是对序列数据关联性进行研究,挖掘历史数据的变化规律,建立行为特征模型,以期望对未来数据进行精确的预测。在 FTS 模型的研究初期,模型的关注点更多地在与模糊化历史数据建立模糊关系的方法上,其系统输出结果更偏重于短期、单值的预测问题,这样的模型预测输出效率较低,应用范围有一定的局限性。随后,学者们开始对 FTS 模型进行丰富和完善,比如 Li[1] 将短期 FTS 模型扩展到长期 FTS 预测模型,建立了多值输出系统,扩展了模糊时间序列的应用范围;在此基础上,出现了一些改进型的长期 IFTS 预测模型,初步建立了长期 IFTS 预测模型理论,直觉模糊集与时间序列分析也得到了融合探索。Hung[2] 提出了一个基于潜在直觉模糊最小二乘支持向量机的长期经济周期预测和分析方法,将直觉模糊时间序列分析与实际应用问题进行了有效的结合。从现有的长期直觉模糊时间序列理论的相关研究来看,成果数量相对较少,理论深度比较薄弱,尤其缺乏标准化定义和评价标准,实践应用还未广泛展开。在 Li 的模型中,定义具有多个输出值的时间序列模型为长期预测模型,这样的定义简单提出了时间序列预测的长期性问题,但是并没有准确反映不同时间序列数据的变化趋势,缺少对长期多值输出的原理性分析。从本章开始,我们主要针对直觉模糊时间序列分析的长期性问题进行研究,根据第 1 章中关于长期直觉模糊时间序列的基本定义,提出了几种$(p-q)$IFTS 建模的方法和实践应用。

传统模糊时间序列模型的一大主流思想是基于模糊推逻辑关系组的方法建模,即首先建立模糊时间序列中的模糊关系,进而生成模糊关系组,或者是建立模糊逻辑转换规则,生成逻辑转换规则库,最后构建待预测时间序列向量,通过与建立好的模糊逻辑规则库匹配的方式来进行模糊时间序列预测。下面首先给出基于逻辑关系组的模糊时间序列定义。

定义 6.1　对于一个在全局论域 U 上的模糊集合 A,$U=\{u_1,u_2,\cdots,u_n\}$,可以表示为

$$A=f_A(u_1)/u_1+f_A(u_2)/u_2,\cdots,f_A(u_n)/u_n \tag{6.1}$$

其中,f_A 是模糊集合 A 的隶属度函数,$f_A(u_1):U\to[0,1]$,$f_A(u_1)$表示模糊集合 A 在 u_i 上的隶属度,且 $1\leqslant i\leqslant n$。

定义 6.2　若 $F(t)$表示一个模糊时间序列($t=\cdots,0,1,2,\cdots$),其中任意一个 $F(t)$的值由一个模糊集表示。如果 $F(t)$由 $F(t-1),F(t-2),\cdots,F(t-n)$共同决定,那么可以表示为一个模糊逻辑关系为

$$F(t-n),\cdots,F(t-2),F(t-1)\to F(t) \tag{6.2}$$

模糊逻辑关系也可以简单表示为 $A_i,A_j\to A_n$,这样的时间序列模型称为"一元 n 阶模糊时间序列",若模糊时间序列的 $F(t)$由$(F_1(t-1),F_2(t-1)),(F_1(t-2),F_2(t-2)),\cdots,(F_1(t-2),F_2(t-2))$共同决定,模糊逻辑关系表示为

$$(F_1(t-n),F_2(t-n)),\cdots,(F_1(t-2),F_2(t-2)),(F_1(t-1),F_2(t-1))\to F(t)$$
$$\tag{6.3}$$

模糊逻辑关系也可以简单表示为$(A_i,B_i),(A_j,B_j)\to A_n$,这样的时间序列模型称为"二元 n 阶模糊时间序列",其中 $F_1(t-1),F_2(t-1),F_1(t-2),F_2(t-2),\cdots,F_n(t-2),F_n(t-2)$均为模糊集。

Park[3] 和 Chen[4] 构建的模糊逻辑关系组 FLR 就是基于上述定义的,通过直觉模糊化时间序列数据,构建形如 $A_i\to A_j$ 的模糊关系。类似地,对于多元模糊时间序列,可以构建形如$(A_i,B_i,C_k\cdots)\to A_m$ 的多元模糊关系,合并这些模糊关系得到模糊关系组。Li 通过对模糊关系计算合并,构建了确定性转换规则库,比如由单个模糊集推理出单个模糊集,记作 $A_i\to A_j$;若时间序列集合中出现不同模糊集推理出同一个模糊集,就进行回溯,产生由多个模糊值集推理出单个模糊集,记作 $A_iA_j\to A_k$;若还存在重复,就产生多个模糊集推理出多个模糊集,记作 $A_iA_j\to A_kA_l$;最后由这些不同的推理规则组成推理规则库。通过分析这些建立模糊推理规则库的模型可以发现,它们本质上都是先根据历史序列数据建立推理规则库,

再利用搜索匹配项或相似匹配项去规则库中寻找匹配,或者通过预置计算规则,最终得到预测输出结果,模型的不同之处只是在模糊变量的阶数、元组定义不同,因此,可以统一称这一类模型为"规则库型模糊时间序列模型"。

通过简单分析就可以看出,构建规则库的规模和准确度成为影响这些模型算法复杂度的关键问题。一方面,这些基于规则库匹配的FTS或者IFTS模型极其依赖训练数据集来构建规则库,同时没有动态维护规则库的方法。假如,当预测过程中出现匹配度较低的匹配项时,这些模型的预测性能就会急剧降低。如果不断更新和维护原有逻辑推理规则库,那么系统的开销会随着数据规模增大而增大。这是目前规则库FTS和IFTS模型存在的主要缺陷。另一方面,现有FTS和IFTS模型根据模糊逻辑关系建立时间序列片段库,预测长度基于初始参数设置,当预测范围发生变化时,就需要重新建立模型和训练数据,缺少一种灵活机动的应变机制,这样的模型适应性是有限的。分析原因,可以发现主要问题在于这些模型在进行模糊关系计算时没有考虑出现非等长时间序列片段匹配。因此,如果需要构建一个更加完善的IFTS模型,就应该设计一个满足不同类型和长度的时间序列片段匹配方法。本章通过对现有FTS和IFTS模型分析,提出一个基于动态时间弯曲(dynamic time warping,DTW)的长期IFTS预测模型,利用DTW距离有效解决非等长直觉模糊时间序列片段匹配问题,同时可以动态更新维护直觉模糊时间序列片段库,减少系统复杂度,避免规则库因为预测范围变化而过度增长,并通过实验验证模型的有效性和泛化性。

6.2 时间序列片段聚类

6.2.1 直觉模糊C均值聚类

聚类算法是机器学习中最常见的一种技术,广泛应用于模式识别、目标分类、决策判断等问题。聚类的目的是根据客观事物的不同特征和相似程度将对象进行有效分类,通常依据组间差异最大,组内差异最小的原则处理。对于一个包括 n 个分类对象的集合 $X=(X_1,X_2,\cdots,X_n)$,设每个对象都有 m 维特征,即 $X_j=(x_{j1},x_{j2},\cdots,x_{jm})$,将集合 X 分为 C 类,每个分类结果对应一个 $c\times n$ 阶布尔矩阵 $\boldsymbol{R}=(u_{ij})_{c\times n}$,即

$$u_{ij}\begin{cases}1, & X_j\in C_i \\ 0, & \text{其他}\end{cases} \tag{6.4}$$

满足上述分类条件的分类称为"普通分类",将精确分类问题向模糊集理论扩展,Bezdek[5]认为当被分类对象 X_j 不再以精确值进行分类,而是以一定隶属度属于某一类时,这样的分类结果就是一个分类模糊矩阵 $\boldsymbol{R}=(u_{ij})_{c\times n}$,即

$$R = \begin{bmatrix} u_{11} & u_{12} & \cdots & u_{1n} \\ u_{21} & u_{22} & \cdots & u_{2n} \\ \vdots & \vdots & \ddots & \vdots \\ u_{c1} & u_{c2} & \cdots & u_{cn} \end{bmatrix} \tag{6.5}$$

满足上述分类条件的分类过程称为"模糊 C 均值聚类"(fuzzy C-means clustering, FCM),FCM 将普遍分类的概念拓展到模糊领域,模糊聚类问题表述分类对象本身特征属性存在模糊性或在分类过程中分类器进行了模糊分类,因此最终产生了模糊不确定性的分类结果。这里,通过隶属度函数表示每一个对象属于不同类别的程度,这样的分类理论对于客观事物描述更加丰富,尤其对分类对象是模糊数或分类过程模糊的应用场景更加合适。模糊聚类分析有基于模糊等价矩阵的聚类分析和基于目标函数的聚类分析等多种方法。基于模糊等价关系的聚类方法利用样本两两之间的相似性,构造模糊相似矩阵,然后利用传递闭包的方法得到模糊等价矩阵,选取阈值进行聚类。基于目标函数的聚类方法类似于经典聚类分析过程,通过构建目标函数和聚类中心迭代进行聚类。

随着直觉模糊集理论的发展,直觉模糊 C 均值聚类(intuitionistic fuzzy C-means clustering, IFCM)进一步完善和发展了 FCM 理论。将 FCM 推广为 IFCM,从隶属度和非隶属度的不同维度讨论分类问题。直觉模糊聚类分析也有对应的方法,基于直觉模糊等价矩阵的聚类分析,首先要建立直觉模糊相似矩阵,然后改造相似矩阵为等价矩阵,最后通过设置置信水平求取截矩阵而实现聚类。根据分类对象和聚类中心的不同可以将 IFCM 分为以下 4 种类型:

(1) 直觉模糊数 C 均值聚类

如果分类对象集合 X 和目标聚类中心均为直觉模糊数,而对直觉模糊数利用 FCM 算法进行聚类,那么这种 IFCM 算法为直觉模糊数 C 均值聚类。

(2) 普通集合直觉模糊 C 均值聚类

如果分类对象集合 X 和目标聚类中心的关系矩阵 R 为直觉模糊关系矩阵,分类对象和聚类中心仍然为普通集合,对普通集合进行直觉模糊 C 均值聚类,那么这种 IFCM 为普通集合直觉模糊 C 均值聚类。

(3) 直觉模糊集合的模糊 C 均值聚类

如果分类对象 X 和目标聚类中心均为直觉模糊集,而二者的直觉关系仍为模糊集,对直觉模糊集合进行模糊 C 均值聚类,那么这样的 IFCM 为直觉模糊集合的模糊 C 均值聚类。

(4) 直觉模糊集合的直觉模糊 C 均值聚类

如果分类对象 X 和目标聚类中心及其关系矩阵 R 均为直觉模糊集及直觉模糊关系矩阵,对直觉模糊集合进行直觉模糊 C 均值聚类,那么该 IFCM 为直觉模糊集合的直觉模糊 C 均值聚类。

有相关专家学者针对不同模糊聚类方法的定义和计算公式进行了详细研究,

这里不再深入讨论,只要根据不同的应用场景选择不同的直觉模糊聚类方法,满足合适的聚类原则即可,尤其是第 4 种 IFCM 算法,可以称为"完全直觉模糊 C 均值聚类",在本书其他章节中如无特别说明,IFCM 算法均指这一类直觉模糊 C 均值聚类。

6.2.2　IFTS 片段聚类算法

使用 IFTS 预测模型的主要目的是通过挖掘序列数据变化趋势进行模糊关系推理预测结果。传统 FTS 模型构建模糊推理关系组,进而建立时间序列规则库,搜索匹配的模糊关系得到输出结果,虽然这种方法的预测精度比较高,但系统复杂度也很高,时间序列规则库的规模随系统需求的增加而不断增加,不便于系统维护。考虑到时间序列片段数据具有相似性和模糊性的特征,运用直觉模糊聚类算法,搜索最优聚类中心作为模型的预测基础,通过动态更新优化聚类中心,设计合适的预测算法,可以有效降低系统复杂度,同时能够有效处理时间序列片段数据模糊性等问题。

假设被分类的直觉模糊集合 $X=(x_1,x_2,\cdots,x_n)$,其中,每个待分类对象不是普通数据,而是直觉模糊集,即

$$x_j=\langle \mu_{jk},\gamma_{jk}\rangle \tag{6.6}$$

IFCM 算法通过求得适当的模糊分类矩阵 $\boldsymbol{U}$ 和聚类中心 $M=\{m_i\}$,使目标函数 J_e 达到最小,将数据集 X 划分为 C 类($C>1$),作为聚类中心,每个聚类中心也是直觉模糊集,即

$$m_i=\langle \mu_i(m),\gamma_i(m)\rangle \tag{6.7}$$

目标函数 J_e 表示为

$$J_e(\boldsymbol{R}_\mu,\boldsymbol{R}_\gamma,m)=\sum_{j=1}^n\sum_{i=1}^c[((\mu_{ij})^e+(1-\gamma_{ij})^e)/2]D_w(x_j,m_i)^2 \tag{6.8}$$

其中,$\boldsymbol{R}_\mu,\boldsymbol{R}_\gamma$ 表示分类对象 x_j 与聚类中心之间的直觉模糊关系,且

$$\begin{cases}\boldsymbol{R}_\mu=(\mu_{ij})_{c\times n}\\ \boldsymbol{R}_\gamma=(\gamma_{ij})_{c\times n}\end{cases} \tag{6.9}$$

其中,e 表示平滑指数,μ_{ij} 和 γ_{ij} 分别表示 $x_j=\langle \mu_{jk},\gamma_{jk}\rangle$ 属于聚类中心 m_i 的隶属度函数和非隶属度函数,$D_w(x_j,m_i)$ 表示 x_j 和 m_i 之间的直觉模糊距离。根据聚类实际情况的需要选择合适的距离,常采用欧氏距离(Euclidean distance),其计算公式如下:

$$D_w(x_j,m_i)=[a(\mu_j(x)-\mu_i(m))^2+b(\gamma_j(x)-\gamma_i(m))^2+c(\pi_j(x)-\pi_i(m))^2]^{1/2} \tag{6.10}$$

其中,a,b,c 分别为隶属度函数、非隶属度函数和直觉指数权重系数,通常为了简便,取 $a=b=c=1$ 即可。

当迭代次数为 n 时,可以得到

$$\langle \mu_i(m), \gamma_i(m) \rangle = \left\langle \frac{\sum\limits_{j=1}^{n}[((\mu_{ij})^e + (1-\gamma_{ij})^e)/2]\mu_j(x)}{\sum\limits_{j=1}^{n}[((\mu_{ij})^e + (1-\gamma_{ij})^e)/2]}, \right.$$

$$\left. \frac{\sum\limits_{j=1}^{n}[((\mu_{ij})^e + (1-\gamma_{ij})^e)/2]\gamma_j(x)}{\sum\limits_{j=1}^{n}[((\mu_{ij})^e + (1-\gamma_{ij})^e)/2]} \right\rangle \quad (6.11)$$

当 $\forall k, D_w(x_j, m_k)^{(n)} \neq 0$ 时,

$$\begin{cases} \mu_{ij}^{(n+1)} = \left[\sum\limits_{k=1}^{c}[D_w(x_j, m_i^{(n)})/D_w(x_j, m_k^{(n)})]^{2/(e-1)}\right]^{-1} \\ \gamma_{ij}^{(n+1)} = 1 - \dfrac{1}{\lambda}\left[\sum\limits_{k=1}^{c}[D_w(x_j, m_i^{(n)})/D_w(x_j, m_k^{(n)})]^{2/(e-1)}\right]^{-1} \end{cases} \quad (6.12)$$

当 $\exists k, D_w(x_j, m_k)^{(n)} = 0$ 时,

$$\begin{cases} \langle \mu_{ij}, \gamma_{ij} \rangle = \langle 1, 0 \rangle, & i = k \\ \langle \mu_{ij}, \gamma_{ij} \rangle = \langle 0, 1 \rangle, & i \neq k \end{cases} \quad (6.13)$$

当满足设定的迭代次数 n 或对于精度 $\varepsilon > 0$,且

$$\| J_e^{(n+1)} - J_e^n \| < \varepsilon \quad (6.14)$$

时,停止迭代。

　　下面给出一个基于 IFCM 的直觉模糊时间序列片段聚类的算法。这里定义一个时间序列数据集合 X,若集合的全局论域 $U = [D_{\min} - D_1, D_{\max} - D_2]$,其中,$D_{\max}$ 和 $D_{\min}$ 分别表示论域 U 中最大和最小的时间序列数据值,A_i 表示语言变量且 $A_i = \sum\limits_{j=1}^{n} \langle \mu_j, \gamma_j \rangle / u_j$,$A_i$ 属于 u_i 的隶属度函数 μ_i 和非隶属度函数 γ_i 分别由式(6.15)计算得到。其中,x_i 为历史数据,n 为论域划分的区间数,d_j 表示区间边界值,j 表示需要进行直觉模糊化的数据所在的区间数,λ 为直觉模糊调节因子。相应地,精确输出值可以由去直觉模糊化式(6.16)计算得到。

$$\langle \mu_j, \gamma_j \rangle = \left\langle \frac{j-1}{n} + \left| \frac{x_i - d_j}{n(d_{j+1} - d_j)} \right|, 1 - \frac{j-1}{n} - \left| \frac{x_i - d_j}{\lambda n(d_{j+1} - d_j)} \right| \right\rangle \quad (6.15)$$

$$\text{def}(F(t)) = \left(d_j + \frac{d_{j+1} - d_j}{2}(1 + \mu_j - \gamma_j) \right) \quad (6.16)$$

　　假设给出的时间序列数据集合为 X,以一定的时间间隔作为时间窗口,将集合 X 划分为若干子时间序列片段,对这些时间序列片段进行直觉模糊化,利用 IFCM 算法对时间序列片段进行聚类,得到最优直觉模糊聚类中心,并生成一个直觉模糊时间序列片段库。具体步骤如算法 6.1 所示。其中,IFTS 片段聚类算法通过时间序

列集合以时间序列片段长度 w 为窗口滑动,建立 n 个子时间序列,更新聚类中心并判断目标函数,将符合目标函数的时间序列片段添加到直觉模糊时间序列片段库。

算法 6.1　IFTS 片段聚类

Input：时间序列集 X,时间序列片段长度 w,聚类数 c,序列片段间隔 d,最大迭代次数 r

Output：直觉模糊时间序列片段库 Base

Begin

在 τ 时刻沿着时间序列集合 X,以长度 w 滑动,构建 X 的子时间序列集合

$$S_\tau^{\tau+w-1}=(x_\tau,x_{\tau+1},\cdots,x_{\tau+w-1});$$

得到 n 个子时间序列 $S=S_1^w,S_{1+d}^{w+d},S_{1+2d}^{w+2d},\cdots,S_{1+(n-1)d}^{w+(n-1)d}$；

根据式(6.15)直觉模糊化子时间序列 S；

初始化聚类中心 $m_i^{(1)}$；

for $k=1$ to r

　　根据式(6.12)计算聚类中心 m_i 的隶属度和非隶属度函数 $m_i^{(k)}=\langle\mu_{ij}(m),\gamma_{ij}(m)\rangle$；

　　If $\|J_e^{(n+1)}-J_e^n\|<\varepsilon$ or $i=r$

　　break

　　根据式(6.12)更新聚类中心 $m_i^{(n+1)}$；

end

Base$\bigcup m_i^{(n+1)}$；//添加时间序列片段

End

6.3　基于 DTW 的($p-q$)IFTS 预测

6.3.1　动态时间弯曲距离

动态时间弯曲技术最早应用于文本数据匹配和语音识别,目前已应用于医疗信号、视觉模式、生物数据等领域。研究表明,基于非线性弯曲计算技术可以提高识别率和匹配精度,之后 DTW 距离的研究引起了人们的广泛关注。在模式匹配和相似性搜索问题中,最常见的距离有欧氏距离、曼哈顿距离(Manhattan distance)和闵氏距离(Minkowski distance)等,这些距离的计算方法比较简单,但要求时间序列长度相等,也就是序列中的每一个点都是一一对应的。然而在实际应用中,时间序列一定会出现在时间轴上偏移和伸缩的情况,也就是会出现非等长时间序列片段匹配的问题,DTW 算法通过动态同步规划将一个复杂的全局最优化问题转化为多步局部最优解问题,核心思想是计算两个序列之间的最优映射,从而表示序列之间的相似度,尤其是对时间序列出现的伸缩,或者是局部线性的漂移问题,都能进行很好的处理。由于 DTW 对时间序列同步的问题并不敏感,允许时间

序列中部分数据进行时间延伸和收缩,通过弯曲矩阵存储时间序列匹配的部分信息,经过计算可以有效测量非等长时间序列片段的曲线相似度,从而解决上述问题。下面给出 DTW 距离的相关定义。

定义 6.3(弯曲矩阵)

设给定长度为 n 和 m 的两个时间序列片段 A 和 B,分别记作 $A=a_1,a_2,\cdots,$ a_n,$B=b_1,b_2,\cdots,b_m$,对于时间序列片段 A,B 可以构造一个 $n\times m$ 的弯曲矩阵,分别将时间序列片段 A,B 的元素看作二维坐标,如图 6.1 所示。其中,任意的一个位置表示 a_i 到 b_j 的距离 $D(a_i,b_j)$。

定义 6.4(弯曲路径)

定义弯曲矩阵上长度为 K 的弯曲路径 $W_{n,m}=(w_1,w_2,\cdots,w_k\cdots,w_K)$。其中,$w_k=(i,j)_k$ 表示弯曲路径上的第 k 个元素,并且 $\max(n,m)\leqslant K<n+m-1$。从图 6.1 中可以看出,灰色部分就是一条弯曲路径。显然,弯曲矩阵上的弯曲路径不只有一条。

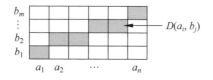

图 6.1　DTW 弯曲矩阵和弯曲路径

那么,对于任意一个弯曲路径都应当满足以下 3 个条件:

(1) 边界条件:路径的起始点坐标为 (a_1,b_1),终止点坐标为 (a_n,b_m),即时间序列端点对齐。

(2) 连续性:对于弯曲路径上任意相邻两点 (a_{i_1},b_{j_1}) 和 (a_{i_2},b_{j_2}),且满足 $i_2-i_1\leqslant1,j_2-j_1\leqslant1$,即每次只能沿着矩阵相邻元素移动,且不能跳跃。

(3) 单调性:对于弯曲路径上任意相邻两点 (a_{i_1},b_{j_1}) 和 (a_{i_2},b_{j_2}),满足 $i_2-i_1\geqslant0,j_2-j_1\geqslant0$,即弯曲路径只能沿着时间轴单向移动,不能后退。单调性满足时间序列的时序性特征。

几种不同情况的弯曲路径分别如图 6.2 所示,从图 6.2(a)和(b)中可以看出两个时间序列片段的弯曲路径匹配点既可以是一对多关系、多对一关系,也可以是一对一关系,这也从根本上解决了非等长时间序列片段的问题。根据定义 6.4,这里进行弯曲路径计算时的限制步长移动仅为 1,而对于时间序列片段不对等的情况,可以适当放宽步长限定条件,满足实际计算需要。弯曲路径既可以是离散时间序列链也可以是连续函数,对于连续时间序列片段,先进行采样,再根据采样点进行匹配,如图 6.2(c)和(d)所示。时间序列之间不同的弯曲路径产生的距离总和可能是不一样的。同样的距离总和也有可能对应多条弯曲路径。

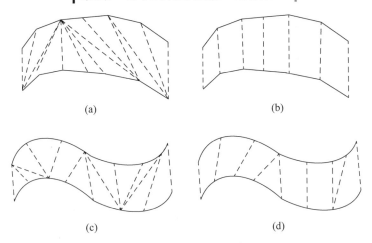

图 6.2 弯曲路径匹配结果

定义 6.5(DTW 距离)

对于两个时间序列片段 A 和 B，定义 $d(a_1,b_1)$ 为基距离，点对基距离之和的最小值即为 DTW 距离，如式(6.17)所示：

$$DTW(A,B)=d(a_1,b_1)+\min\begin{cases}DTW(A,B[2:-])\\DTW(A[2:-],B)\\DTW(A[2:-],B[2:-])\end{cases} \quad (6.17)$$

对于时间序列片段为 0 的 DTW 距离定义如下：

$$\begin{cases}DTW(A,0)=DTW(0,B)=\infty\\DTW(0,0)=0\end{cases} \quad (6.18)$$

当时间序列片段 A 和 B 均不为 0 时，DTW 距离可以简记如下：

$$DTW(A,B)=\min\left\{\sum_{k=1}^{K}d(w_k)\right\} \quad (6.19)$$

DTW 距离就是时间序列片段 A 和 B 之间的对齐匹配关系，这样的关系可能有很多种，每一种匹配关系都对应一条弯曲路径。求解最佳路径通常构造一个 $n\times m$ 的距离矩阵 $\mathbf{D}_{DTW}$，其中，每个元素表示 $A(a_1,a_j)$ 到 $B(b_1,b_i)$ 的 DTW 距离：

$$\mathbf{D}_{DTW}(A,B)=d(a_i,b_j)+\min(d(a_{i-1},b_{j-1}),d(a_i,b_{j-1}),d(a_{i-1},b_j)) \quad (6.20)$$

通过上述计算过程可以看出，时间序列片段 A 和 B 之间的 DTW 距离也可能对应于不同的弯曲路径，通常计算出一种满足 DTW 距离的弯曲路径即可。下面通过一个例子来说明 DTW 距离和弯曲路径的计算过程。

例 6.1 假设有两条时间序列链 $A=\{\langle 0.21,0.58\rangle,\langle 0.74,0.21\rangle,\langle 0.54,0.13\rangle\}$，$B=\{\langle 0.42,0.01\rangle,\langle 0.19,0.60\rangle,\langle 0.39,0.47\rangle\}$，求 A，B 链时间序列 DTW 距离和最优路径。

根据 DTW 距离的定义，首先定义 A，B 链间距离计算限定移动步长为 1，坐标

距离采用欧氏距离,分别计算每一对坐标距离 d_{ij},结果如下:

$$d_{11}(A,B)=\sqrt{(0.21-0.42)^2+(0.58-0.01)^2}=0.6075$$

$$d_{12}(A,B)=\sqrt{(0.21-0.19)^2+(0.58-0.60)^2}=0.0283$$

$$d_{13}(A,B)=\sqrt{(0.21-0.39)^2+(0.58-0.47)^2}=0.2110$$

$$d_{21}(A,B)=\sqrt{(0.74-0.42)^2+(0.21-0.01)^2}=0.3774$$

$$d_{22}(A,B)=\sqrt{(0.74-0.19)^2+(0.21-0.60)^2}=0.6742$$

$$d_{23}(A,B)=\sqrt{(0.74-0.39)^2+(0.21-0.47)^2}=0.4360$$

$$d_{31}(A,B)=\sqrt{(0.54-0.42)^2+(0.13-0.01)^2}=0.4368$$

$$d_{32}(A,B)=\sqrt{(0.54-0.19)^2+(0.13-0.60)^2}=0.5860$$

$$d_{33}(A,B)=\sqrt{(0.54-0.39)^2+(0.13-0.47)^2}=0.3716$$

随后,定义一个开销矩阵 **Cost**,其中,$\text{cost}_{i,j}$ 表示当前坐标距离与之前步长最小距离之和,也就是到达当前坐标最小距离开销,即 $\text{cost}_{i,j}=\min(\text{cost}_{i-1,j},\text{cost}_{i,j-1},\text{cost}_{i-1,j-1})+d(a_i,b_j)$。如本例中,$\text{cost}_{11}=0.6075$,$\text{cost}_{12}=0.6075+0.0283=0.6358$,$\text{cost}_{21}=0.6075+0.3774$,由于 $\min(\text{cost}_{11},\text{cost}_{12},\text{cost}_{21})=0.6075$,那么 $\text{cost}_{22}=0.6075+0.6742=1.2817$。由于 **Cost** 矩阵的首行和首列距离都只由当前距离及前一距离求和得到,所以一般可以先计算出 **Cost** 矩阵的第一行和第一列,再根据公式计算其他值,最终得到的开销矩阵 **Cost** 如下:

$$\mathbf{Cost}=\begin{bmatrix} 0.6075 & 0.6358 & 0.8468 \\ 0.9549 & 1.2817 & 1.0718 \\ 1.4217 & 1.5409 & 1.4434 \end{bmatrix}$$

接着定义一个路径矩阵 **Path**,$\text{Path}_{i,j}$ 表示当前距离经过的向量坐标,根据开销矩阵计算结果得到的路径矩阵如下:

$$\mathbf{Path}=\begin{bmatrix} (1,1) & (1,1)(1,2) & (1,1)(1,2)(1,3) \\ (1,1)(2,1) & (1,1)(2,2) & (1,1)(1,2)(2,3) \\ (1,1)(2,1)(3,1) & (1,1)(2,1)(2,3) & (1,1)(1,2)(2,3)(3,3) \end{bmatrix}$$

可以看出 Path_{22} 的前一项坐标 $(1,1)$ 表示到达 a_2b_2 之前最短距离的路径是 a_1b_1,同理 Path_{33} 的前三项坐标 $(1,1)(1,2)(2,3)$ 表示到达 a_3b_3 之前最短距离的路径是 a_1b_1,a_1b_2,a_2b_3,最终得到 A,B 时间序列链动态时间弯曲距离 $\text{DTW}(A,B)=1.4434$,且最优动态弯曲路径为 $\{a_1b_1,a_1b_2,a_2b_3,a_3b_3\}$。这里需要说明的是,对于 DTW 算法也进行了大量卓有成效的工作,通过对开销矩阵和路径矩阵的计算过程进行优化,比如采用局部、分段、加权等处理方法,减少中间矩阵存储信息的规模,在不同条件下可以提高 DTW 距离的计算效率,减少系统开销,尤其适用于大型时间序列数据的计算问题,有兴趣的研究者可以查阅相关文献,这里不再进行深入的讨论。

6.3.2　IFTS 片段 DTW 算法

由于 DTW 是一种距离测度与时间规划相结合的非线性测量技术,通过弯曲矩阵可以计算非等长时间序列片段之间的曲线相似度,对于长期时间序列预测问题有很好的适用性,非常符合本书研究的背景。根据 DTW 距离的定义,结合6.2.2 节例 6.1 的计算过程,给出两个直觉模糊时间序列片段的 DTW 距离算法。

对于两个直觉模糊数 a 和 b,设其隶属度函数和非隶属度函数分别为 $\langle\mu(a),\gamma(a)\rangle$ 和 $\langle\mu(b),\gamma(b)\rangle$,那么定义直觉模糊数距离 $d(a,b)$ 可由式(6.21)计算得到:

$$d(a,b)=\sqrt{(\mu(a)-\mu(b))^2+(\gamma(a)+\gamma(b))^2} \qquad (6.21)$$

给定长度分别为 n 和 m 的两个 IFTS 序列片段 A 和 B,A 和 B 之间的 DTW 距离可以由算法 6.2 计算得到。

算法 6.2　IFTS 片段 DTW 算法

Input:直觉模糊时间序列片段 A,B,序列长度 n,m,DTW(A,B)

Output:$n\times m$ 代价矩阵 **Cost** 和弯曲路径矩阵 **Path**

Begin

　　设一个 IFTS $A=a_1,a_2,\cdots,a_n$,隶属度函数和非隶属度函数为 $\langle\mu_i(a(t)),\gamma_i(a(t))\rangle$;

　　设一个 IFTS $B=b_1,b_2,\cdots,b_n$,隶属度函数和非隶属度函数为 $\langle\mu_j(b(t)),\gamma_j(b(t))\rangle$;

　　根据式(6.21)计算 $d(a_i,b_j)$;　　//序列片段坐标距离

　　$\text{cost}_{1,1}=d(a_1,b_1)$;

　　$\text{path}_{1,1}=(0,0)$;

　　for $i=2$ to n

　　$\text{cost}_{i,1}=\text{cost}_{i-1,1}+d(a_i,b_1)$;

　　end

　　for $j=2$ to m

　　$\text{cost}_{1,j}=\text{cost}_{1,j-1}+d(a_1,b_j)$;

　　end

　　for $i=1$ to n

　　　　for $j=1$ to m

　　　　$\text{cost}_{i,j}=\min(\text{cost}_{i-1,j},\text{cost}_{i,j-1},\text{cost}_{i-1,j-1})+d(a_i,b_j)$;

　　　　$\text{path}_{i,j}=\text{min\_cor}((i-1,j),(i,j-1),(i-1,j-1))$;　　//之前路径 cost 最小的坐标

　　　　end

　　end

End

该算法将计算每次移步的距离作为代价,以代价最小值为移步原则。其中,min_cor 函数表示之前路径对应的最小代价值的坐标。通过 IFTS 片段 DTW 算法,得到两个 $n\times m$ 的矩阵,分别为代价矩阵 **Cost** 和弯曲路径矩阵 **Path**。

6.3.3　($p-q$)IFTS 算法

传统的 FTS 或 IFTS 模型根据历史数据建立模糊关系,再通过训练历史数据

的推理过程,构建推理规则库,最后通过匹配的模糊关系得到预测结果,该种方法要求预测时间序列模式存在于历史数据中,虽然在一定条件下预测精度较高,但需要构建大量模糊推理关系组,系统的复杂度随数据规模的增大而增大。构建确定性转化规则库作为预测依据,预测算法依赖时间序列状态确定性转化,当出现不确定性转化时,需要大量的递归回溯,重新进行推理,算法复杂度依然较高,当没有出现匹配规则时,预测精度就会大大降低。因此,这些模糊时间序列预测模型的泛化性能不够理想,不适用于长期时间序列的预测问题。长期直觉模糊时间序列的预测问题利用训练数据构建直觉模糊时间序列片段库,通过序列片段相似度匹配算法进行搜索并预测输出结果。在一些模型中,利用欧氏距离进行时间序列片段匹配,当遇到非等长时间序列片段预测问题时,采用将长时间序列片段中的部分片段截取,达到与短时间序列片段等长的效果,再进行距离计算并输出预测结果,这样的处理方法相对粗糙,模型预测精度没办法保证。

为了克服上述 IFTS 模型的缺陷,可以设计一个基于 DTW 距离的长期 IFTS 预测模型。首先建立基本 IFTS 模型,然后通过 IFCM 聚类算法从训练数据中提取时间序列片段并生成匹配规则库,同时校正和更新规则库,从而降低传统模型的系统复杂度,通过 DTW 距离可以满足非等长时间序列匹配问题,提高预测准确度。模型的基本框架如图 6.3 所示。

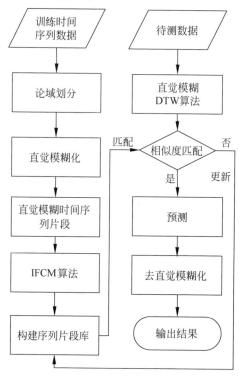

图 6.3　基于 DTW 的长期 IFTS 模型流程

根据长期直觉模糊时间序列的基本定义,可以建立一个$(p-q)$IFTS预测模型,由直觉模糊时间序列片段算法构建一个规模为n的直觉模糊时间序列片段库,分别计算每条片段到待测序列与Base中片段的DTW距离,取代价矩阵最小的片段作为匹配序列。接着计算前$(q-p)$项匹配序列与待测序列的DTW距离和预测距离e,最后将匹配向量后q项序列match$(\sim q)$与预测距离e的和作为最终预测结果,这里match$(\sim q)$表示为后q项的一个子序列。当匹配序列方差$\delta(A,$match$)\geqslant\varepsilon$时,将当前时间序列片段添加到原片段库Base,从而达到动态更新和维护序列片段库的目的。基于DTW的长期IFTS预测步骤如算法6.3所示。

算法6.3　基于DTW的长期IFTS预测算法

Input:直觉模糊时间序列片段库Base,规模为n,窗口长度l,预测长度q,历史数据p,τ时刻的待测序列$F_{\tau+1}=(F_{l-p+1},F_{l-p},\cdots,F_l,X_1',X_2',\cdots,X_q')$

Output:预测结果$F_{\tau+1}'=(X_1',X_2',\cdots,X_q')$

Begin

　　设X中p个历史数据作为一个时间序列$A_p=F_{l-p+1},F_{l-p},\cdots,F_l$;

　　for $i=1$ to n

　　从base中选择一个IFTS $B_q=b_1,b_2,\cdots,b_q$;

　　DTW(A_p,B_q);

　　$W_{p,q}=(w_1,w_2,\cdots,w_k,\cdots,w_K)$;　　　　　　//最佳弯曲路径

　　$\varepsilon(A,B)=\dfrac{1}{K}\displaystyle\sum_{k=1}^{K}\text{cost}(w_k)$;　　　　　　//DTW距离的期望

　　$\delta(A,B)=\displaystyle\sum_{k=1}^{K}(\text{cost}(w_k)-\varepsilon(A,B))^2$　　　　//DTW距离的方差

　　If $\delta(A,B)=\min(\text{DTW}(A,\text{Base}))$

　　match=B;　　　　　　　　　　　　//匹配时间序列片段

　　else

　　Base-B;　　　　　　　　　　　　//删去时间序列片段

　　end

　　DTW$(A,\text{match}(p-q))$;　　//计算待测序列与匹配序列前$(q-p)$项的DTW距离

　　$e=\varepsilon(A,\text{match}(p-q))$;

　　预测结果$F_{\tau+1}'=(X_1',X_2',\cdots,X_q')=\text{match}(\sim q)+e$;　　//match$(\sim q)$为后$q$项序列

　　根据式(4.13)去直觉模糊化$F_{\tau+1}'$;

　　If $\delta(A,\text{match})\geqslant\min\varepsilon$

　　Base$\cup A$;　　　　　　　　　　　　//添加时间序列库

　　end

End

6.4　实验和分析

6.4.1　合成数据预测

为了说明本章提出的基于 DTW 的$(p-q)$IFTS 预测模型的有效性,我们将该模型应用于一个合成数据集,如图 6.4 所示。该数据集为一个包括 60 个数据点的时间序列,前 40 个点作为训练数据,其余 20 个作为测试数据。根据本章提出的基于 DTW 的$(p-q)$IFTS 预测模型,具体预测步骤如下。

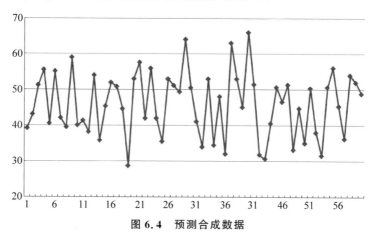

图 6.4　预测合成数据

步骤 1:设一个时间序列数据集 X 的时间序列片段长度 $w=5$,聚类数 $c=5$,序列片段间隔 $d=1$,沿 X 计算得到 36 个时间序列片段,前三项为 $S_1^5=$(39.2,43.1,51.3,55.6,40.5),$S_2^6=$(43.1,51.3,55.6,40.5,55.1),$S_3^7=$(51.3,55.6,40.5,55.1,42.1)。

步骤 2:定义 X 的全局论域 $U=[20.0,70.0]$,设论域区间间隔 $d_i=10$,$\lambda=0.95$,那么 U 被划分为 5 个区间,即 $A_1=[20,30]$,$A_2=[30,40]$,$A_3=[40,50]$,$A_4=[50,60]$,$A_5=[60,70]$。根据式(4.12)对时间序列片段进行直觉模糊化,则前三项直觉模糊化时间序列结果为:$S_1=$(⟨0.38,0.61⟩,⟨0.46,0.53⟩,⟨0.63,0.37⟩,⟨0.71,0.28⟩,⟨0.41,0.58⟩),$S_2=$(⟨0.46,0.53⟩,⟨0.63,0.37⟩,⟨0.71,0.28⟩,⟨0.41,0.58⟩,⟨0.70,0.29⟩),$S_3=$(⟨0.63,0.37⟩,⟨0.71,0.28⟩,⟨0.41,0.58⟩,⟨0.70,0.29⟩,⟨0.44,0.55⟩)。

步骤 3:调用 IFTS 片段算法,设 $r=50$,计算最优聚类中心,得到 5 个 IFTS 片段 m_1,m_2,m_3,m_4,m_5,其隶属函数和非隶属函数如图 6.5 所示。将该时间序列片段添加至 IFTS 片段库 Base 中。

步骤 4:转至步骤 1,分别设 $w=6$,$w=7$,聚类数 $c=5$,序列片段间隔 $d=1$,调用 IFTS 片段聚类算法,得到不等长时间序列片段并添加至 Base,最终计算得到 15

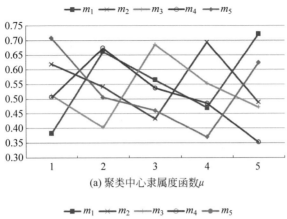

(a) 聚类中心隶属度函数μ

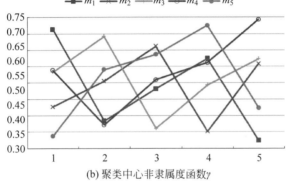

(b) 聚类中心非隶属度函数γ

图 6.5　IFTS 片段(后附彩图)

条不等长 IFTS 片段,合并组成直觉模糊时间序列片段 Base 库,见表 6.1,Base 库
作为待测向量匹配计算 DTW 距离的对象。

表 6.1　IFTS 片段库 Base

序号	Base
1	$\langle 0.38,0.61\rangle,\langle 0.66,0.33\rangle,\langle 0.56,0.43\rangle,\langle 0.47,0.52\rangle,\langle 0.72,0.27\rangle$
2	$\langle 0.61,0.37\rangle,\langle 0.54,0.45\rangle,\langle 0.43,0.56\rangle,\langle 0.69,0.30\rangle,\langle 0.48,0.50\rangle$
3	$\langle 0.51,0.48\rangle,\langle 0.40,0.59\rangle,\langle 0.68,0.31\rangle,\langle 0.55,0.44\rangle,\langle 0.47,0.53\rangle$
4	$\langle 0.50,0.48\rangle,\langle 0.67,0.32\rangle,\langle 0.53,0.45\rangle,\langle 0.48,0.51\rangle,\langle 0.35,0.64\rangle$
5	$\langle 0.70,0.28\rangle,\langle 0.50,0.49\rangle,\langle 0.46,0.53\rangle,\langle 0.37,0.62\rangle,\langle 0.62,0.37\rangle$
6	$\langle 0.41,0.58\rangle,\langle 0.70,0.29\rangle,\langle 0.44,0.55\rangle,\langle 0.39,0.6\rangle,\langle 0.78,0.21\rangle,\langle 0.62,0.37\rangle$
7	$\langle 0.75,0.24\rangle,\langle 0.44,0.55\rangle,\langle 0.72,0.27\rangle,\langle 0.44,0.55\rangle,\langle 0.31,0.68\rangle,\langle 0.58,0.40\rangle$
8	$\langle 0.31,0.67\rangle,\langle 0.50,0.48\rangle,\langle 0.64,0.35\rangle,\langle 0.61,0.38\rangle,\langle 0.49,0.50\rangle,\langle 0.88,0.11\rangle$

续表

序号	Base
9	$\langle 0.17,0.81\rangle,\langle 0.66,0.33\rangle,\langle 0.75,0.24\rangle,\langle 0.44,0.55\rangle,\langle 0.72,0.27\rangle,\langle 0.61,0.38\rangle$
10	$\langle 0.28,0.71\rangle,\langle 0.66,0.33\rangle,\langle 0.29,0.70\rangle,\langle 0.56,0.43\rangle,\langle 0.24,0.75\rangle,\langle 0.42,0.58\rangle$
11	$\langle 0.41,0.58\rangle,\langle 0.78,0.21\rangle,\langle 0.31,0.68\rangle,\langle 0.450.55\rangle,\langle 0.17,0.82\rangle,\langle 0.38,0.60\rangle,$ $\langle 0.44,0.55\rangle,$
12	$\langle 0.70,0.29\rangle,\langle 0.40,0.60\rangle,\langle 0.52,0.47\rangle,\langle 0.34,0.65\rangle,\langle 0.66,0.63\rangle,\langle 0.51,0.48\rangle,$ $\langle 0.72,0.28\rangle$
13	$\langle 0.88,0.11\rangle,\langle 0.50,0.49\rangle,\langle 0.66,0.33\rangle,\langle 0.75,0.25\rangle,\langle 0.78,0.21\rangle,\langle 0.66,0.33\rangle,$ $\langle 0.61,0.38\rangle$
14	$\langle 0.61,0.38\rangle,\langle 0.82,0.17\rangle,\langle 0.29,0.61\rangle,\langle 0.66,0.33\rangle,\langle 0.62,0.37\rangle,\langle 0.66,0.33\rangle,$ $\langle 0.44,0.55\rangle$
15	$\langle 0.28,0.71\rangle,\langle 0.61,0.38\rangle,\langle 0.40,0.59\rangle,\langle 0.28,0.71\rangle,\langle 0.58,0.41\rangle,\langle 0.61,0.38\rangle,$ $\langle 0.31,0.68\rangle$

步骤 5：设 $q=2,p=3$，得到待测向量 $F_{\tau+1}=(F_{\tau-2},F_{\tau-1},F_\tau,X_1',X_2')$，调用基于 DTW 的 $(p-q)$ IFTS 预测算法。例如，第一条待测向量为（$\langle 0.63,0.36\rangle$，$\langle 0.23,0.76\rangle$，$\langle 0.21,0.78\rangle$），根据算法 6.3 中的运算过程，分别计算待测向量 A_1 与 Base 库中这 15 条时间序列片段的直觉模糊 DTW 距离。通过计算，得到待测向量与第 13 条序列片段的最小 DTW 距离方差最小，即 $\min(\delta(A_1,\text{Base}_{13}))=0.106$，接着计算 $\text{DTW}(A_1,\text{match}(5))$，得到距离期望 $\varepsilon=0.231$，根据最后两项直觉模糊时间序列值 $\langle 0.66,0.33\rangle,\langle 0.61,0.38\rangle$，可以计算得到直觉模糊预测结果为 $F_{\tau+1}'=(\langle 0.43,0.56\rangle,\langle 0.38,0.61\rangle)$。

步骤 6：根据式（6.16）对直觉模糊预测结果进行去直觉模糊化，计算得到精确值为（41.50，39.25）。其他预测结果见表 6.2，将计算得到的将两项输出结果分别作为 $(\tau+1)$ 和 $(\tau+2)$ 时刻的预测值。

表 6.2　合成数据长期预测结果

序列	测试数据	预测值 1	预测值 2
1	51.5	—	—
2	31.8	—	—
3	30.6	—	—
4	40.5	41.50	39.25
5	50.6	—	—

续表

序列	测试数据	预测值 1	预测值 2
6	46.6	43.72	57.05
7	51.4	——	——
8	33.2	29.32	38.34
9	44.7	——	——
10	35.0	31.23	48.54
11	50.3	——	——
12	38.0	47.75	34.12
13	31.5	——	——
14	50.6	52.31	59.78
15	56.1	——	——
16	45.3	43.74	40.12
17	36.2	——	——
18	54.0	52.12	56.32
19	52.0	——	——
20	48.8	42.12	45.23

为了说明本章提出的基于 DTW 的 $(p-q)$ IFTS 预测模型的精度，分别采用 MSE 和 AFER 作为评价指标，与相关模型在该合成数据集上进行比较。各模型的 MSE 和 AFER 见表 6.3，本章提出的预测模型在 MSE 和 AFER 上均低于前两种模型，说明基于 DTW 的模型在长期时间序列预测中具有更高的精度。

表 6.3 各模型的 MSE 和 AFER

模型	MSE	AFER/%
Li 模型($w=5, d=2, c=5$)	73.4436	15.57
Zheng 模型($w=5, d=2, c=5$)	30.64	11.35
本章模型($w=5,6,7, d=2, c=5$)	**26.2274**	**9.76**

6.4.2 多模式时间序列预测

为了分析本章提出的基于 DTW 的 $(p-q)$ IFTS 预测模型在不同时间序列模式下的预测能力，将该模型应用于另一个温度数据集——北京市 2014 年日平均气温(http://www.cma.gov.cn)，该数据集共包括 365 个数据点。温度数据根据不同单位尺度包含不同时间序列变化趋势，例如随机模型(月)，季节模型(季)，长期趋势(半年)和周期模型(年)，通过这样多模式类型时间序列预测问题，可以有效检验该长期直觉模糊时间序列模型的泛化性能。

本章提出的模型在不同时间单位尺度上分别与 Li[1] 模型，Huang[7] 模型，Gangwar[8] 模型和 Lee[9] 模型进行对比实验。考虑到上述相关模型只有单步输出结果，这里设置基于 DTW 的 $(p-q)$ IFTS 初始化参数 $w=5,6,7$，$q=1$，$c=7$，利用前两个月共 59 个数据作为训练数据。文献中 Li 模型使用的参数 d 与本书模型参数 q 均为预测长度，即设置 $d=q=1$，将长期预测模型退化为单值短期预测模型，由于 Li 的模型无法预测超出训练范围的数据，为了覆盖全年数据范围，这里取 1 月、4 月、7 月共 92 个数据作为训练数据，基本上覆盖了不同时间段温度的变化范围，最大限度地符合原有模型的要求，对于 Huang 模型，Gangwar 模型和 Lee 模型，采用将全局论域固定划分为 8 个部分的处理方法。随后，共进行 10 次蒙特卡罗实验，得到本章提出的基于 DTW 的 $(p-q)$ IFTS 模型与其他 4 种方法对全年温度预测结果如图 6.6 所示，其中两个月（3 月、8 月）的气温预测对比结果如图 6.7 所示，不同时间序列预测模型在气温数据集上预测的 MSE 和 AFER 指标见表 6.4，最优结果由黑体标出。

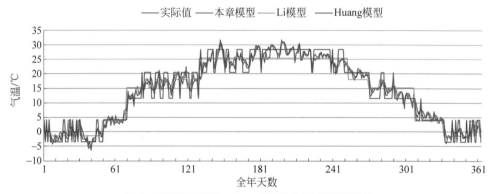

(a) 本章模型与Li模型、Huang模型的全年气温预测结果

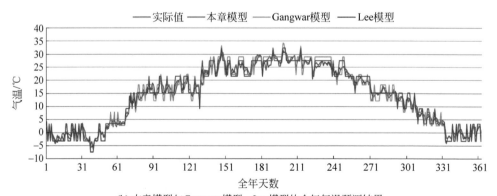

(b) 本章模型与Gangwar模型、Lee模型的全年气温预测结果

图 6.6　全年气温预测结果（后附彩图）

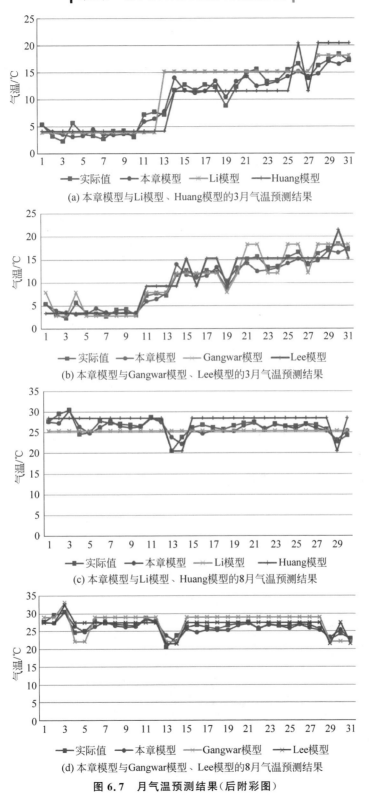

(a) 本章模型与Li模型、Huang模型的3月气温预测结果

(b) 本章模型与Gangwar模型、Lee模型的3月气温预测结果

(c) 本章模型与Li模型、Huang模型的8月气温预测结果

(d) 本章模型与Gangwar模型、Lee模型的8月气温预测结果

图6.7 月气温预测结果(后附彩图)

表 6.4　各模型气温预测的 MSE 和 AFER

模型	MSE			AFER/%		
	3 月	8 月	全年	3 月	8 月	全年
Huang 模型,$i=8$	5.4622	4.4998	5.2847	22.75	7.28	52.20
Gangwar 模型,$i=8$	1.9383	4.6334	3.0601	13.08	7.66	39.67
Li 模型,$w=6,d=1,c=7$	6.6736	4.6765	6.1317	24.38	6.82	32.92
Lee 模型,$i=8$	3.0760	2.1152	3.0229	16.91	**4.53**	42.76
本章模型,$w=6,q=1,c=5$	**1.5798**	2.0969	**2.0744**	13.04	4.64	**30.74**

通过实验可以看出,本章提出的基于 DTW 的$(p-q)$IFTS 预测模型在全年范围和月范围上的时间序列预测结果均比相关文献精确,仅 8 月份的 AFER 指标比 Lee 模型略高,实验结果说明本章模型对于不同趋势的时间序列具有良好的适应性能。从实验参数设置可以看出,本章提出的基于 DTW 的$(p-q)$IFTS 预测模型具有长期预测能力,且训练模型不需要考察全局论域,相比其他的长期时间序列预测模型,对训练数据集规模要求更小,能够有效处理预测范围超出训练数据的问题,同时对于 IFTS 片段库进行了动态维护,可以进一步减小系统复杂度开销,提高模型预测输出的能力。

6.4.3　复杂度分析

考虑在时间序列预测数据不超出模型参数设置范围的条件下,且长期预测退化为短期单值预测。Song 模型将时间序列数据划分为 n 个部分,定义了 n 个语言值变量;对于建立模糊推理关系组和模糊推理关系库的 FTS 预测模型,如 Huarng 和 Gangwar 模型依赖论域划分 n 和模糊逻辑关系组 g,每一个 FLT 都需要进行区间划分,其时间复杂度为 $O(gn^2)$;对于确定性转换的模型,如 Li 模型,训练部分 Li 模型采样 FCM 聚类算法,预测算法包括确定性转换规则库规模 c,矢量量化最优聚类中心 m,其时间复杂度为 $O(cn^2+mn^2)$;本章提出的$(p-q)$IFTS 模型数据训练部分采样 IFCM 聚类算法,计算复杂度均为 $O(mn^2)$,预测部分以 IFTS 片段库为 Base 基础,其规模为 b,时间复杂度为 $O(bn^2)$。直觉模糊 DTW 算法构造 $n\times m$ 代价矩阵和弯曲路径矩阵,不改变计算复杂度。各模型时间复杂度对比结果见表 6.5,由此可见,即使在预测数据没有超出模型训练的理想条件下,本章提出的模型计算复杂度也与其他模型相当。当预测数据没有出现在匹配规则库或确定性转换规则库时,原有模型的计算复杂度会急剧增加甚至无法预测。

表 6.5　各模型的计算复杂度

模型	数据训练算法 $T(n)$	预测算法 $T(n)$
Song	/	$O(n^2)$
Huarng	$O(n^2)$	$O(gn^2)$

续表

模型	数据训练算法 $T(n)$	预测算法 $T(n)$
Gangwar	$O(n^2)$	$O(gn^2)$
Li	$O(mn^2)$	$O(cn^2 + mn^2)$
本章模型	$O(mn^2)$	$O(bn^2)$

参考文献

[1] LI S T，KUO S C，CHEN Y C，et al. Deterministic vector long-term forecasting for fuzzy time series[J]. Fuzzy Sets and Systems. 2010,161(13):1852-1870.

[2] HUNG K C，LIN K P. Long-term business cycle forecasting through a potential intuitionistic fuzzy least-squares support vector regression approach[J]. Information Sciences,2013,224: 37-48.

[3] PARK J，LEE D J，SONG C K，et al. TAIFEX and KOSPI 200 forecasting based on two-factor high-order fuzzy time series and particle swarm optimization[J]. Expert Systems with Applications. 2010,37(2):959-967.

[4] CHEN S M，CHEN S H. Fuzzy Forecasting Based on Two-Factors Second-Order Fuzzy-Trend Logical Relationship Groups and the Probabilities of Trends of Fuzzy Logical Relationships[J]. IEEE TRANSACTIONS ON CYBERNETICS,2015,45(3): 405-417.

[5] BEZDEK J C. Pattern recognition with fuzzy objective function algorithms[M]. New York: Plenum Press,1981.

[6] 郑寇全,雷英杰,王睿,等. 参数自适应的长期IFTS预测算法[J]. 系统工程与电子技术,2014,46(1): 99-104.

[7] HUANG Y L，HORNG S J，HE M X,et al. A hybrid forecasting model for enrollments based on aggregated fuzzy time series and particle swarm optimization[J]. Expert Systems with Applications. 2011,38(7):8014-8023.

[8] GANGWAR S S，KUMAR S. Probabilistic and Intuitionistic fuzzy sets-based method for fuzzy time series forecasting[J]. Cybernetics and Systems，2014,45(4): 349-361.

[9] LEE H S，CHOU M T. Fuzzy forecasting based on fuzzy Time series[J]. International Journal of Computer Mathematics,2004,81(7):781-789.

基于VQ和曲线相似度测量的 长期IFTS预测方法

    本章对传统 IFTS 预测模型过度依赖先验知识,并且无法有效预测长期多输出值的缺陷进行了研究。大多数模糊时间序列模型存在数据溢出模型经验范围的风险,且预测精度会急剧下降。为了克服传统 IFTS 模型的缺点,本章提出了一个基于矢量量化(vector quantization,VQ)和曲线相似度测量的$(p-q)$IFTS 预测模型。模型对历史时间序列数据进行 VQ,构建矢量时间序列,利用 IFCM 算法搜索时间序列最优聚类中心,在模型预测部分采用弗雷歇距离(Fréchet distance)代替一般欧氏距离,提出曲线相似度的测量方法,有效避免了突变点和先验信息对预测模型的影响。将本章模型分别应用于一个合成数据集、TRSSCG 数据集和日平均气温数据集,实验结果证明了该长期 IFTS 预测模型的有效性。

7.1　引言

    自从 Song 和 Chisson 提出基础 FTS 理论以来,模糊集理论和时间序列分析理论开始融合发展,许多学者针对 FTS 模型进了建模方法的改进,研究对象主要包括论域划分、区间分布、模糊推理和模糊关系合成等方面。随着研究的不断丰富和深入,学者们尝试将 FTS 模型与其他不同的智能计算方法进行融合,以提高模糊时间序列预测模型的精度和适用范围。然而大多数研究工作局限于短期时间序列预测模型,即单值预测输出,极少数文献研究多值预测输出问题。Li[1] 给出了一个两步输出 FTS 模型,可以说是首次提出了长期模糊时间序列预测的概念,在长期预测模型应用探索方面,郑寇全[2] 在此基础上,建立了确定性转换规则,改进并提出一个长期 IFTS 预测模型。Hung[3] 建立了一个基于直觉模糊最小二乘向量机的预测模型,结合直觉模糊化推理和支持向量机建立回归方程,对贸易周期进行了长期预测,尝试了直觉模糊长期预测模型的应用。但是总的来说,现有对于长期 IFTS 模型的研究成果还是十分有限的。正如上文的分析和讨论,根据时间序列数据变化规律的不同,可以将其区分为长期趋势、季节性趋势、周期性趋势和随机性趋势等不同类型,那么如何提高时间序列预测模型的泛化性能,尤其是还要兼顾模型预测的长期性,是目前一个需要重点研究的方向。分析现有传统 FTS 和 IFTS 预测模型,大多数模型只能有效地应用于上述模式中的某一种特定的时间序列模式预测问题,这样得到的模型通用性有限。比如 Liu[4] 提出的一种基于自适应期望的多元 FTS 模型,Lee[5] 提出的基于模糊推理的二元高阶 FTS 模型,由于这些基于模糊集和直觉模糊集理论的时间序列模型的核心思路在于模糊逻辑推理和模糊关系合成,模型的构建大多需要通过建立模糊逻辑关系组(fuzzy relationship groups,FRG)作为基础。因此,在建模过程中,需要获得比较完整的模糊关系才能得到理想的预测结果,而且往往没有考虑预测结果不在 FRG 中的情况。部分文献对于推理结果溢出的情况设计了一定的推理约束规则进行硬推理,其预测效果也十分有限。如上文所述,一些模型基于挖掘历史数据推理过程,建立确定性转换规则库(certain rule base,CRB)作为模糊时间序列预测基础,通过确定性转换规则推理预测结果。当出现不确定性转换关系时,就需要进行大量的递归回溯,重新建设推理规则,并重新进行推理预测,因此算法复杂度普遍较高。通过分析可以看出,无论是建立 FRG 还是 CRB,这两类 FTS、IFTS 预测模型从本质上讲都是极度依赖先验知识的模型。在理想条件下,如果训练数据的时间序列模式已经包括在测试时间序列数据集中,那么这些模型具有一定的预测能力,然而对于待预测数据溢出经验范围的情况,即对于未知的时间序列模式的数据预测,结果并不理想。为了克服以上缺陷,本章提出了一种基于 VQ 和曲线相似度测量的长期 IFTS 预测模型,通过 VQ 及相关优化技术,提出了一种研究直觉模糊时间序列分析的新思路,通过曲线相似度测量技术,可以有效避免时间序列突变点和经验范围对 IFTS 模型预测能力的影响,提高了模型应对不同预测问题的适应性。本节内容不仅将模糊时间序列扩展到直觉模糊时间序列范畴,而且研究了长期多值预测问题,提出的长期 IFTS 模型能够有效避免经验范围的限制,提高和完善现有模糊时间序列预测模型的性能。

7.2　矢量量化和相似度测量

首先,我们给出矢量量化和相似度测量的基本概念和定义,着重融合时间序列矢量量化和曲线相似度测量理论,研究可以与直觉模糊时间序列预测相结合的内容,基于这两种技术,对长期直觉模糊时间序列预测模型进行改进和优化。

7.2.1　时间序列矢量量化

矢量量化原本是一种信号处理技术,通过信号的采样和编码,能够有效解决信号处理领域原始数据过于庞大的问题,达到数据压缩处理、稀疏矩阵降维的目的。

1980 年 Linde,Buze 和 Gray 将标量形式的 Lloyd-Max 算法推广至多维情况,并设计了一个矢量量化器算法,即 LBG-VQ 方法,现已成为 VQ 的基础,广泛地应用于声纹识别、图像压缩、光谱分析等领域。VQ 的基本定义是从 k 维欧氏空间 R^k 到其一个有限子集 C 的映射,即 $Q:R^k \to C$,其中,$C = \{C_1, C_2, \cdots, C_N \mid C_i \in R^k\}$ 称为"码字"。该映射满足 $Q(V \mid V \in R^k, V = (v_1, v_2, \cdots, v_k)) = C_i$。其中,$C_i = (C_{i1}, C_{i2}, \cdots, C_{ik})$ 为码书中的码字,并满足 $d(V, C_i) = \min\limits_{1 \leqslant j \leqslant N}(d(V, C_j))$。其中,$d(V, C_i)$ 为矢量 V 与码字 C_j 之间的失真测度,i 为最佳匹配码字在码书中的地址索引。该方法通过计算各个向量与向量中心的最小量化误差,将所有向量聚集成组,得到 VQ 结果。该过程的优化通常可以基于两个准则。

(1) 最近邻准则:对于给定的码书,训练矢量集最优划分可以通过把每个矢量映射为离它最近的码字得到。

(2) 质心条件:对于给定的训练矢量分类,对应最优码书中的各码字是通过求各个分组的中心矢量获得的。

根据矢量量化的基本思想,结合时间序列数据的特征分析原理,使用基于 VQ 技术的非线性时间序列预测方法,引入 VQ 到时间序列预测领域,将时间序列数据映射为矢量片段,进而可以借鉴和利用现有研究成果的思路进行优化,比如矢量分解重构、编码解码、聚类优化和压缩变换等。这里,给出时间序列矢量量化的相关定义:

假设一个时间序列数据集合 D_n 由 m 维向量 $D_i = [d_1, d_2, \cdots, d_m]$,$i \leqslant n$ 构成,初始化 c 个向量中心 M_j,$j = 1, 2, 3, \cdots, c$。接着选择一个合适的迭代算法进行向量中心的更新,比如 Lendasse[6] 利用了一个竞争学习的方法来进行聚类中心的迭代,Li 采用了 FCM 聚类算法更新向量中心,从而得到最优中心向量组。当向量中心确定后,每一个向量 D_i 都被量化成为距离最近的邻域中心 M^*,定义如下:

$$M^*(D_i) = \| D_i - M_j^* \| = \min \| D_i - M_j \| \tag{7.1}$$

由于时间序列预测可以看作一个回归问题,这里假设 t 时刻的未知的时间序列值由前面 n 个历史已知值决定:

$$\hat{y}(t+1) = f(y(t), y(t-1), \cdots, y(t-n+1), \theta) + \varepsilon_t \tag{7.2}$$

其中,$\hat{y}$ 为预测未知值的估计,f 为一个线性或者非线性的函数,θ 为 f 估计量的参数集合,ε_t 为噪声。

VQ 是将前 n 个已知的时间序列值和一个未知的预测值看作一个 $(n+1)$ 维向量:

$$Y(t+1) = [y(t+1), y(t), y(t-1), \cdots, y(t-n+1)] \tag{7.3}$$

其中,$Y(t+1)$ 即定义为时间序列向量 D_i。在式(7.3)中,将 $(t+1)$ 时刻的输出值 $y(t+1)$ 看作未知值,那么可以根据式(7.2)求解线性或非线性的回归方程,估计未知值在中心的坐标,最后根据式(7.1)的约束条件就可以预测时间序列的输出值。

7.2.2　曲线相似度测量

相似度测量是比较两个对象之间相似程度大小的方法，一般通过测量对象之间的距离来衡量相似度，二者之间距离越短说明它们越相似，反之则越不相像。通过 VQ 可以非常方便地进行向量距离计算，这也是各个领域进行数据矢量化的原因。基于这一基本思想，在数据信息处理领域中，VQ 也被广泛应用，其中，距离的计算可以是字符串距离，也可以将数据映射成向量，进而采用普通的向量计算方法计算。常见的相似度计算方法主要包括闵氏距离、欧氏距离、编辑距离和包络线距离等，根据相似度测量对象和应用场景的不同，采用不同计算方法的效果存在差异。本书将时间序列数据映射成矢量片段，那么就可以看作对曲线相似度度量的计算问题。

弗雷歇距离是法国数学家弗雷歇(Fréchet)提出来的，其核心思想是将曲线以固定方向重参数化来计算，是一种非常实用的曲线相似度测量方法。根据离散点对应关系，弗雷歇距离通常被应用于精确分析两个有向曲线相似度问题，该理论源于一个人-狗(dog-man)距离测量模型，问题的描述如下所示。

给定两条曲线 A 和 B，假设一个人和一条狗被一条可伸缩的绳子 L 连接，在起始 t_0 时刻，人和狗分别由起点向终点行进，在行进过程中，他们的速度是任意的，但位置限定在给定的曲线 A 和 B 上，且只能前进，不能后退。那么两条曲线之间的距离可以定义为绳子长度 L 的一个函数，如图 7.1 所示。

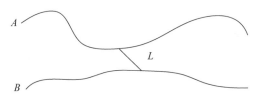

图 7.1　人-狗距离测量模型

根据上述人-狗模型，分别考虑 L 为函数连续函数和离散函数的情况，可以得出弗雷歇距离的定义。

定义 7.1（连续弗雷歇距离）

假设两个参数曲线 $f:[0,1] \to \mathbf{R}^2$ 和 $g:[0,1] \to \mathbf{R}^2$，那么弗雷歇距离定义为连接 A 和 B 之间所需绳长的最短值：

$$\delta(f,g) = \inf_{\alpha,\beta} \max_{s \in [0,1]} \{\text{dist}[f(\alpha(s)), g(\beta(s))]\} \tag{7.4}$$

其中，α 和 β 为连续非减函数，且 $\alpha(0) = \beta(0) = 0$，$\alpha(1) = \beta(1) = 1$，s 是曲线自然参数，且表示弧长。通常 $\delta(f,g)$ 函数中的 dist 可以选择欧氏距离。

由于时间序列预测问题中的评估对象往往是离散的，或者连续时间序列可以经过采样编码后得到离散数据，类比连续函数的弗雷歇距离定义，这里给出离散弗雷歇距离的定义。

定义 7.2（离散弗雷歇距离）

假设一条离散多边形链 $A = \langle a_1, a_2, \cdots, a_n \rangle$，沿着 A 的 k 步（k-walk）分割将 A 分成 k 个非空集合 $\{A_i\}_{i=1 \cdots k}$。其中，$A_i = \langle a_{n_{i-1}+1}, \cdots, a_{n_i} \rangle$，$0 = n_0 < n_1 < \cdots < n_k = n$。给定两个离散多边形链 A 和 B，定义一个沿着 A 的 k 步 $\{A_i\}_{i=1 \cdots k}$ 和沿着 B 的 k 步 $\{B_i\}_{i=1 \cdots k}$ 构成一个组合步（paired-walk）。对于 $1 \leqslant i \leqslant k$，有 $|A_i = 1|$ 或者 $|B_i = 1|$。

定义 7.3（弗雷歇排列）

一个沿着链 A 和 B 的组合步 $W = \{(A_i, B_i)\}$ 的花费（cost）为

$$d_F^W(A, B) = \max_i \max_{(a,b) \in A_i \times B_i} \text{dist}(a, b) \tag{7.5}$$

那么链 A 和 B 的弗雷歇距离定义为

$$d_F(A, B) = \min d_F^W(A, B) \tag{7.6}$$

组合步 W 称为"链 A 和 B 的弗雷歇排列"。

在离散模型中，弗雷歇排列如果表示移动次数，那么其中可能包括 A 和 B 运动的 3 种不同的情形：

(1) $|A_i = 1|$ 且 $|B_i| > |A_i|$，表示 A 是静止的，B 是正在运动的；

(2) $|B_i = 1|$ 且 $|A_i| > |B_i|$，表示 A 是正在运动的，B 是静止的；

(3) $|A_i| = |B_i| = 1$，表示 A 和 B 是同时运动的。

全部的弗雷歇排列都可以由上述 3 种条件计算得到，根据两个离散序列的弗雷歇距离可以判断其相似度，不同的弗雷歇排列可以产生不同的弗雷歇距离。假设两个相似的多边形链 A 和 B，存在两种不同的弗雷歇排列如图 7.2(a) 和图 7.2(b) 所示，显然 (a) 中的弗雷歇距离小于 (b) 中的弗雷歇距离，这说明弗雷歇距离是与运动状态有关的，是一种动态计算距离。从图上也能直观地看出，弗雷歇排列既可以是一对多、多对一的对应关系，也可以是多对多的对应关系，如图 7.2(b) 中的 M 和 N 点所示。根据离散弗雷歇距离的定义，选择所有排列中距离和最小的值作为弗雷歇距离。考虑一种常见的情况，图 7.2(d) 中的曲线 B 包括 3 个突变点 X、Y 和 Z，可以看出，尽管存在若干突变点，曲线 B 依然和曲线 A 的形态十分相似。那么从理论上讲，我们应该得到它们是"很相似"的结论。而对于普通欧氏距离计算方法，在突变点处，由于计算了绝对距离，可能得到较大的距离差，造成曲线距离计算结果发生较大变化，与直观的观察结果不符。而弗雷歇距离可以有效剔除奇点计算，避免这样的突变点对两个矢量片段相似度测量的影响，是一种非常有效的曲线相似度测量方法。

由两个曲线相似度测量可以很自然地推广到多个曲线的比较。假设要在多个比较向量中选出一个和目标向量最相似的向量，那么对于多曲线相似度测量问题，由于不同曲线的绝对坐标不一样，而我们要比较的是他们曲线形状的差异，需要进行坐标变换和对齐。对于由向量格式表示的离散序列，坐标变换方法如下：可以定义第一个坐标点作为基准对齐点，这里存在一个问题，如果第一个坐标点就是突

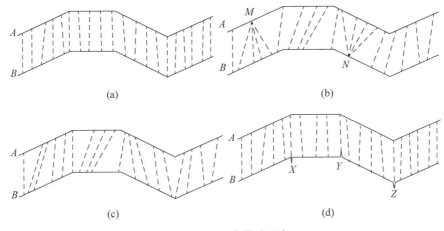

图 7.2　不同弗雷歇距离

变点，那么可能会大大增加计算误差，因此采用一种平均坐标基的方法来建立基本坐标。

假设一个标准 n 维向量 $\boldsymbol{A} = [a_1, a_2, \cdots, a_n]$ 和 i 个比较向量 $\boldsymbol{B} = \{B_1, B_2, \cdots, B_i\}$，每一个向量包括 n 个离散点。那么 B_i 的平均偏差值 θ_i 由式(7.7)计算得到，坐标转换后的比较向量 B_i 由式(7.8)计算得到。其中，$\boldsymbol{B}^*$ 是一个新的比较向量组：

$$\theta_i = \frac{1}{n}\sum_1^n b_j - \frac{1}{n}\sum_1^n a_k \tag{7.7}$$

$$\begin{cases} B_i = \begin{bmatrix} b_j & -\theta_i \end{bmatrix}_{j=1,2,\cdots,n} \\ \boldsymbol{B}^* = \{B_i\} \end{cases} \tag{7.8}$$

坐标变换的目的是使所有的比较向量 $\{B_i\}$ 可以和标准向量 $\boldsymbol{A}$ 在同样的坐标下进行相似度比较，通过计算最小弗雷歇距离的原则选择其中与 $\boldsymbol{A}$ 最相似的一个向量，这样就解决了多向量相似度测量的问题。

7.3　基于 VQ 和弗雷歇距离的$(p-q)$IFTS 预测

在研究 VQ 技术和弗雷歇距离的曲线相似度测量技术上，可以建立一个新的长期直觉模糊时间序列预测模型，通过基于 IFCM 的 VQ 算法和基于曲线相似度的预测，构建$(p-q)$IFTS 模型。

7.3.1　基于 IFCM 的 VQ 算法

一个典型的 IFTS 预测模型由论域划分、时间序列数据直觉模糊化、建立直觉模糊关系、预测和去直觉模糊化 4 个部分构成。其中，直觉模糊化和去直觉模糊化两个部分的处理方法相对固定,进行优化研究的并不多,研究者们主要针对直觉模糊关系的建立和预测模型的改进,包括直觉模糊关系合成、直觉模糊推理规则以及直觉模糊向量匹配计算等。考虑直觉模糊论域划分,为了简便,初始论域划分采用等区间划分方法,定义全局论域 $U = [D_{min} - D_1, D_{max} - D_2]$。其中,$D_{min}$ 和 D_{max} 分别为历史时间序列数据的最小值和最大值,这样也便于与其他模型进行分析比较。令 A_i 表示语言变量,$A_i = \sum_{j=1}^{n} \langle \mu_j, \gamma_j \rangle / u_j$,且属于 u_i 的隶属度函数 μ_i 和非隶属度函数 γ_i 可以由隶属度计算式(7.9)分别计算得到:

$$\langle \mu_j, \gamma_j \rangle = \left\langle \frac{j-1}{n} + \left| \frac{x_i - d_j}{n(d_{j+1} - d_j)} \right|, 1 - \frac{j-1}{n} - \left| \frac{x_i - d_j}{\lambda n(d_{j+1} - d_j)} \right| \right\rangle \quad (7.9)$$

其中,n 表示论域划分的区间数,x_i 表示历史时间序列数据,d_j 表示划分区间的边界值,λ 为直觉指数调节因子。语言值直觉模糊化结果根据历史时间序列数据所属区间得到。这样,根据式(7.10),构建出一个直觉模糊时间序列 $F_i(t)$。相应地,根据去直觉模糊化式(7.11)可以计算得到精确的预测输出结果:

$$F_I(t) = \langle \mu_1(Y(t)), \gamma_1(Y(t)) \rangle / A_1 + \langle \mu_2(Y(t)), \gamma_2(Y(t)) \rangle /$$
$$A_2 + \cdots + \langle \mu_n(Y(t)), \gamma_n(Y(t)) \rangle / A_n \quad (7.10)$$

$$\text{def}(F(t)) = \left(d_j + \frac{d_{j+1} - d_j}{2} (1 + \mu_j - \gamma_j) \right) \quad (7.11)$$

IFCM 算法通过 IFTS 之间的相似性准则,将聚类转换为有限制条件的线性规划问题,是一种有效的寻找聚类中心的搜索算法。我们在这里将 IFCM 算法与 VQ 结合,构建出匹配向量组,将最优向量匹配运算作为模型预测算法的基础。$(p-q)$ IFTS 预测模型需要考虑同时多输出值预测,在数据训练部分,采用简单且有效的滑动窗口机制。假设对于一个包含 l 个时间序列数据的数据集 $X = (x_1, x_2, \cdots, x_l)$,设置一个长度为 w 的滑动窗口,在 τ 时刻沿着序列 X 滑动 w,那么就可以产生一个时间子序列 S_τ,如式(7.12)所示:

$$S_\tau^{\tau+w-1} = (x_\tau, x_{\tau+1}, \cdots, x_{\tau+w-1}) \quad (7.12)$$

假设需要预测输出的数据序列长度为 q,且已知时间序列数据长度为 p,则 $w = q + p$,若数据集 S 中包含了 n 个子序列,如式(7.13)所示:

$$S = S_1^w, S_{1+q}^{w+q}, S_{1+2q}^{w+2q}, \cdots, S_{1+(n-1)q}^{w+(n-1)q} \quad (7.13)$$

其中,$n = \lfloor (l-p)/q \rfloor$,可以得到包含一个时间序列和预测时间序列的集合。需要说明的是,这里的模型并没有详细阐述最优聚类中心数 c 是如何确定的,因为大量文献已经进行了详细的分析和研究,本书仅在后续实验中给出了几种不同聚类结果,并予以对比说明。

继续采用 IFCM 算法进行聚类,正如第 6 章介绍的,根据式(6.8)中的目标函数 J_e 最小原则,将数据集 $X = (x_1, x_2, \cdots, x_l)$ 进行划分。令聚类中心 $M = \{m_i\}$;

μ_{ij} 和 γ_{ij} 分别表示 $x_j = \langle \mu_{jk}, \gamma_{jk} \rangle$ 属于聚类中心 m_i 的隶属度函数和非隶属度函数；$D_w(x_j, m_i)$ 表示 x_j 和 m_i 之间的直觉模糊距离，可以根据式(6.10)计算得到。迭代方法和迭代终止条件如式(6.11)～式(6.14)所示，这里不再赘述。

IFTS通过最优聚类中心 M^* 将论域划分为 $u_1, u_2, \cdots, u_c$，那么基于最优聚类中心的语言值变量表示为

$$A_j = \sum_{j=1}^{c} \langle \mu_{ij}, \gamma_{ij} \rangle / m_j \tag{7.14}$$

其中，μ_{ij} 和 γ_{ij} 表示聚类中心 m_i 属于 A_j 的隶属度和非隶属度函数，根据最大得分函数 $\max\limits_{k \in [1,c]} \langle \mu_{ik}, \gamma_{ik} \rangle$ 将 x_i 直觉模糊化。基于 IFCM 的 VQ 具体步骤如算法 7.1 所示。

算法 7.1　基于 IFCM 的 VQ 算法

Input：w，滑动窗口宽度

　　　c，聚类中心数

　　　X，原始时间序列

　　　q，预测长度

Output：$M_i^* = \{M_1^*, M_2^*, \cdots, M_c^*\}$

Begin

　　在 τ 时刻沿着 X 滑动窗口 w，构建一个 X 的子序列，$S_\tau^{\tau+w-1} = (x_\tau, x_{\tau+1}, \cdots, x_{\tau+w-1})$

　　根据预测长度 q 得到 n 个子序列 $S = S_1^w, S_{1+q}^{w+q}, S_{1+2q}^{w+2q}, \cdots, S_{1+(n-1)q}^{w+(n-1)q}$

　　根据式(7.10)直觉模糊化子序列 S

　　初始化聚类中心 $m_i^{(1)}$

　　for $k=1$ to r，r 为最大迭代次数

　　　　计算聚类中心 $m_i^{(k)} = \langle \mu_{ij}(m), \gamma_{ij}(m) \rangle$

　　　　If $\| J_e^{(n+1)} - J_e^n \| < \varepsilon$ or $i=r$

　　　　break

　　　　更新聚类中心 $m_i^{(n+1)}$

　　end

　　根据式(7.11)去直觉模糊化

End

7.3.2　基于曲线相似度测量的预测算法

传统时间序列预测模型着重于单值输出，因此模型的输出效率是很有限的。那么长期时间序列模型需要考虑输出多值的预测结果，同时还要兼顾提高系统的预测能力。早期的模糊时间序列模型在进行向量操作时，仅仅将未知预测值和部分历史数据合成，一同看作预测向量，再将预测向量与训练得到的聚类中心向量进行比较，按照向量欧氏距离最小化的原则选择，其中一个聚类中心作为匹配向量，

进而直接利用选择出来的匹配向量或其中一部分代替预测向量中的未知预测值,作为模型最后的预测结果。在历史数据不够丰富的情况下,这种方法存在相似精度低的缺陷,因为在利用欧氏距离计算时,只能计算时间序列向量那部分存在的片段相似度,其余部分向量的相似度被忽略了。另一方面,这样的模型不能适用于所有类型的时间序列模式,特别地,假设针对一个线性时间序列预测问题,该模型中预测向量不能够拟合模型持续增长或者持续降低部分的趋势,也就是无法和训练得到的预测向量进行匹配。总之,在一定条件下,现有模型很难适用于多种模式时间序列预测问题。

为了克服长期 IFTS 模型存在的上述缺陷,本章提出了一种基于曲线相似度的预测方法,通过弗雷歇距离计算预测向量和匹配向量的相似度,不仅可以有效避免曲线中突变点对计算结果的影响,而且满足不同时间序列模式预测的需求。下面给出算法的具体实现步骤:首先由 7.3.1 节中基于直觉模糊 C 均值聚类的 VQ 算法得到 c 个最优聚类中心 $M_i = \{M_1, M_2 \cdots, M_c\}$,将训练好的最优聚类中心作为时间序列预测基础。接着构建一个长期$(p-q)$IFTS 预测模型。其中,q 为预测长度,p 为历史数据长度。设置一个宽度为 $w = p + q$ 的滑动窗口,由 τ 时刻开始,构建一个预测向量,即 $F_{\tau+1} = (F_{w-p+1}, F_{w-p}, \cdots, F_w, X_1', X_2', \cdots, X_q')$,向量中后 q 个值为模型预测输出值。然后对每一个待测向量进行向量坐标转换,分别计算待预测向量与每一个最优聚类中心的弗雷歇距离,取结果最小值的中心作为最优匹配向量,最后对匹配向量进行坐标反变换操作,并计算得到最终预测结果,具体步骤如算法 7.2 所示。

算法 7.2　基于曲线相似度的预测算法

Input:$M_i = \{M_1, M_2, \cdots, M_c\}$,最优聚类中心

$\quad q$,预测值个数

$\quad p$,历史数据值个数

$\quad F_{\tau+1} = (F_{w-p+1}, F_{w-p}, \cdots, F_w, X_1', X_2', \cdots, X_d')$,待测向量

$\quad X_1', X_2', \cdots, X_d'$ 未知预测值

Output:$F_{\tau+1}' = (X_1', X_2', \cdots, X_d')$,预测向量

Begin

$\quad$ 从历史时间序列数据集 X 中取前 p 个数据构成 $F_{w-p+1}, F_{w-p}, \cdots, F_w$

$\quad$ for $i = 1$ to c

$$\theta_i = \frac{1}{p} \sum_{j=1}^{p} F_j - \frac{1}{w} \sum_{k=1}^{w} m_k$$

$$\boldsymbol{F}_i = [\underset{j=1,2,\cdots,d}{F_j} - \theta_i]$$

$\quad$ 根据式(7.5)和式(7.6)计算弗雷歇距离 $d_F(\boldsymbol{F}_i, M_i)$

$\quad$ end

续表

确定 M^* 服从于 $\min(d_F(\boldsymbol{F}_i, M_i))$

for $j = 1$ to d

$X'_j = m_j + \theta_i$

end

$F'_{\tau+1} = (X'_1, X'_2, \cdots, X'_d)$

End

7.3.3　$(p-q)$IFTS 模型

根据长期直觉模糊时间序列相关定义和上文所述基本理论,构建一个基于 VQ 和弗雷歇距离的$(p-q)$IFTS 预测模型,模型包括数据训练部分和预测两个部分。主要步骤包括历史数据直觉模糊化,时间序列矢量量化算法和基于曲线相似度的长期预测算法。可以总结一下,提出的基于 VQ 和弗雷歇距离的$(p-q)$IFTS 预测模型框架如图 7.3 所示。

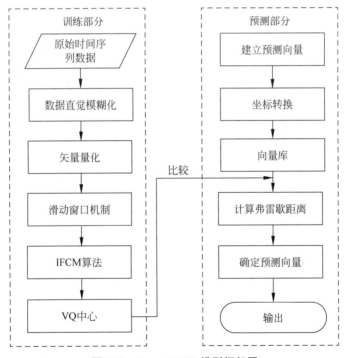

图 7.3　$(p-q)$IFTS 模型框架图

为了说明$(p-q)$IFTS 预测模型的基本实现方法,同样,将该模型在 6.4 节中的合成数据集进行测试实验。

步骤 1:设置滑动窗口宽度 $w=5$,聚类中心 $c=5$,根据式(7.13),可以沿着原

始时间序列数据集 X 滑动,并得到 36 个时间序列子集。其中,前 3 个时间序列子集为 $S_1^5 = (39.2,43.1,51.3,55.6,40.5)$, $S_2^6 = (43.1,51.3,55.6,40.5,55.1)$, $S_3^7 = (51.3,55.6,40.5,55.1,42.1)$。

步骤 2:定义全局论域 $U = [20.0,70.0]$,设 $d_i = 10$, $\lambda = 0.95$,这里将论域 U 划分为 5 个区间,即 $A_1 = [20,30]$, $A_2 = [30,40]$, $A_3 = [40,50]$, $A_4 = [50,60]$, $A_5 = [60,70]$。根据式(5.8)对时间序列子集初始直觉模糊化,前 3 个子集为 $S_1 = (\langle 0.38,0.61\rangle, \langle 0.46,0.53\rangle, \langle 0.63,0.37\rangle, \langle 0.71,0.28\rangle, \langle 0.41,0.58\rangle)$, $S_2 = (\langle 0.46,0.53\rangle, \langle 0.63,0.37\rangle, \langle 0.71,0.28\rangle, \langle 0.41,0.58\rangle, \langle 0.70,0.29\rangle)$, $S_3 = (\langle 0.63,0.37\rangle, \langle 0.71,0.28\rangle, \langle 0.41,0.58\rangle, \langle 0.70,0.29\rangle, \langle 0.44,0.55\rangle)$。

步骤 3:设聚类中心 $c = 5$,调用 IFCM 算法,通过迭代算法 70 次计算得到最优聚类中心如下:

$$M_1^* = (\langle 0.36,0.62\rangle, \langle 0.65,0.33\rangle, \langle 0.58,0.41\rangle,$$
$$\langle 0.48,0.51\rangle, \langle 0.73,0.26\rangle),$$
$$M_2^* = (\langle 0.62,0.37\rangle, \langle 0.53,0.46\rangle, \langle 0.43,0.56\rangle,$$
$$\langle 0.70,0.29\rangle, \langle 0.49,0.49\rangle),$$
$$M_3^* = (\langle 0.53,0.46\rangle, \langle 0.40,0.58\rangle, \langle 0.69,0.29\rangle,$$
$$\langle 0.54,0.45\rangle, \langle 0.45,0.53\rangle),$$
$$M_4^* = (\langle 0.49,0.49\rangle, \langle 0.70,0.29\rangle, \langle 0.52,0.46\rangle,$$
$$\langle 0.46,0.52\rangle, \langle 0.34,0.64\rangle),$$
$$M_5^* = (\langle 0.71,0.28\rangle, \langle 0.51,0.48\rangle, \langle 0.45,0.54\rangle,$$
$$\langle 0.36,0.63\rangle, \langle 0.62,0.37\rangle).$$

步骤 4:根据式(7.11)对直觉模糊聚类中心进行去直觉模糊化,得到 5 个最优聚类中心 $M_1 = (38.5,53.0,49.2,44.2,56.7)$, $M_2 = (51.1,46.8,41.8,55.1,45.0)$, $M_3 = (46.6,40.4,54.8,47.3,42.9)$, $M_4 = (44.9,55.1,46.4,43.4,37.3)$, $M_5 = (55.6,45.6,42.7,38,51.2)$,如图 7.4 所示。

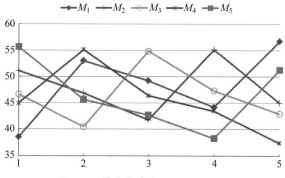

图 7.4　最优聚类中心 $w = 5$, $c = 5$

步骤 5：设预测输出长度 $q=2$，历史数据长度 $p=3$，调用曲线相似度预测算法，对 $F_{\tau+1}$ 进行坐标变换和对齐，分别计算预测向量与聚类中心的弗雷歇距离。

步骤 6：选择满足最小 $d_F(F_i, M_i^*)$ 的聚类中心向量 M_i^* 进行坐标变换，预测结果见表 7.1。由预测算法计算得到二维输出结果如表中预测值 1 和预测值 2 两栏所示，分别作为 $\tau+1$ 时刻和 $\tau+2$ 时刻的预测结果。

表 7.1　合成数据集预测结果

时刻	测试数据	预测值 1	预测值 2
1	51.5	—	—
2	31.8	—	—
3	30.6	—	—
4	40.5	45.12	34.98
5	50.6	—	—
6	46.6	47.72	53.05
7	51.4	—	—
8	33.2	46.69	44.63
9	44.7	—	—
10	35.0	33.99	54.79
11	50.3	—	—
12	38.0	44.23	39.82
13	31.5	—	—
14	50.6	47.09	57.19
15	56.1	—	—
16	45.3	46.96	37.82
17	36.2	—	—
18	54.0	53.02	52.87
19	52.0	—	—
20	48.8	48.29	43.88

特别地，在模型的具体实现过程中，许多步骤需要对数据集进行预先的处理，得到一些符合实际情况的初始化参数，比如全局论域值域和论域划分数等，可以采用本书介绍的自适应算法，当然也可以通过一其他优化算法计算得到，不做唯一性限制，这里不再深入讨论。通过上述例子详细展示了本章提出基于 VQ 和弗雷歇距离的 $(p-q)$ IFTS 预测模型的具体实现步骤，该模型是一种有效的长期多值输出的 IFTS 预测方法，下面通过实验分析该模型的性能。

7.4　实验和分析

7.4.1　季节性时间序列预测

为了评估不同预测模型的性能表现，采样均方误差（MSE）、均方根误差

(RMSE)和平均预测误差率(AFER)等指标进行对比说明。首先利用合成数据集对本章提出的$(p-q)$IFTS预测模型与Li模型进行对比实验,预测结果和误差分别如图7.5所示。进一步考量参数变化带来的影响,调整$(p-q)$IFTS预测模型的几个参数,分别设置$w=5,q=2,c=6$和$w=6,q=3,c=5$两组不同的初始化参数,在合成数据集上进行实验,通过计算可以得到在不同参数组条件下模型预测输出MSE和AFER,见表7.2。比较几种参数组的影响,发现当选择$w=5,q=2,c=5$时,模型预测性能最优。由此可见,在通过调整选择合适的模型参数时,本章提出的$(p-q)$IFTS预测模型具备了更准确的长期直觉模糊时间序列预测的能力。

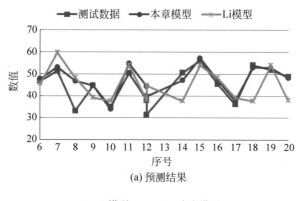

(a) 预测结果

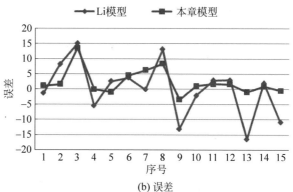

(b) 误差

图7.5 合成数据集预测结果

表7.2 合成数据集MSE和AFER

模型	MSE	AFER/%
Li模型($w=5,q=2,c=5$)	73.4436	15.57
本章模型($w=5,q=2,c=5$)	22.4029	8.17
本章模型($w=5,q=2,c=6$)	63.7842	13.93
本章模型($w=6,q=3,c=5$)	124.3426	34.48

将该模型应用于另一个被广泛使用的典型时间序列数据集,台湾加权股价指数(TAIEX),这里将2004年11月的指数数据作为训练数据,将12月的数据作为测试数据。设置初始化参数 $w=6,q=2,c=6$。利用提出的$(p-q)$IFTS模型进行预测,本章提出的模型与分别与Song[8]模型和Chen[7]模型在该数据集上的预测结果见表7.3,预测结果和误差对比分别如图7.6所示,模型性能分析指标MSE和AFER的对比结果见表7.4。

表 7.3 TAIEX 指数预测结果

日期	实际值	Song 模型	Chen 模型	本章模型
2004/12/1	5798.62	5850	5844.68	5812.63
2004/12/2	5867.95	5825	5817.26	5887.15
2004/12/3	5893.27	5850	5861.34	5962.39
2004/12/6	5919.17	5825	5897.53	5856.14
2004/12/7	5925.28	5900	5916.83	5965.21
2004/12/8	5892.51	5925	5910.24	5881.97
2004/12/9	5913.97	5900	5895.93	5879.45
2004/12/10	5911.63	5925	5918.24	5924.11
2004/12/13	5878.89	5925	5915.62	5832.49
2004/12/14	5909.65	5900	5882.3	5921.26
2004/12/15	6002.58	5900	5911.86	6010.14
2004/12/16	6019.23	5950	6002.50	6089.64
2004/12/17	6009.32	6025	6027.15	6011.84
2004/12/20	5985.94	6025	6012.86	6012.18
2004/12/21	5987.85	6000	5991.1	5987.12
2004/12/22	6001.52	5975	6005.92	5999.24
2004/12/23	5997.67	6000	6005.86	5998.31
2004/12/24	6019.42	6000	5997.68	6024.76
2004/12/27	5985.94	6025	6026.35	6006.68
2004/12/28	6000.57	6025	5987.87	6007.15
2004/12/29	6088.49	6025	6018.68	6045.87
2004/12/30	6100.86	6025	6086.83	6155.36
2004/12/31	6139.69	6050	6099.45	6102.37

表 7.4 TAIEX 预测 MSE 和 AFER

模型	MSE	AFER/%
Song 模型	2512.42	6.9
Chen 模型	1201.60	4.6
本章模型 $(w=6,q=2,c=6)$	1176.22	4.1

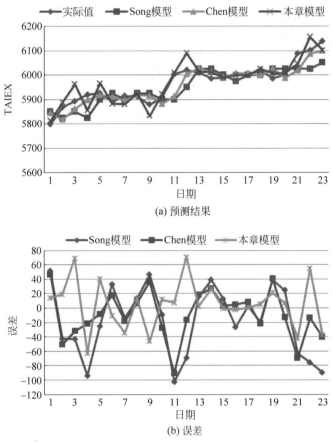

(a) 预测结果

(b) 误差

图 7.6　TAIEX 预测结果

通过上述两个实验结果可以很直观地看出,本章提出的$(p-q)$IFTS 预测模型$(w=5,q=2,c=5)$在合成数据集预测上表现最优,调整不同参数组观察实验结果,比如增大预测维数参数$(w=6,q=3,c=5)$或者聚类数参数时$(w=5,q=2,c=6)$,预测精度会降低,可见这两个指标对于模型预测均有重要影响。从表 7.4中的对比结果来看,本章提出的模型对于 TAIEX 指数的预测精度也是最高的。分析实验中采用数据集的时间序列模式,可以发现该类时间序列在有限范围内波动,这样的时间序列属于季节性模式,在该类时间序列模式的预测问题中,采用从现有数据中构建 CRB 或者 FRG 的方式,如果成功地匹配到确定性向量,就可以达到提高模型预测精度的目的。然而在匹配向量缺失的情况下,传统模型中的预测结果只能由聚类中心任意匹配,也就是说,这些模型适合的应用场景,要求所有的预测结果必须存于历史时间序列模式,这样的做法过度依赖先验信息,并不适用于任意一种时间序列模式的预测问题。在后续几个实验中,我们将本章提出的模型应用于不同类型的时间序列模式,证明$(p-q)$IFTS 模型的泛化性能。

7.4.2　长期趋势时间序列预测

上文分析了现有研究成果中模糊时间序列或直觉模糊时间序列预测模型的缺陷,对其他类型时间序列模式进行了预测,将提出的模型应用于另一种典型的长期趋势时间序列数据集,社会消费品零售额(TRSSCG)[9],该数据集样本包括 1994 年 1 月—2011 年 12 月共 216 个数据。将数据集分为两个训练集和测试集,前 100 个作为训练数据,其余的作为测试数据。部分数据见表 7.5。

表 7.5　部分 TRSSCG 数据　　　　　　　　　　单位:10 亿

日期	数值	日期	数值	日期	数值	…	日期	数值
1994 年 1 月	120.85	1995 年 1 月	160.83	1996 年 1 月	192.45	…	2011 年 1 月	1524.90
1994 年 2 月	117.81	1995 年 2 月	150.53	1996 年 2 月	192.67		2011 年 2 月	1376.91
1994 年 3 月	118.30	1995 年 3 月	154.65	1996 年 3 月	187.52		2011 年 3 月	1358.80
1994 年 4 月	118.59	1995 年 4 月	154.65	1996 年 4 月	186.98		2011 年 4 月	1364.90
1994 年 5 月	122.98	1995 年 5 月	158.77	1996 年 5 月	191.37		2011 年 5 月	1469.68
1994 年 6 月	129.64	1995 年 6 月	164.96	1996 年 6 月	198.19	:	2011 年 6 月	1456.51
1994 年 7 月	126.81	1995 年 7 月	162.90	1996 年 7 月	190.40		2011 年 7 月	1440.80
1994 年 8 月	130.31	1995 年 8 月	164.96	1996 年 8 月	193.19		2011 年 8 月	1470.50
1994 年 9 月	141.47	1995 年 9 月	177.33	1996 年 9 月	210.04		2011 年 9 月	1586.51
1994 年 10 月	146.32	1995 年 10 月	181.46	1996 年 10 月	216.57		2011 年 10 月	1654.64
1994 年 11 月	157.44	1995 年 11 月	193.83	1996 年 11 月	230.86		2011 年 11 月	1612.89
1994 年 12 月	195.78	1995 年 12 月	237.13	1996 年 12 月	287.17	…	2011 年 12 月	1773.97

为了控制实验变量,更好地进行实验对比,对本章模型和 Li 模型设置相同的初始化参数($w=6,q=2,c=6$),将 Gangwar 模型[10]的论域划分为 10 个区间。相关文献模型在 TRSSCG 数据集上的预测结果和误差曲线如图 7.7 所示,对于$(p-q)$ IFTS 模型取 3 种不同的参数组合,最终各个模型在该数据集上预测结果的 RMSE 指标见表 7.6。

表 7.6　RMSE 指标

模型	RMSE
Li 模型($w=6,q=2,c=6$)	441.22
Gangwar 模型 (10 个区间)	101.27
$(p-q)$IFTS 模型($w=6,q=2,c=6$)	49.33
$(p-q)$IFTS 模型 ($w=6,q=3,c=6$)	76.18
$(p-q)$IFTS 模型($w=4,q=2,c=6$)	126.71

在图 7.7 中可以看出,当预测时间序列在训练数据的范围内波动时,也就是在图中所示前半部分的预测阶段,Li 模型的预测效果还是比较好的;当时间序列数

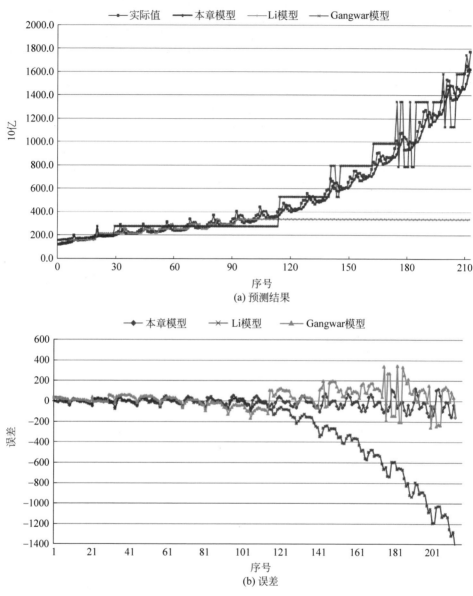

(a) 预测结果

(b) 误差

图 7.7 TRSSCG 预测结果

据开始偏离经验范围,即在后半部分的预测阶段,Li 模型的方法几乎完全失效,说明该模型不能够有效地拟合长期趋势时间序列数据集。而 Gangwar 模型在初始化时就需要对全局论域进行划分,不断地构建模糊逻辑关系,大量的模糊逻辑关系组导致关系库爆炸性增长,极大地增加了计算复杂度,模型在时间序列模式变化过程中适应性不足。从表 7.6 中 $(p-q)$ IFTS 的对比结果来看,当参数设置为 $w=6,q=3$ 或者 $w=4,q=2$ 时,本章模型的 RMSE 指标均高于参数设置为 $w=6,q=$

2 的模型,表明在一定条件下,更多的获取历史数据和相对较少的预测长度,可以获得更好的预测结果。总体来看,本章提出的基于 VQ 和弗雷歇距离($p-q$)的 IFTS 预测模型更适用于长期趋势的时间序列预测问题。

7.4.3 复合模式时间序列预测

本节将基于 VQ 和弗雷歇距离的($p-q$)IFTS 预测模型应用于一个复合模式时间序列预测问题——北京市日平均气温预测数据集,该数据集由国家气象数据服务系统获得(http://www.cma.gov.cn),通过该数据集来整体检验各个模型的性能。数据集包括北京市 2014 年 365 个日平均气温时间序列数据。气温数据经常被用于预测模型性能的检验,在不同时间段内,数据集包括了几种不同的时间序列趋势模式,如随机趋势(month-scale)、季节性趋势(season-scale)、长期趋势(half year-scale)和循环趋势(year-scale),因此该数据集可以有效检验模型对于不同时间序列模式的综合预测能力。

将本章提出的($p-q$)IFTS 预测模型分别与 Huarng 模型、Li 模型、Gangwar 模型和 Lee 模型进行对比实验。考虑到其他模型仅能满足短期单值输出,因此初始化参数设置 $w=6,q=1,c=7$,进行单值预测,取前 59 个数据(1月和 2月)作为训练数据。对于需要进行全局论域划分的模型,采用覆盖整年气温范围 3 个月(1月、4月和 7月)的数据作为训练数据。在这些模型中,全局论域被划分为 8 个部分。年度气温数据预测对比结果如图 7.8 所示,两个月度气温数据预测对比结果如图 7.9 所示,误差曲线如图 7.10 所示。为了合理分析不同模型在月度和年度时间序列数据上的误差,设置 3 组不同的初始参数集,运行 20 次蒙特卡罗仿真,计算各个模型平均 MSE 和 AFER 指标,对比结果见表 7.7,其中的最优结果由黑体标出。

表 7.7 气温数据预测误差

模型	MSE			AFER/%		
	3 月	8 月	年度	3 月	8 月	年度
Li 模型($w=6,d=1,c=7$)	6.6736	4.6765	6.1317	24.38	6.82	32.92
Gangwar 模型($i=8$)	1.9383	4.6334	3.0601	**13.08**	7.66	39.67
Huarng 模型($i=8$)	5.4622	4.4998	5.2847	22.75	7.28	52.20
Lee 模型($i=8$)	3.0760	2.1152	3.0229	16.91	4.53	42.76
本章模型($w=6,d=1,c=7$)	**1.9070**	2.3661	**2.2527**	15.58	**4.08**	**18.41**
本章模型($w=5,d=1,c=7$)	2.3412	**2.0457**	2.6894	14.24	5.14	20.36
本章模型($w=6,d=1,c=5$)	2.1574	2.4121	2.8479	15.78	5.01	21.77

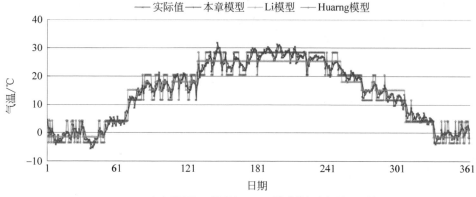

(a) 本章模型与Li模型和Huarng模型的年度趋势预测结果

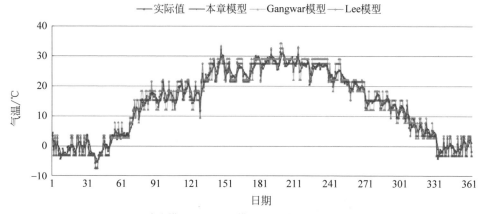

(b) 本章模型与Gangwar模型和Lee模型的年度趋势预测结果

图 7.8　年度趋势气温数据预测对比（后附彩图）

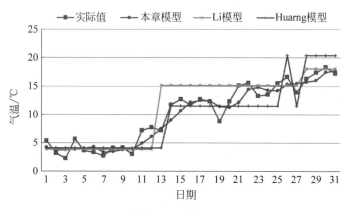

(a) 与Li模型和Huarng模型的3月预测结果

图 7.9　随机趋势气温数据预测结果（后附彩图）

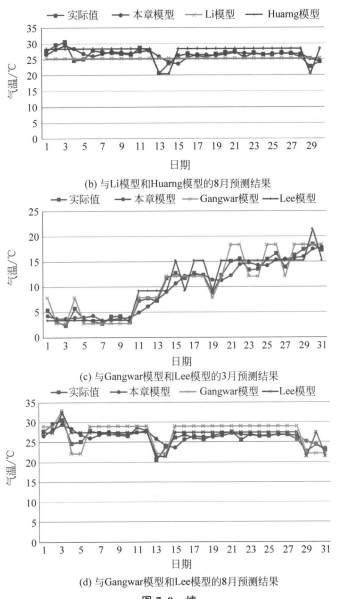

(b) 与Li模型和Huarng模型的8月预测结果

(c) 与Gangwar模型和Lee模型的3月预测结果

(d) 与Gangwar模型和Lee模型的8月预测结果

图7.9 续

　　从实验结果可以看出,$(p-q)$IFTS模型在气温数据这样一个典型的复合型时间序列模式预测问题上表现出了相对优良的预测能力。对于月度这样的平稳时间序列分布(8月)和线性时间序列分布(3月)均具有很好的预测效果,仅3月月度预测效果略低于Gangwar模型,而对于复合型时间序列分布年度预测精度均好于其他模型,从月度和年度误差分布来看,本章提出的模型误差分布平滑,没有出现较大的突变点,模型可靠性较高。综合考虑本章模型在长期预测性能和对季节性时间序列、长期趋势时间序列预测和复合时间序列预测的表现,可判断它仍然是一种优良的长期 IFTS 预测模型。

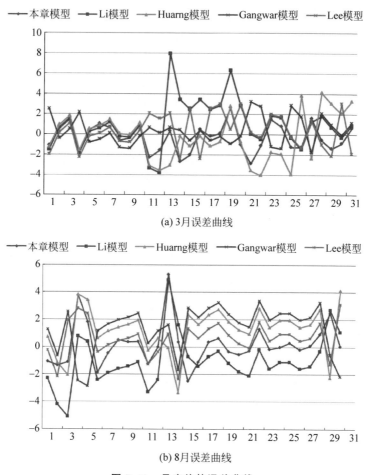

(a) 3月误差曲线

(b) 8月误差曲线

图 7.10 月度趋势误差曲线

7.4.4 复杂度分析

Song 模型将每个时间序列分为 n 个部分进行模糊化处理,Li 模型与聚类数 c 和确定性规则库 b 有关,Huarng 和 Gangwar 模型依赖于全局论域划分 n 和模糊逻辑关系组 g,Chen 模型需要计算模糊关系组,综合比较各种模型的建模方法,本章提出的 $(p-q)$IFTS 预测模型仅需要计算最优聚类中心,降低了规则库增长的复杂度。分析各模型的核心部分的计算复杂度,见表 7.8。

表 7.8 各模型的核心部分的计算复杂度

模型	$T(n)$
Song 模型	$O(n^2)$
Chen 模型	$O(gn^2)$
Li 模型	$O((b+c)n)$

续表

模型	$T(n)$
Gangwar 模型	$O(gn^2)$
Huarng 模型	$O(gn^2)$
本章模型	$O(cn)$

在实验中,$(p-q)$IFTS 模型应用于不同模式的时间序列数据集:合成数据、TAIEX、TRSSCG 和日平均气温数据集。在第一个实验中,选择 3 种不同的参数组合,其中$(w=5,d=2,c=5)$的 RMSE 和 AFER 分别为 22.4029 和 8.17%,为最优预测结果。该实验表明更长的预测长度和更少的聚类数会降低系统预测精度。在第二个实验中,Li 和 Gangwar 模型的 MSE 指标分别为 441.22 和 101.27,均高于$(p-q)$IFTS 模型参数$(w=6,d=2,c=6)$条件下的 49.33,这是因为 Li 和 Gangwar 模型均依赖于历史时间序列匹配,当数据溢出经验值时,预测算法失效,而$(p-q)$IFTS 模型基于曲线相似度测量算法,可获得较好的预测结果。在最后一个实验中,对$(p-q)$IFTS 模型设置几种不同的参数组合,分别应用于两种尺度——月度和年度的时间序列数据上。当与其他模糊预测模型比较时,预测结果及 MSE 和 AFER 指标均表明$(p-q)$IFTS 模型在不同时间序列模式数据集上优于其他预测模型,模型泛化性能优良,同时具有长期多值预测能力,大大降低了系统复杂度,提高了预测效率。

参考文献

[1] LI S T,KUO S C,CHEN Y C,et al. Deterministic vector long-term forecasting for fuzzy time series[J]. Fuzzy Sets and Systems. 2010,161(13):1852-1870.

[2] 郑寇全,雷英杰,王睿,等. 基于矢量量化的长期直觉模糊时间序列预测[J]. 吉林大学学报(工学版),2014,44(3):795-800.

[3] HUNG K C, LIN K P. Long-term business cycle forecasting through a potential intuitionistic fuzzy least-squares support vector regression approach[J]. Information Sciences,2013,224:37-48.

[4] LIU J W,CHEN T L,CHENG C H,et al. Adaptive-expectation based multi-attribute FTS model for forecasting TAIEX[J]. Computers and Mathematics with Applications,2010,59(9):795-802.

[5] LEE L. W,WANG L. H,CHEN S. M. Handling forecasting problems based on two-factors high-order fuzzy time series[J]. IEEE Transactions on Fuzzy Systems. 2006,14(3):468-477.

[6] LENDASSE A,FRANCOIS D,WERTZ V,et al. Vector quantization:A weighted version for time-series forecasting[J]. Future Generation Computer Systems,2005,21,(7):1056-1067.

[7] CHEN S M,CHU H P,SHEU T W. TAIEX forecasting using fuzzy time series and

automatically generated weights of multiple factors[J]. IEEE Transactions on Systems, Man,and Cybernetics-Part A: Systems and Humans,2012,42(6): 1485-1495.

[8] SONG Q,CHISSOM B S. Forecasting enrollments with fuzzy time series—Part I [J]. Fuzzy Sets Systems. 1993,54(1): 1-9.

[9] National Bureau of Statistics of China. Monthly total retail sale of social consumer goods [EB/OL]. [2016-10-15]. www. data. stats. gov. cn

[10] GANGWAR S S,KUMAR S. Probabilistic and Intuitionistic fuzzy sets-based method for fuzzy time series forecasting[J]. Cybernetics and Systems. 2014,45(4): 349-361.

第8章

IFTS分析在网络流量
预测中的应用

从本章开始,我们主要讨论 IFTS 及其相关理论在网络安全领域的应用问题。本章以 IFTS 预测模型为基础,研究长期 IFTS 理论在网络流量预测和 DoS(denial of service)攻击检测中的应用问题。网络流量具有模糊性和不确定性特征,为了提高网络流量预测和流量异常检测能力,利用基于$(p-q)$IFTS 的预测模型对网络流量进行建模并预测,实验采用 MAWI 网络流量数据,在不同时间尺度上对网络流量进行预测。针对网络中最常见的 DoS 攻击,提出基于 IFTS 预测的异常检测方法,通过实验验证 IFTS 模型在攻击检测中的应用能力。

8.1 网络流量预测和异常检测

8.1.1 网络流量预测

随着网络规模的迅速扩张,网络流量包含的信息无论从数量上还是多样性上都在急剧增加,海量信息和丰富的应用使网络流量的复杂性越来越高。网络流量是测量网络负载和网络运行状态的最重要的指标,流量特征建模和仿真是对网络进行监管和控制的有效方法。网络流量包括多种特性,可以从不同角度对网络流量进行分析,比如非稳定性、非线性、突发性、周期性、混沌性、自相似性、长相关性和短相关性等不同特征,研究者已经在网络流量多个属性维度上进行了广泛的研究。一方面,网络资源分配是网络管理的重要组成部分,根据网络流量预测机制,网络管理人员可以合理地分配网络资源,有效地避免网络拥塞;另一方面,异常网络行为很容易引起网络流量的变化,这是非常显著的网络攻击信号,网络流量异常检测对于保证网络的稳定高效运行极为重要。因此,网络流量预测也是网络安全领域中的一种实用和必要的应用方法。网络信息安全领域的研究者将网络流量抽象建模,并结合各种智能信息处理方法寻求对网络行为的描述与模拟,挖掘分析网络流量与异常攻击的关联性,进而研究相应的网络安全防护技术。

8.1.2　网络异常检测

异常检测理论最早是由丹宁(Denning)教授[1]于 1986 年提出的,其基本思想基于流量审计数据检测系统存在的异常使用情况。在该理论被提出之后的 40 多年时间里,随着大数据、云计算技术的普及,网络流量规模呈指数级的爆炸性增长,网络攻击、安全威胁问题不断严峻,各种各样的异常行为也随之出现。相应地,针对网络流量的异常检测模型和算法被大量提出。

(1) 基于统计学分析的检测方法

统计学是非常成熟的理论成果,也是最常见的异常检测研究方向。基于统计学的检测方法的基本思想是通过提取网络流量中的特征属性,建立网络流量的统计学模型,利用相关原理进行分析和计算,最终达到区分正常网络行为和异常行为的目的。主要的一些建模方法如:将网络流量建模为高斯混合分布模型,利用该模型拟合网络流量并进行异常检测;也可将流量属性按概率分布建模成信息散度向量,利用该模型检测僵尸网络流量。在分布式拒绝服务(distributed denial of service,DDoS)攻击中,可以根据流量数据包头特征属性的分布,利用 χ^2 分布的假设检验检测异常,还有一些学者将网络流量建模成隐马尔可夫过程和阿尔法函数,模拟真实流量边缘分布,提出基于隐马尔可夫和基于稳定阿尔法模型和统计假设检验的异常检测方法。而熵作为一种经典的信息学统计方法也被广泛应用于网络异常检测,例如利用最大熵、条件熵和相对熵等熵值分析理论,在高速 IP 网上进行蠕虫攻击的检测;Lakhina[2]根据流量特征分布,简化了之前对流量体积建模的方法,并提出基于信息熵的异常事件监测方法。随后的许多研究者都提出了基于诸如指数熵、相对熵、活跃熵和交叉熵等不同的信息熵理论的异常检测改进模型。

(2) 基于机器学习分析的检测方法

机器学习技术通过自动获取网络流量数据,分析调整参数,经过训练的模型可以提高对未知数据的处理能力,也能提高检测算法的泛化性能,常见的机器学习方法包括聚类、成分分析、贝叶斯网络、神经网络、遗传算法、证据理论等。结合现有机器学习和智能信息处理算法是网络异常检测的一大研究方向。Hood[3]最早提出了基于贝叶斯网络分析网络发生的错误,利用贝叶斯决策模型融合不同的异常检测结果;郑黎明[4]等通过一系列对网络流量特征的研究,将网络流量抽象成多维多层数据结构,利用 SVM 设计异常检测中的网络流量分类器和提取方法,完成了骨干网概要数据结构的异常检测;Brauckhoff[5]针对骨干网络流量利用若干直方图探测器提供的交换数据鉴定未知流量,然后利用相关规则挖掘、发现和概括异常流量。聚类算法也常常与异常检测模型结合,Liao[6]等提出了基于 k 近邻聚类的网络流量异常检测方法;Mazel[7]等提出了基于子空间聚类和多重证据积累的无监督网络流量异常识别方法,结合 k 均值聚类和C4.5决策树可以构建异常流量分层次检测模型。John[8]提出了一个最小二乘的异常检测方法,通过提高数据训练速度,改善检测模型性能;Lakhina[9]提出了一种基于PCA(principal component analysis)的组织发展(organization development,OD)网络数据流的异常检测,对网络流量主成分进行相关性分析,随后根据Sketch数据结构,改进PCA检测方法,并应用于异常IP流的检测问题。关联分析也是网络异常检测的一类主要研究方法,通过提取网络流量特征之间隐藏的几何相关性描述网络流量特征,或者利用多元相关分析的网络攻击行为,随着网络流量的模糊相关增量,结合挖掘关联规则,将每个模糊值进行算法优化,提出实时网络反应系统,可以判断是否遭受攻击。随着机器学习算法的不断发展,大量新颖的算法都被应用于网络流量异常检测中,以寻找更为高效的网络异常检测方法。

(3) 基于信号处理的检测方法

另一种分析网络特征的典型方法是将网络流量抽象为信号数据,许多研究者都进行了这样的尝试,通过信号模型就可以分析流量数据的时域特征和频域特征,并结合成熟的信号处理方法进行检测应用。因此基于信息理论分析也是网络异常检测的另一研究热点。在早期的研究中,学者们就将时频分析工具小波分析引入了流量异常检测领域,对多维流量数据重构成低、中、高频段,分析流量幅值特征,利用光谱分析方法对该攻击的时频特性进行计算识别,达到异常检测的效果。Lu[10]提取了网络流量特征值,对网络流量数据的特征属性进行离散小波变换,计算各个特征属性的小波系数,偏离正常情况较远的就定义为异常。Ramanathan[11]对网络流量进行小波变换求得小波系数并检验DDoS攻击,Yu[12]等人利用谱分析检测蠕虫攻击;Tayfun[13]测量了网络流量的赫斯特指数(Hurst exponent),给出了时域、频域、小波域和本征域的解析方法,用来描述网络流量的信息特征。可以说信号处理的方法能够从宏观网络流量变化的特性中检测网络中的异常情况,但此类方法不能准确检测微小流量变化隐藏的攻击行为,如隐蔽蠕虫攻击或者平稳低速泛洪攻击,这些攻击行为的时频变化缓慢,信息特征并不明显,在实际应用中会降低检测的实时性。

(4) 基于时间序列预测的方法

由于网络流量是一种典型的时间序列数据,大量文献将网络流量模拟为时间序列模型,结合经典的时间序列分析方法进行研究。基于时间序列分析的网络流量检测,通过建模流量时间序列模型,给出一定的预测算法,设置异常阈值,在检测过程中根据偏离预测值的程度进行异常报警。比如Jiang[14]等通过统计正常网络流量并根据预测提出了一种网络攻击检测方法。Chen[15]等利用一种简单的线性AR模型,结合混沌理论和网络流量预测提出了一种DDoS攻击的检测方法。

Thanasis[16]等人研究了 ARMA 和 ARIMA 时间序列模型在高速实时网络中的应用,主要针对通过选择合适的流量采样窗口可以有效解决检测过程中的丢包问题。James[17]利用时间序列对网络流量数据中 TCP SYN 请求连接报文建模,提出了 DoS 攻击的检测方法。Liu[18]等利用时间序列分解理论,将传统的网络流量分解为趋势序列和随机序列,对两种成分进行检测,从而实现了对实时隐秘 DDoS 攻击的检测。在国内的研究方面,邹伯贤[19]提出了一种基于 AR 模型和 GLR 算法的残差比流量异常检测方法。孙轶东[20]等通过拟合网络流连接密度,建立了一种自适应回归的时间序列模型,提出了一种 DDoS 检测方法;赖英旭[21]等对工业以太网流量进行分解并分层建模,结合结构时间序列分析,提出了一种工控以太网流量异常检测方法。吕军晖[22]等分析改进了基于时间序列的霍特·温特斯(Holt-Winters)异常检测模型中的基值和平滑因子,加快了算法的启动时间,提高了阈值检测的正确率。这些研究都是时间序列分析理论在网络流量异常检测中的有益尝试。

（5）其他异常检测方法

针对网络流量数据和网络攻击这样特定的研究对象,许多研究者重点分析了网络攻击行为引起的网络特征属性变化,提出了一些可以精确检测某些特定攻击的方法。Mahoney[23]等人根据网络流量数据包头中的协议内容进行分析,提出了基于协议分析的网络异常检测方法。Wang[24]等人分析了数据包 SYN/FIN(RST)字段,采用了 CUSUM(cumulative sum)算法检测 SYN 泛洪攻击。龚俭[25]利用散列函数(Hash function)计算 TCP 连接平衡性测度,从而检测大规模异常 TCP 连接。严芬[26]利用非参数 CUSUM 算法计算了未确认的 TCP 报文段与总报文段数目比,在线检测 DDoS 攻击。Jin[27]分析了即使攻击者伪造流量源 IP 地址和数据字段,也无法伪造数据包在网络中的跳数这一事实,提出了一种跳跃计数(hop-count)过滤器过滤网络异常 IP 数据包。基于网络行为的检测方法准确率高,但只能针对特定攻击模式,通用性能有一定的局限性。

正如上文论述的,可以将网络流量看作一种典型的时间序列数据,许多文献都研究了基于时间序列分析的流量预测方法。经典的线性时间序列模型主要包括自回归移动平均模型(ARMA)、自回归积分移动平均模型(ARIMA)和部分自回归移动平均模型(fractional auto regressive moving average,FARMA)。考虑到网络流量的非线性特征,一些研究中将时间序列预测模型结合回声网络、粒子群支持向量机化、果蝇优化和相关向量机等智能信息处理方法,不断丰富基于时间序列分析流量预测模型的理论和应用。由此可见,传统时间序列预测大多基于回归分析理论,通过拟合时间序列,设计预测输出模型,而 FTS 或 IFTS 理论是基于模糊推理的时间序列分析,着重描述客观对象特征的不确定性和模糊性。因此,基于 FTS 和 IFTS 的模糊时间序列分析理论得到了不断发展。在网络流量检测问题中,研

究网络流量具有的复杂性和不确定性,将 IFTS 模型应用于网络流量预测和流量
异常检测是一个发展趋势。

8.2 基于长期 IFTS 的网络流量预测模型

8.2.1 网络流量预测模型

网络流量的特征属性描述是对网络状态管理最重要的依据。根据特征属性建
模和预测网络流量是一种有效的异常检测和监控方法。Meng[28] 提出了基于相关
向量机的小尺度流量预测方法,然而该模型受制于网络的非线性特性,可以说应用
性有限。Chen[29] 提出了混沌理论预处理网络流量预测问题的方法,并应用于
DDoS 异常检测。Thanasis [30] 通过时间序列分析提出了实时网络数据分析算法;
Shi [31] 提出了基于免疫算法的时间序列预测及其在网络安全环境中的应用。由此
可见,时间序列分析在网络流量预测方面具有很强的实用性。通常来说,网络时间
序列分析方法的主要工作是通过提取流量信号数据,结合时间序列模型仿真流量
变化趋势。时间序列预测理论基于预测值强相关于附近时间序列值这一基本假
设,即时间序列模型可以较好地拟合网络流量的变化情况。流量预测通过挖掘历
史数据中存在的变化趋势模式,提供可信的期望流量变化情况。基于以上网络流
量时间序列分析的前提假设,将 IFTS 模型与网络流量预测结合,采用直觉模糊理
论描述和处理网络流量中的模糊性和不确定性的特征属性,提出了一种基于长期
IFTS 的网络流量预测方法,为网络流量异常检测方法打下基础。

这里我们利用 IFTS 模型 VQ 算法,提取并直觉模糊化网络流量特征,矢量量
化为时间序列片段,构建网络流量长期 IFTS 预测模型,其模型基本框架如图 8.1
所示。在一个典型网络节点部分进行流量采集,根据特征分解流量数据,不同特征
分别建立时间序列模型。最常见的典型的网络流量特征属性包括源地址
(Source)、目的地址(Destination)、协议类型(Protocol)、数据包长度(Length)和数
据包信息(Info)。信息特征属性包括连接请求包、应答包和域值。在大多数文献
中,网络流量预测的对象一般为数据包大小,下面尝试对多个特征属性同时进行建
模。设计的网络流量预测模型包括数据训练部分和预测部分。在数据训练过程
中,首先采集历史网络流量数据;接着根据不同的特征属性对原始数据进行流量
分解,得到多维流量数据并进行数据直觉模糊化;最后利用一个滑动时间序列观
测窗口得到直觉模糊时间序列向量得到矢量中心。在流量预测部分,流量数据由
路由采样并进行特征提取,将采集到的流量进行分解和直觉模糊化,对直觉模糊时
间序列数据进行矢量量化,通过向量匹配方法由长期 IFTS 算法计算得到预测输
出值。

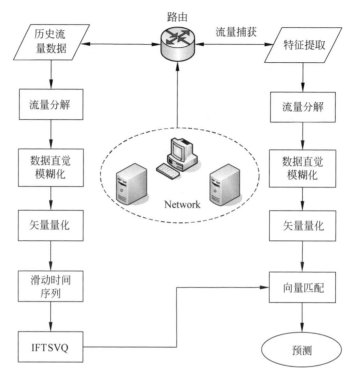

图 8.1　长期 IFTS 网络流量预测模型框架

8.2.2　IFTSVQ 算法

网络流量数据规模巨大,且要求高实时性应答。网络流量状态管理偏重趋势预测而非精确的单值计算,也并没有精确预测某个值的需要,因此数据集被向量化来描述网络流变化趋势。这里对第 7 章中的 IFTS 模型 VQ 算法进行优化改进,假设网络流量数据特征集 S 包括序列值 $(x_1, x_2, \cdots, x_l)$,设置一个宽度为 $w(w = q + p)$ 的滑动窗口。在任意 τ 时刻,产生一个沿着 X 的子序列 $S_{\tau}^{\tau+w-1}$,如式(8.1)所示,那么特征 S 集可以产生 n 个子集,如式(8.2)所示。

$$S_{\tau}^{\tau+w-1} = (x_{\tau}, x_{\tau+1}, \cdots, x_{\tau+w-1}) \tag{8.1}$$

$$S = S_1^w, S_{1+q}^{w+q}, S_{1+2q}^{w+2q}, \cdots, S_{1+(n-1)q}^{w+(n-1)q} \tag{8.2}$$

IFCM 算法是以目标函数最小化原则将特征集 S 进行分类,通过求得适当的模糊分类矩阵 U 和聚类中心 $M = \{m_i\}$,使目标函数 J_e 达到最小,将数据集 X 划分为 C 类($C > 1$),并作为聚类中心,这里每个聚类中心也是直觉模糊集,即

$$m_i = \langle \mu_i(m), \gamma_i(m) \rangle \tag{8.3}$$

目标函数 J_e 表示为

$$J_e(\boldsymbol{R}_\mu, \boldsymbol{R}_\gamma, m) = \sum_{j=1}^{n} \sum_{i=1}^{c} \left[((\mu_{ij})^e + (1 - \gamma_{ij})^e)/2 \right] D_w(x_j, m_i)^2 \tag{8.4}$$

其中，e 表示平滑指数，$\pmb{R}_\mu$，$\pmb{R}_\gamma$ 表示分类对象 x_j 与聚类中心之间的直觉模糊关系，且

$$\begin{cases} \pmb{R}_\mu = (\mu_{ij})_{c \times n} \\ \pmb{R}_\gamma = (\gamma_{ij})_{c \times n} \end{cases} \tag{8.5}$$

其中，μ_{ij} 和 γ_{ij} 分别表示 $x_j = \langle \mu_{jk}, \gamma_{jk} \rangle$ 属于聚类中心 m_i 的隶属度函数和非隶属度函数，$D_w(x_j, m_i)$ 表示 x_j 和 m_i 之间的直觉模糊距离，根据聚类实际情况的需要选择合适的距离，常用的基于欧氏距离计算公式为

$$D_w(x_j, m_i) = [a(\mu_j(x) - \mu_i(m))^2 + b(\gamma_j(x) - \gamma_i(m))^2 + c(\pi_j(x) - \pi_i(m))^2]^{1/2} \tag{8.6}$$

其中，a, b, c 分别为隶属度函数、非隶属度函数和直觉指数权重系数，可以对各个参数权重进行校正，为了简便，这里取 $a = b = c = 1$ 即可。

详细分析 IFCM 算法，结合网络流量时间序列矢量化这一应用场景，可以发现分类对象具有多个特征属性，且相互之间具有一定的弱关联性，聚类原则是依据最小组内距离和最大组间距离，然而时间序列向量挖掘历史数据的变化趋势——每一维特征之间具有强相关性。考虑到这样的事实，基于向量变化模式改进 IFTS 向量距离，表示为 $D_v(x_j, m_i)$，如式(8.7)所示。这里选择第一个距离作为基距离，表示为 $(\mu_{j1} - \mu_i(m_1))$ 和 $(\gamma_{j1} - \gamma_i(m_1))$。那么新的聚类中心隶属度函数和非隶属度函数及最小目标函数分别可以更新为式(8.8)和式(8.9)。那么改进的直觉模糊时间序列矢量量化算法(IFTSVQ)的具体步骤如算法 8.1 所示。

$$D_v(x_j, m_i) =$$

$$\sqrt{\frac{\sum\limits_k ((\mu_{jk} - \mu_i(m_k)) - (\mu_{j1} - \mu_i(m_1)))^2 + \sum\limits_k ((\gamma_{jk} - \gamma_i(m_k)) - (\gamma_{j1} - \gamma_i(m_1)))^2}{n}}$$

$$\tag{8.7}$$

$$\begin{cases} \mu_{ij}^{(n+1)} = \Big[\sum\limits_{k=1}^c [D_w(x_j, m_i^{(n)}) / D_v(x_j, m_k^{(n)})]^{2/(e-1)} \Big]^{-1} \\ \gamma_{ij}^{(n+1)} = 1 - \dfrac{1}{\lambda} \Big[\sum\limits_{k=1}^c [D_w(x_j, m_i^{(n)}) / D_v(x_j, m_k^{(n)})]^{2/(e-1)} \Big]^{-1} \end{cases} \tag{8.8}$$

$$J_e(U_\mu, U_\gamma, m) = \sum\limits_{j=1}^n \sum\limits_{i=1}^c [((\mu_{ij})^e + (1 - \gamma_{ij})^e)/2] D_v(x_j, m_i)^2 \tag{8.9}$$

算法 8.1　IFTSVQ 算法

Input：特征集 $S(x_1, x_2, \cdots, x_l)$，滑动窗口 w，聚类中心数 c，原始时间序列 X，

　　直觉指数调节因子 λ，已知序列值长度 p，预测长度 q，最大迭代次数 r

Output：$M_i^* = \{M_1^*, M_2^*, \cdots, M_c^*\}$

Begin

续

在 τ 时刻沿着 X 滑动窗口 w，构建一个 X 的子序列，$S_\tau^{\tau+w-1} = (x_\tau, x_{\tau+1}, \cdots, x_{\tau+w-1})$

得到 n 个子序列 $S = S_1^w, S_{1+q}^{w+q}, S_{1+2q}^{w+2q}, \cdots, S_{1+(n-1)q}^{w+(n-1)q}$

直觉模糊化子序列 S

初始化聚类中心 $m_i^{(1)}$

for $k = 1$ to r, r 为最大迭代次数

根据公式(8.8)计算聚类中心 $m_i^{(k)} = \langle \mu_{ij}(m), \gamma_{ij}(m) \rangle$

If $\| J_e^{(n+1)} - J_e^n \| < \varepsilon$ or $i = r$

break

更新聚类中心 $m_i^{(n+1)}$

end

对最优聚类中心 m_i 去直觉模糊化

End

8.2.3 实验设计和分析

本节实验使用的是国际 WIDE(widely integrated distributed environment)项目的 MAWI(measurement and analysis on the WIDE internet)工作组采集的太平洋骨干网络流量数据[32]，该工作组部署了 6 个不同的采样点(sample point A ～ sample point F)，采集整年的网络流数据用于实验和分析。MAWI 是一个帮助研究者评估其网络流量检测方法的实用数据集。流量数据被制作成 tcpdump 文件，IP 地址被 tcpdriv 加密储存。在本实验中，选择 2005 年 9 月 1 日 14:00—14:15 的采样点 E 的数据。15min 流量数据(900s)的不同协议数据分布情况见表 8.1，Packet 大小分布如图 8.2 所示。

表 8.1　WIDE 骨干网采样点 E 流量信息分布情况

协议	数据包	字节	协议包平均字节数
total	3249197(100.00%)	1437995443(100.00%)	442.57
ip	3228340(99.36%)	1437348564(99.96%)	445.23
tcp	2602587(80.10%)	1253858118(87.19%)	481.77
http(s)	348478(10.73%)	348150265(24.21%)	999.06
http(c)	887691(27.32%)	88155224(6.13%)	99.31
squid	2792(0.09%)	1526507(0.11%)	546.74
smtp	194138(5.97%)	35224414(2.45%)	181.44
nntp	53(0.00%)	4034(0.00%)	76.11
ftp	15519(0.48%)	1182076(0.08%)	76.17
pop3	1622(0.05%)	329027(0.02%)	202.85

续表

协议	数据包	字节	协议包平均字节数
imap	243(0.01%)	18136 (0.00%)	74.63
telnet	112(0.00%)	9643 (0.00%)	86.1
ssh	2006(0.06%)	153578 (0.01%)	76.56
dns	562 (0.02%)	43477 (0.00%)	77.36
bgp	231 (0.01%)	108391 (0.01%)	469.23
napster	6 (0.00%)	360 (0.00%)	60
rtsp	32219 (0.99%)	35674697 (2.48%)	1107.26
icecast	133 (0.00%)	12015 (0.00%)	90.34
other	1110769 (34.19%)	743060932 (51.67%)	668.96
udp	495083 (15.24%)	169345710 (11.78%)	342.06
dns	327140 (10.07%)	82446805 (5.73%)	252.02
realaud	2909 (0.09%)	231959 (0.02%)	79.74
unreal	2 (0.00%)	836 (0.00%)	418
cuseeme	4 (0.00%)	316 (0.00%)	79
other	162274 (4.99%)	86345120 (6.00%)	532.09
icmp	92418 (2.84%)	7631461 (0.53%)	82.58
ipsec	185 (0.01%)	18034 (0.00%)	97.48
ip6	473 (0.01%)	78303 (0.01%)	165.55
other	37594 (1.16%)	6416938 (0.45%)	170.69
frag	25948 (0.80%)	27604208 (1.92%)	1063.83

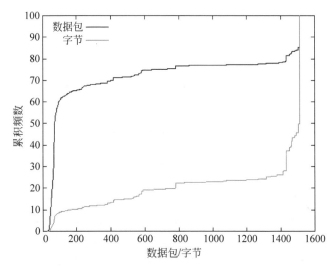

图 8.2　WIDE 骨干网采样点 E 的数据包分布情况

在实验中,使用网络流量分析工具 Wireshark(Version1.12.0)仿真 traceflow 采集,如图 8.3 所示。通过 Wireshark 的分析和统计功能分析流量消息,提取 Source,Destination,Sour port,Dest port,Protocol,Length 等特征属性,再将特征属性直觉模糊化。Wireshark 可以以不同单位尺度提取流量数据,以图 8.4 为例,

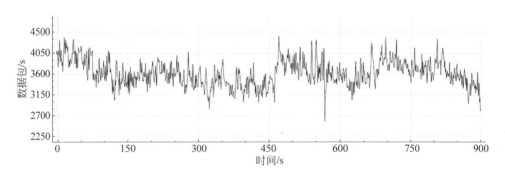

图 8.3　Wireshark 采集 traceflow 数据

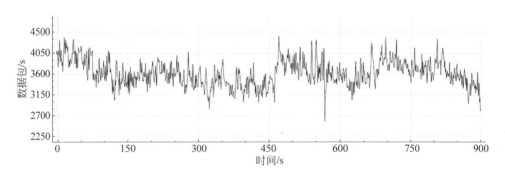

图 8.4　采样点 E 15min 流量数据包分布 IO 图

采集到以秒为单位的流量数据包大小分布。基于长期 IFTS 模型的网络流量 Packet 预测具体步骤如下：

步骤 1：初始化滑动窗口，设 $w=10$，聚类中心 $c=5$，预测长度 $q=4$，滑动距离 为 4。将前 100 个数据作为训练集。得到一个包括 23 个元素的子序列 S_τ，前 3 项 序列值为 $S_1^{10}=(4058,3759,3915,3986,4328,3977,3867,4118,3962,3785)$，$S_5^{14}=(4328,3977,3867,4118,3962,3785,3865,3651,3970,4110)$，$S_9^{18}=(3962,3785,3865,3651,3970,4110,4384,4142,4037,4330)$。

步骤 2：定义全局论域 $U=[3000,4000]$，设 $d_i=200$，$\lambda=0.95$。全局论域被 划分为 7 个部分。为了方便与其模型比较，论域采用等区间划分的方法，即 $A_1=[3000,3200]$，$A_2=[3200,3400]$，$A_3=[3400,3600]$，$A_4=[3600,3800]$，$A_5=[3800,4000]$，$A_6=[4000,4200]$，$A_7=[4200,4400]$。然后进行子序列 S_τ 直觉模

糊化,前3项子序列的直觉模糊化结果为 $S_1 = (\langle 0.755, 0.232\rangle, \langle 0.542, 0.434\rangle,$
$\langle 0.653, 0.329\rangle, \langle 0.704, 0.280\rangle, \langle 0.948, 0.048\rangle, \langle 0.697, 0.287\rangle, \langle 0.619, 0.361\rangle,$
$\langle 0.798, 0.191\rangle, \langle 0.687, 0.297\rangle, \langle 0.560, 0.417\rangle), S_2 = (\langle 0.948, 0.048\rangle, \langle 0.697,$
$0.287\rangle, \langle 0.619, 0.361\rangle, \langle 0.798, 0.191\rangle, \langle 0.687, 0.297\rangle, \langle 0.560, 0.417\rangle, \langle 0.617,$
$0.363\rangle, \langle 0.465, 0.508\rangle, \langle 0.692, 0.291\rangle, \langle 0.792, 0.196\rangle), S_3 = (\langle 0.687, 0.297\rangle,$
$\langle 0.560, 0.417\rangle, \langle 0.617, 0.363\rangle, \langle 0.465, 0.508\rangle, \langle 0.692, 0.291\rangle, \langle 0.792, 0.196\rangle,$
$\langle 0.988, 0.010\rangle, \langle 0.815, 0.175\rangle, \langle 0.740, 0.246\rangle, \langle 0.950, 0.047\rangle)$。

步骤3:调用 IFTSVQ 算法,迭代 40 次。可以得到 5 个最优聚类中心:

$M_1^* = (\langle 0.664, 0.318\rangle, \langle 0.611, 0.369\rangle, \langle 0.682, 0.301\rangle, \langle 0.648, 0.338\rangle,$
$\langle 0.633, 0.333\rangle, \langle 0.641, 0.347\rangle, \langle 0.641, 0.340\rangle, \langle 0.697, 0.287\rangle, \langle 0.821, 0.169\rangle,$
$\langle 0.892, 0.102\rangle)$,

$M_2^* = (\langle 0.748, 0.239\rangle, \langle 0.731, 0.255\rangle, \langle 0.756, 0.231\rangle, \langle 0.758, 0.229\rangle,$
$\langle 0.813, 0.177\rangle, \langle 0.781, 0.208\rangle, \langle 0.698, 0.286\rangle, \langle 0.652, 0.329\rangle, \langle 0.601, 0.378\rangle,$
$\langle 0.619, 0.361\rangle)$,

$M_3^* = (\langle 0.689, 0.294\rangle, \langle 0.607, 0.372\rangle, \langle 0.632, 0.348\rangle, \langle 0.746, 0.240\rangle,$
$\langle 0.844, 0.147\rangle, \langle 0.732, 0.254\rangle, \langle 0.700, 0.285\rangle, \langle 0.730, 0.256\rangle, \langle 0.715, 0.270\rangle,$
$\langle 0.726, 0.259\rangle)$,

$M_4^* = (\langle 0.769, 0.218\rangle, \langle 0.706, 0.278\rangle, \langle 0.673, 0.310\rangle, \langle 0.616, 0.363\rangle,$
$\langle 0.643, 0.338\rangle, \langle 0.566, 0.411\rangle, \langle 0.633, 0.348\rangle, \langle 0.636, 0.345\rangle, \langle 0.563, 0.414\rangle,$
$\langle 0.618, 0.362\rangle)$,

$M_5^* = (\langle 0.433, 0.538\rangle, \langle 0.403, 0.566\rangle, \langle 0.316, 0.649\rangle, \langle 0.499, 0.475\rangle,$
$\langle 0.482, 0.491\rangle, \langle 0.433, 0.538\rangle, \langle 0.376, 0.592\rangle, \langle 0.333, 0.633\rangle, \langle 0.589, 0.390\rangle,$
$\langle 0.544, 0.432\rangle)$。

步骤4:将后 160 个序列值作为测试数据集。设已知历史序列长度 $p=6$,首先根据式(8.10)对待测向量进行坐标变换,接着将 P_i 和聚类中心向量进行匹配。这里采用欧氏距离计算 c 个直觉模糊距离 dis_c,如式(8.11)所示。

$$\begin{cases} \delta = (|\mu_1(P) - \mu_1(M^*)| + |\gamma_1(P) - \gamma_1(M^*)|)/2 \\ \mu_i'(P) = \mu_1(P) - \delta \\ \gamma_i'(P) = \gamma_1(P) - \delta \end{cases} \quad (8.10)$$

$$\mathrm{dis}_c = \frac{1}{p}\sum_{j=1}^{p}((\mu_j - \mu(M_i^*)_j)^2 + (\gamma_j - \gamma(M_i^*)_j)^2)^{1/2} \quad (8.11)$$

步骤4:根据最小 dis_c 原则,得到 M_5^* 为预测向量,且 $\delta=0.032$。经过坐标变化后,直觉模型和预测向量 $Q_1 = (\langle 0.344, 0.624\rangle, \langle 0.301, 0.665\rangle, \langle 0.557, 0.422\rangle, \langle 0.512, 0.464\rangle)$。最后通过去直觉模糊化,得到精确的预测结果为(3504, 3445, 3794, 3733)。

依次重复上述计算步骤进行实验,部分结果见表 8.2。

表 8.2 数据包预测结果

序号	输入向量	预测向量	精确值
1	(3561,3454,3774,3659,3433,3991)	(3504,3445,3794,3733)	(3571,3689,4030,4098)
2	(3433,3991,3571,3689,4030,4098)	(3642,3645,3410,3632)	(3833,4052,3636,3719)
3	(4030,4098,3833,4052,3636,3719)	(3723,3642,3468,3345)	(3642,3604,3410,3165)
4	(3636,3719,3642,3604,3410,3165)	(3893,3869,3506,3254)	(3478,3223,3316,3032)
5	(3410,3165,3478,3223,3316,3032)	(3219,3373,3496,3664)	(3042,3468,3345,3893)
6	(3316,3032,3042,3468,3345,3893)	(3333,3775,3665,3893)	(3869,3806,3573,3505)
⋮	⋮	⋮	⋮

将实验结果分别与 Li 和 Gangwar 模型的预测结果进行比较。其中,15min 的流量数据包预测结果如图 8.5 所示,不同预测模型的误差曲线如图 8.6 所示。对不同模型预测效果采用均方误差(MSE)、均方根误差(RMSE)和平均预测误差率(AFER)指标进行比较,对比结果见表 8.3,预测误差的对比结果可以充分说明长期 IFTS 预测模型比其他模型的预测精度更高,误差更低,并且本节模型具有多值输出能力,预测效率也会更高。

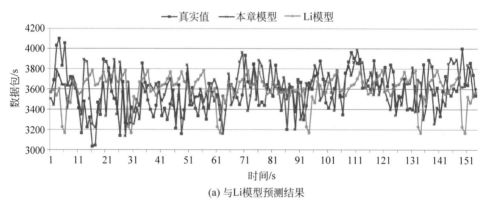

(a) 与Li模型预测结果

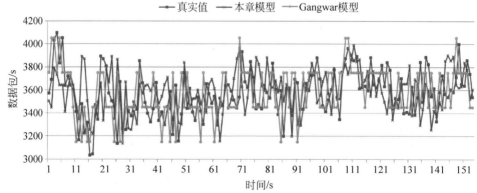

(b) 与Gangwar模型预测结果

图 8.5 网络流量数据包预测结果

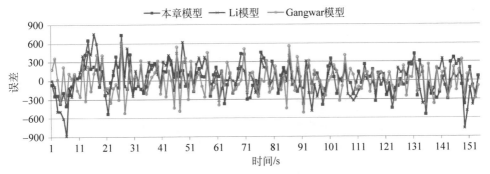

图 8.6 预测模型的误差曲线

表 8.3 不同模型的预测误差

模型	RMSE	AFER/%
Li 模型($w=10,p=6,q=4,c=5$)	258.99	5.66
Gangwar 模型(6 个区间)	232.16	5.38
本章模型($w=10,p=6,q=4,c=5$)	**228.20**	**5.22**

在本节模型的步骤 3 中,利用直觉模糊时间序列向量距离代替了传统的聚类中心距离,得到了改进的 IFTSVQ 算法,定义了任意两个中心之间距离和为聚类中心向量的非相似度,因此聚类中心向量相似度表示为 S_v。为了说明算法改进的意义,分别计算基于两种距离的聚类中心,如图 8.7 所示,D_v 和 D_w 聚类中心的相似度计算结果为 $S_v(D_v)=0.2426$,$S_v(D_w)=0.3667$。由此可见,经过本节改进的 IFTSVQ 算法得到的聚类中心的相似度比传统模型更低,也可以说该算法得到的中心向量包含了更多的时间序列模式,对预测向量匹配和结果预测的利用更多。

$$S_v = 1 - \frac{\sum_{k=1}^{c}\sum_{i=1}^{c}\sum_{j=1}^{w}(\mu_j(M_i)-\mu_j(M_k))^2 + (\gamma_j(M_i)-\gamma_j(M_k))^2}{c(c-1)/2} \quad (8.12)$$

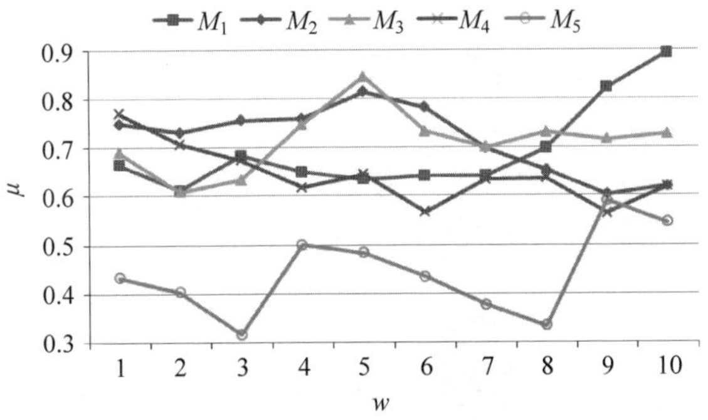

(a) D_v 中心隶属度函数

图 8.7 D_v 和 D_w 聚类中心

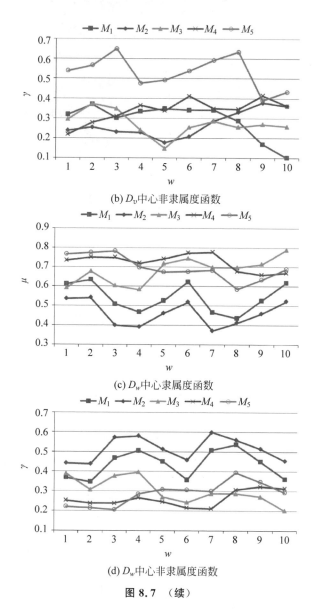

(b) D_v 中心非隶属度函数

(c) D_w 中心隶属度函数

(d) D_w 中心非隶属度函数

图 8.7 （续）

实验结果表明基于长期 IFTS 预测模型的网络流量预测具有较好的性能,同时兼具高效多值输出的优点,极大地降低了模型的复杂度,适用于大量数据处理。为了进一步证明模型在网络流量预测中的效果,将该模型应用于 4 种不同时间尺度的流量数据。实验数据来源于 WAMI 数据库 2007 年 10 月 1 日—5 日,采样点 F 14:00—14:15,共 75min(4500s)采集的流量数据。在 second-scale(秒级,此处及下文为表达准确,保留英文用法)实验中,设窗口 $w=10$,聚类中心 $c=5$,预测长度 $q=4$,全局论域 $U=[15000,35000]$,定义 $d_i=2000$,$\lambda=0.95$。将前 300s 数据作为训练数据,后 600s 数据作为测试数据。实验结果如图 8.8 所示。设 $U=[1500,$

3000]，d_i＝200，在 100 个 0.1second-scale 流量数据上训练模型，并对后 300 个数据进行预测，预测结果如图 8.9 所示。在 10second-scale 流量数据集上进行实验，设 $U=$ [150000，350000]，d_i＝20000，前 150 个流量数据作为训练集，后 300 个数据作为测试集，模型预测结果如图 8.10 所示。最后，将本节模型在 minute-scale（分钟级）流量数据集上实验，前 50min 数据作为训练集，后 25min 数据作为测试集，设 $U=$ [800000，2000000]，d_i＝400000，实验结果如图 8.11 所示。

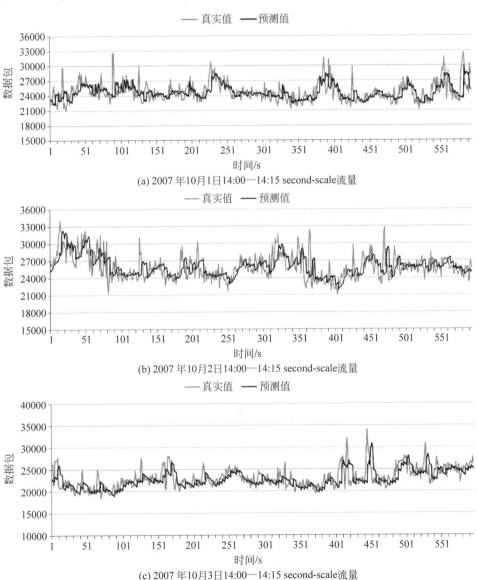

图 8.8　second-scale 流量预测结果

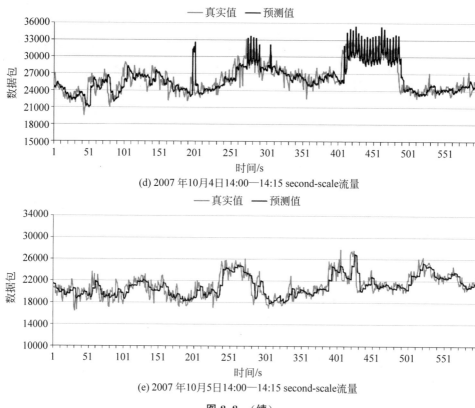

(d) 2007 年10月4日14:00—14:15 second-scale流量

(e) 2007 年10月5日14:00—14:15 second-scale流量

图 8.8 （续）

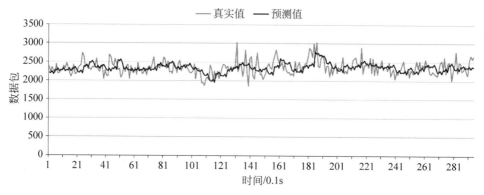

图 8.9 0.1second-scale 流量预测结果

通过上述实验可以看出,基于长期 IFTS 模型的网络流量预测模型对于几种不同时间尺度的流量数据集都是十分有效的。将本章模型与其他相关文献中的 FTS 或 IFTS 模型在网络流量数据上进行对比,选择(单输出型)Lee 模型、(单输出型)Huarng 模型、(单输出型)Gangwar 模型、(多输出型)Li 模型,分别在 0.1second-scale,second-scale,10seceond-scale 和 minute-scale 等不同时间尺度上进行实验。

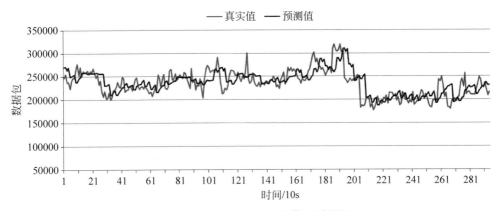

图 8.10　10 second-scale 流量预测结果

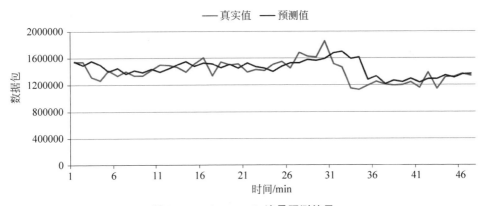

图 8.11　minute-scale 流量预测结果

设置不同的初始参数组合,运行 50 次蒙特卡罗仿真实验。计算得到 RMSE 和 AFER 指标见表 8.4,最小误差由黑体标出,实验结果可以直观地说明本章模型的预测效果好于其他预测模型。

表 8.4　不同时间尺度的网络流量预测误差

模型	RMSE				AFER/%			
	0.1second-scale	second-scale	10second-scale	minute-scale	0.1second-scale	second-scale	10second-scale	minute-scale
Lee 模型($i=6,q=1$)	641.05	6321.21	78453.67	365486.51	29.15	14.36	14.56	23.66
Lee 模型($i=8,q=1$)	452.56	4897.63	65417.89	325487.62	26.32	18.21	11.98	19.36
Huarng 模型($i=6,q=1$)	541.23	5639.47	54876.74	256834.18	23.36	15.32	16.32	21.24
Huarng 模型($i=8,q=1$)	452.75	4513.98	57632.36	206984.74	19.36	11.24	10.36	26.32
Gangwar 模型($i=6,q=1$)	259.51	3125.39	36323.87	196553.47	21.23	12.98	12.21	23.58
Gangwar 模型($i=8,q=1$)	214.36	2836.24	28476.32	248733.19	17.63	8.23	9.36	18.65
Li 模型 $w=6(q=1,c=5)$	351.58	3925.36	41293.28	246591.31	21.32	11.25	14.25	22.37
Li 模型 $w=6(q=1,c=7)$	421.25	3862.14	398654.2	296476.55	14.32	8.39	11.21	16.53

续表

模型	RMSE				AFER/%			
	0.1second-scale	second-scale	10second-scale	minute-scale	0.1second-scale	second-scale	10second-scale	minute-scale
Li 模型($w=10,q=2,c=5$)	284.24	4512.36	25634.14	215917.35	**8.16**	9.12	9.32	11.25
Li 模型($w=10,q=4,c=5$)	365.32	3254.98	38454.25	185412.18	11.23	8.36	8.65	13.52
本章模型($w=5,q=1,c=5$)	197.02	1834.54	21579.62	141726.13	9.90	5.18	7.03	**7.37**
本章模型($w=5,q=1,c=7$)	**171.21**	**1455.87**	27345.73	132412.42	10.45	**5.14**	8.24	8.14
本章模型($w=10,q=4,c=5$)	184.65	2423.14	24284.14	182145.25	9.41	7.12	**6.21**	10.74
本章模型($w=10,q=4,c=7$)	223.36	1956.43	**17284.14**	**130254.84**	11.25	6.62	9.51	8.51
本章模型($w=10,q=4,c=9$)	312.12	2143.57	34659.83	196583.57	15.14	7.96	8.69	9.14

另一方面,实验结果表明预测精度敏感于参数的选择,对不同模型参数进行比较分析,传统 FTS 模型的精度主要与全局论域划分相关。当论域区间数为 8 时,Lee 模型、Huarng 模型和 Gangwar 模型的预测精度均高于参数为 6 时的结果,可见粗糙区间划分会导致预测精度的下降。在长期 IFTS 预测模型中,聚类中心是另一个影响算法性能的关键因素,当聚类数为 5 和 7 时,预测效果优于参数 9,过大的聚类数 c 也会增加模型的训练时间。随着预测长度 q 的增加,预测精度也在降低。因此,选择合适的初始化参数可以提高长期 IFTS 预测模型的性能,达到理想的预测效果。综上所述,本章提出的 IFTS 预测模型是一种适用于多种时间尺度的网络流量预测方法,它能克服传统模型的缺陷,具有多输入多输出的长期输出能力,大大降低系统的复杂度,是一种优良的网络流量预测模型,对于网络流量管理监控和网络异常检测都有一定的现实意义。

8.3　基于 IFTS 预测的 DoS 攻击检测方法

任何网络攻击都难以实质性地隐藏所引起的网络流量异常问题,这也为识别和拦截网络入侵提供了一个思路,着力于研究和设计有效的网络流量异常检测方法,对网络入侵的异常之举进行监测和报警,进而通过合理推理,识别和拦截网络入侵。然而,网络作为一个复杂的开放系统,其流量具有很大的不确定性,受到诸多因素的影响,如网络设备、拓扑结构、传输协议、网络用户之间的关联等,如何有效地检测和发现网络中的流量异常,无疑成为网络防御领域的核心难题。网络流量隐含着一组随机变量,表现出自相似性、长相关性、重尾特性和突发性、模糊性等,模糊时间序列特征十分明显。因此,网络流量异常检测问题也可以采用模糊时间序列分析来尝试解决。

8.3.1 DoS 攻击

拒绝式服务(DoS)攻击是一种常见的网络流量攻击方式,通过发送大量无用的数据包来剧烈消耗服务资源和危害网络安全,比如 SYN Flooding,攻击者利用 TCP/IP 协议的三次握手机制,大量发送连接请求,而服务器始终接收不到应答消息,导致目标拥塞,无法为正常的用户提供服务。目前存在许多种 DoS 攻击形式,比如 Ping of death、teardrop、UDP 泛洪、Smurf 等,而 DoS 攻击逐渐演变为分布式拒绝服务(DDoS)攻击,由于攻击源头更加广泛,溯源难度更大,危害性也更加严重。因此大量研究者提出了不同的 DoS 检测机制,比如多元相关分析、混沌理论、统计方法和时间序列分析等。这些方法通常通过监控网络流量波动变化情况,建立流量异常信号检测机制,当触发该机制时进行报警。如上文所述,时间序列分析是一种有效的网络流量分析工具,传统的时间序列模型如 AR,ARMA 和 ARIMA 在平滑和稳定的网络流量假设条件下是有效的,然而网络异常检测对单一指标(数据包大小或连接数量)的检测效果有限,同时网络流量具有复杂性和不确定性,单一指标并不适用于所有类型的 DoS 攻击检测。

IFTS 模型可以有效地描述预测问题中模糊、不确定性或者语言值变量,网络流量数据中存在大量不确定性和语言值信息。例如一个数据流连接包括传输协议、网络服务类型、网络连接状态标志,甚至包括一些缺省信息。那么利用 IFTS 预测模型对 DoS 攻击进行检测,将网络流量特征属性直觉模糊化,建立检测机制是一种新颖的尝试。本章提出一个基于 IFTS 预测模型的 DoS 异常检测方法,通过计算网络流量特征属性的直觉模糊预测误差,区分正常流量和 DoS 攻击,进而达到检测预警的目的。

8.3.2 实验设计与分析

在时间序列模型中,将网络流量看作 k 维的序列数据集,每一维表示流量的一种特征属性。为了解决网络流量中的语言值特征属性(协议、服务状态),通过直觉模糊化对不同类型数据进行处理。基本的模型论域划分、隶属度函数和非隶属度函数计算公式等均由第 2 章详细给出,这里不再重复表述,下面建立基于 IFTS 预测模型的 DoS 攻击检测算法。

步骤 1:将网络流量表述为 $x_1^k, x_2^k, \cdots, x_n^k$。其中,$k$ 为特征属性维数。对于连续变量,根据直觉模糊化公式特征属性直觉模糊化,对于离散变量或者语言值变量,将数据直接划分为直觉模糊集。

步骤 2:异常检测算法在正常网络流量数据上进行训练,每一维流量特征属性建立一个 IFTS,当前状态由 m 个历史数据预测得到。

步骤 3：计算每一维 IFTS 预测值 $\hat{x}_n$ 和实际值 x_n 之间的直觉模糊预测误差 (intuitionistic fuzzy forecasting error, IFFE)ε_i, 如式(8.13)所示, 将 IFFE 作为正常流量检测门限：

$$\varepsilon_k = \hat{x}_n^k - x_n^k = (\mu(\hat{x}_n^k) - \mu(x_n^k) + \gamma(\hat{x}_n^k) - \gamma(x_n^k))/2 \qquad (8.13)$$

步骤 4：在异常检测阶段, 未知的网络流量数据直觉模糊化为 IFTS, 由 m 阶历史数据和直觉模糊关系计算当前状态, 并计算每一维特征属性的 IFFE。

步骤 5：计算加权预测误差 $\varepsilon_w = (\alpha_1\varepsilon_1 + \alpha_2\varepsilon_2 + \cdots + \alpha_k\varepsilon_k)$, 其中 $\alpha_1 + \alpha_2 + \cdots + \alpha_k = 1$, 权重分配协同调节各个特征属性对异常检测的影响。

步骤 6：与正常网络流量训练门限进行比较, 当预测误差持续超出期望范围, 产生一次 DoS 攻击警报。

算法流程图如图 8.12 所示。

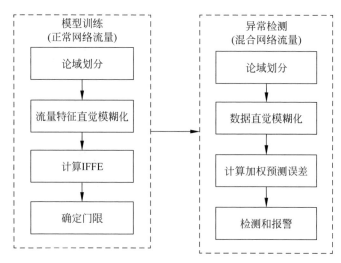

图 8.12　基于 IFTS 的 DoS 检测流程图

实验中, 将基于 IFTS 预测模型的 DoS 异常检测方法应用于入侵检测数据集 KDD Cup99(数据集具体介绍见第 10 章), 该数据集的每一条记录包括 41 维特征属性。通常采用 10% 的带标签数据集测试异常检测算法的性能, 测试数据集包括 6 种不同类型的 DoS 攻击, Neptune, Land, Smurf, Pod 和 Teardrop。每一条记录根据一次 TCP\IP 连接, 因此持续时间是不规则的。尽管每一个数据并不代表相等的时间间隔, 在时间尺度相关性较低的条件下, 可以认为该数据集仍然是基于时间序列变化的。在数据训练阶段, 提取大约 20000 条正常流量数据。图 8.13 表示正常流量时间序列中 src_bytes, dst_bytes, count, hot 和 duration 特征属性的分布情况。直觉模糊化所有特征属性数据, 并通过计算 IFFE 来确定异常检测门限。

DoS 异常检测阶段, 在部署的 20000 个标签数据中包含了 4 种不同的攻击, 如图 8.14 所示。基于 IFTS 模型的不同特征属性 IFFE 计算结果如图 8.15 所示, 实验中通过 service 特征属性的 IFFE ε_k 检测到第一次 Neptune 攻击；dst_bytes 和 count 特征属性同时检测到第二次 Smurf 攻击；src_bytes 特征属性 IFFE 成功检测到 Pod 和 TearDrop 攻击，根据本节提出的异常检测算法，4 次 DoS 攻击通过以上特征属性全部成功检测。

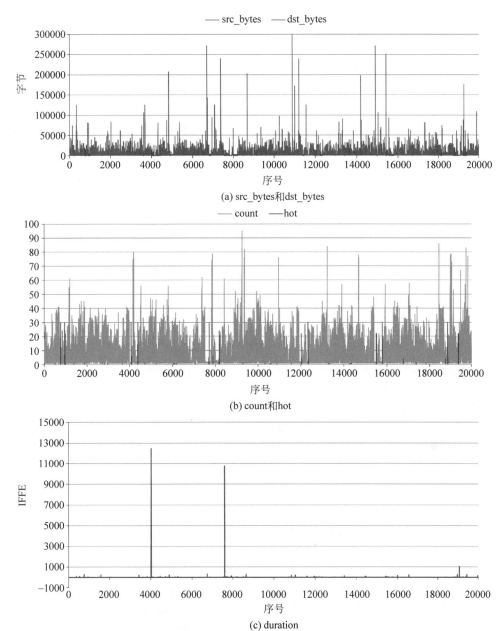

图 8.13　正常流量特征属性分布（后附彩图）

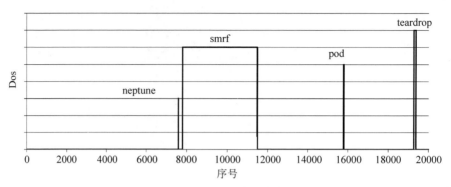

图 8.14 DoS 攻击分布

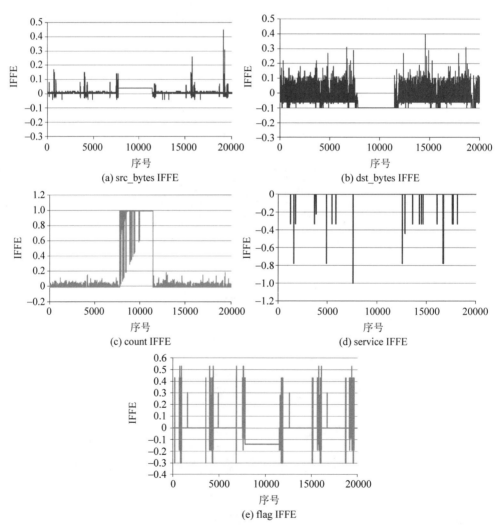

(a) src_bytes IFFE

(b) dst_bytes IFFE

(c) count IFFE

(d) service IFFE

(e) flag IFFE

图 8.15 特征属性 IFFE ε_k

通过图 8.15 可以看出,不同特征属性对于不同的 DoS 攻击敏感度并不相同,图 8.16 表示不同 service 和 flag 特征属性值对于 6 种不同 DoS 攻击和 normal 流量的反应,横坐标显示了部分 flag 特征属性的状态。从图中可以看出,service S0 与 Neptune 攻击相关,而 flag 特征属性与该攻击无关,可见不同特征属性对于 DoS 攻击的相关性不同。因此,本节在检测算法中建立了一个不同特征属性加权预警机制,将模型部署在 100000 个数据的混合流量上,数据集包括 24 次 DoS 攻击,检测算法中加权 IFFE ε_w 计算结果如图 8.17 所示。实验中共正确报警 22 次和 1 次错误报警,检测正确率达到 91.6%。

本节提出了基于 IFTS 预测模型的 DoS 攻击检测方法,可以有效地处理语言值或者模糊变量,通过不同特征属性在正常流量数据进行报警门限训练,根据 IFFE 指标对多种类型 DoS 攻击进行检测,通过加权计算调整不同特征属性的敏感度,进一步提高模型检测率。通过 KDD99 数据集进行实验,证明了该方法的有效性。

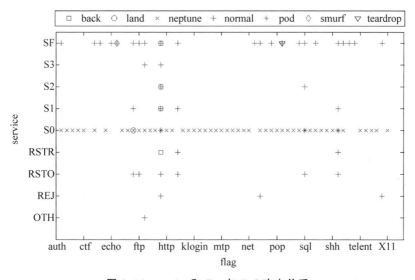

图 8.16　service 和 flag 与 DoS 攻击关系

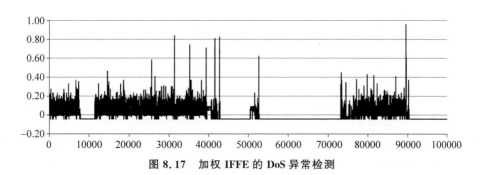

图 8.17　加权 IFFE 的 DoS 异常检测

参考文献

[1] DENNING D E. An intrusion-detection model［J］. IEEE Transactions on Software Engineering,1987,13(2):222-232.

[2] LAKHINA A,CROVELLA M,DIOT C. Diagnosing network-wide traffic anomalies ［C］//Procee dings of the 2004 Conference on Applications,technologies,architectures,and protocols for computer communications,August 30-September 03,2004,Portland,Oregon, USA. New York:ACM Press,2004:219-230.

[3] HOOD C S. JI C. Proactive network fault detection［C］//Proceedings of the 6th Annual Joint Conference of the IEEE Computer and Communications Societies,April 07-12,1997, Kobe,Japan. Washington D. C. :IEEE Computer Society,1997:1147-1155.

[4] 郑黎明,邹鹏,贾焰. 网络流量异常检测中分类器的提取与训练方法研究［J］. 计算机学报,2012,35(4):719-729.

[5] BRAUCKHOFF D,DIMITROPOULOS X,WAGNER A,et al. Anomaly extraction in backbone networks using association rules［J］. IEEE Transactions on Networking,2012,20 (6):1788-1799.

[6] LIAO Y,VEMURI V R. Use of K-Nearest Neighbor Classifier for Intrusion Detection［J］. Computers Security,2002,21(5):439-448.

[7] MAZEL J,CASAS P,OWEZARSKI P. Sub-space clustering and evidence accumulation for unsupervised network anomaly detection ［C］//Traffic Monitoring and Analysis-3rd International workshop,April 27 TMA 2011,Vienna,Austria. Berlin:Springer, 2011,6613 (1):15-28.

[8] JOHN A Q, MASASHI S. A least-squares approach to anomaly detection in static and sequential data［J］. Pattern Recognition Letters,2014,40(complete):36-40.

[9] LAKHINA A,CROVELLA M,DIOT C. Diagnosing Network-Wide Traffic Anomalies ［J］. ACM SIGCOMM Computer Communication Review,2004,34(4):219-230.

[10] LU W,GHORBANI A A. Network Anomaly Detection Based on Wavelet Analysis［J］. EURASIP Journal on Advances in Signal Processing,2009:1-16.

[11] RAMANATHAN A,WADES:A Tool for Distributed Denial of Service Attack Detection ［D］. College Station:Texas A&M University,2002:2-73.

[12] YU W,WANG X,CALYAM P,et al. On detecting camouflaging worm［C］//Proceedings of the 22nd Annual Computer Security Applications Conference,December 11-15,Miami Beach,Florida,USA. Washington D. C. : IEEE Computer Society,2006:235-244.

[13] TAYFUN A,BAYKUT S,EROL-KANTARCI M,et al. Periodicity-based anomalies in self-similar network traffic flow measurement［J］. IEEE Transactions on Instrumentation and Measurement,2011,60(4):1358-1366.

[14] JIANG J,PAPAVASSILIOU S. Detecting Network Attack in the Internet via Statistical Network Traffic Normality Prediction［J］. Journal of Network and Systems Management, 2004,12(1):51-72.

[15] CHEN Y H,MA X L,WU X Y. DDoS detection algorithm based on preprocessing network traffic predicted method and chaos theory［J］. IEEE Communications Letters, 2013,17(5):1052-1054.

[16] THANASIS V,ALEXANDROS P,CHRISTOS I,et al. Real-time network data analysis using time series models［J］. Simulation Modelling Practice and Theory. 2012,29 (complete)：173-180.

[17] JAMES C,MURTHY H A. Time series models and its relevance to modeling TCP SYN based DoS attacks［C］//7th EURO-NGI Conference on Next Generation Internet,June 27-29,2011, EURO-NGI, Kaiserslautern, Germany. Washington D. C. ：IEEE Computer Society,2011.

[18] LIU H,KIM M S. Real-time detection of stealthy DDoS attacks using time-series decomposition［C］//IEEE International Conference on Communications,May 23-27,2010, Cape Town,South Africa. Washington D. C. ：IEEE Computer Society,2011：1-6.

[19] 邹伯贤. 网络流量异常检测与预测方法研究［D］. 北京：中国科学院,2003.

[20] 孙轶东,张德远,高鹏. 基于时间序列分析的分布式拒绝服务攻击检测［J］. 计算机学报, 2005,28(5)：767-773.

[21] 赖英旭,焦娇. 基于时间序列分析的工业控制以太网流量异常检测［J］. 北京工业大学学 报,2015,41(2)：200-206.

[22] 吕军晖,周刚. 一种基于时间序列的自适应网络异常检测算法［J］. 北京航空航天大学学 报,2009,35(5)：636-639.

[23] MAHONEY M V,CHAN P K. Learning nonstationary models of normal network traffic for detecting novel attacks［C］//Proceedings of the 8th ACM SIGKDD International Conference on Knowledge Discovery and Data Mining, July, 2002, Edmonton Alberta, Canada,New York：ACM Press,2002：376-385.

[24] WANG H,ZHAN D,SHIN K G. Detecting SYN flooding attacks［C］//Proceedings of the 21st Annual Joint Conference of the IEEE Computer and Communications Societies,June 23-27,2002,New York,USA. Piscataway：IEEE Press,2002,3：1530-1539.

[25] 龚俭,彭艳兵,杨望,等. 基于 Bloom Filter 的大规模异常 TCP 连接参数再现方法［J］. 软 件学报,2006,17(3)：434-444.

[26] 严芬,陈轶群,黄皓,等. 使用补偿非参数 CUSUM 方法检测 DDoS 攻击［J］. 通信学报, 2008,2 9(6)：126-132.

[27] JIN C,WANG H,SHIN K G. Hop-count filtering：An effective defense against spoofed DDoS traffic ［C］//Proceedings of the 10th ACM Conference on Computer and Communications Security. New York：ACM Press,2003：30-41.

[28] MENG Q F,CHEN Y H,FENG Z Q,et al. Nonlinear prediction of small scale network traffic based on local relevance vector machine regression model［J］. Acta Physica Sinica, 2013,62(15)：88-94.

[29] CHEN Y H, MA X L, WU X Y. DDoS detection algorithm based on preprocessing network traffic predicted method and chaos theory［J］. IEEE Communications Letters, 2013,17(5)：1052-1054.

[30] THANASIS V,ALEXANDROS P,CHRISTOS I,et al. Real-time Network Data Analysis Using Time Series Models［J］. Simulation Modelling Practice and Theory. 2012, 29 (complete)：173-180.

[31] SHI Y Q,LI R F,ZHANG Y,et al. An immunity-based time series prediction approach and its application for network security situation［J］. Intelligent Service Robotics,2015,8 (1)：1-22.

[32] MAWI Working Group,Traffic traces［EB/OL］.［2017-04-10］. http：//mawi. wide. ad. jp/mawi.

第9章

基于IFTS图挖掘的网络流量异常检测

本章针对网络流量异常检测这一保障网络空间安全的重要技术,结合信息熵理论、图挖掘理论和启发式变阶 IFTS 预测模型,提出了一种基于 IFTS 图挖掘的流量异常检测方法。网络流量检测以网络流量数据的多维特征属性熵值为对象,建立了多个并行且相互独立的启发式变阶 IFTS 预测模型,在各个时刻以多维属性熵值为顶点,综合考虑熵值的变化幅度和相似度,定义各顶点间的边权值,建立了一个完全图,进而在时间维度上建立起流量数据的直觉模糊时间序列图。最后,对直觉模糊时间序列图进行频繁子图挖掘,根据挖掘结果建立异常向量,通过对异常向量的拟合研究实现网络流量异常的自适应判断。

9.1 引言

网络流量异常是指通过流量反映的网络行为偏离其正常行为的情况。为了保证网络的安全和稳定,维持其高效运行,网络管理者需要采取适当的技术对网络中可能出现的异常进行描述和分析,制定合理的规则并作出预警,这就是网络流量异常检测[1]。随着互联网技术的迅猛发展和广泛应用,各种网络攻击手段层出不穷,新的网络安全问题不断涌现,因此流量异常检测技术也成为一个始终被关注和研究的热点,众多学者致力于将多种先进技术应用到这个领域,研究形成了包括统计学分析、机器学习、信号处理和时间序列等网络异常检测方法。这些方法的基本研究思路是依据不同理论建立和抽象出可计算的网络流量模型,分析网络流量特征与异常行为的关联性,并设计相应的异常检测规则。因此研究不同的数据关联分析方法和融合理论是检测网络流量异常的有效途径。

图挖掘(graph mining)作为数学领域中图论的研究分支,是指利用图模型从数据中发现和提取有用知识与信息的过程,是数据关联性分析的一种实用方法。频繁子图挖掘作为图数据挖掘领域中的一个重要研究方向在近年发展迅速,被广泛应用于计算化学[1]、社交网络分析[2]、故障检测[3]等领域。基于频繁子图挖掘的网络流量异常检测是该领域研究中的一个新兴算法,对多元高维数据关联性分析具有很好的实用性。Noble[4]等提出了应用异常子结构和异常子图检测网络流量异常的方法,但是这两种方法都没有考虑到图中顶点之间的关系。Bunke[5-6]等用顶点表示网络中的服务器和客户端,用边表示它们之间的连接关系建立起时间序列图,利用相邻时刻的两个图之间的距离检测网络中的异常行为。周颖杰[7]等结合信息熵理论建立了单汇接点的时间序列图,也是一种网络图模型与时间序列融合的构建方法,但是该模型对图中边权值的考虑不够全面,没有给出合理的边权计算方法,并且缺少异常系数判定方法的研究,对于实际网络流量进行异常检测的可用性有限。

"熵"的概念源于热物理学,由德国物理学家克劳休斯于 1850 年提出,是系统内部热运动混乱度的度量。人们对熵的认识不断发展,使其具有了较为深刻的意义,直接或间接地渗入了信息论、控制论、天体物理及生命科学和社会科学等不同领域。1948 年,香农把熵的概念引入信息论中,提出信息熵的概念,将其作为一个信源所含信息量的度量。随着信息熵相关研究的发展,它被广泛引用于多个领域,其中包括信号检测与处理、模式分类、生物医学、计算机科学甚至经济学。采用信息熵的方法检测网络异常流量在计算机科学领域早有研究。Laknina 等首次使用信息熵来对网络流量的异常进行检测,并且通过对特定骨干网的研究发现,与以流量体积为研究对象的方法相比,采用以信息熵为研究对象的方法在检测率与误报率上都具有明显的优势[8-9]。此后,诸多学者利用信息熵理论解决网络流量异常检测的问题均取得了显著效果。例如,郑黎明等[10]针对高速骨干网上异常检测要求高检测效率和低误报率问题,提出了一个基于多维流量数据熵值的分类方法,在多个不同维度上采用熵度量流量数据的分布特征,采用一类支持向量机对由多维度熵组成的检测向量进行分类,并且利用多窗口关联检测算法给出最终的异常判断。宋元章等[11]提出了一种基于网络行为特征和 Dezert-Smarandache 理论的P2P 僵尸检测方法,利用局部奇异性和信息熵对网络行为特征进行多方面的描述,进而利用卡尔曼滤波器和 Dezert-Smarandache 理论对网络行为特征进行一场检测和结果融合判定。张龙等[12]将信息熵与深度神经网络结合,提出了一种在软件定义网络中检测分布式拒绝服务攻击异常流量的新方法。

针对以上研究现状,本章建立了一种基于 IFTS 图挖掘理论的网络流量模型,结合 IFTS 预测理论和信息熵理论,对网络流量数据建立时间维度上的直觉模糊时间序列图,引入频繁子图挖掘技术对每个时刻上的频繁子图进行挖掘,通过建立异常向量表征该时刻网络流量的异常情况,对异常向量间的距离进行拟合分析得到其动态检测阈值,从而实现对网络异常行为进行判断的目的。

9.2　基本理论

9.2.1　图挖掘

首先给出图挖掘理论的相关定义。

定义 9.1（图[13]）

图是由顶点集合 V 和顶点间的二元关系集合（即边的集合）E 组成的数据结构，通常用 $G(V,E)$ 来表示。

若一个图 $G(V,E)$ 中的每条边 e_m 也可以用一个顶点对 (v_i,v_j) 表示（其中，$e_m \in E$，$v_i,v_j \in V$），且边 e_m 没有特定的方向，即 (v_i,v_j) 与 (v_j,v_i) 表示为同一条边，则称图 G 为"无向图"；反之，若顶点对 $\langle v_i,v_j \rangle$ 为有序对，即表示从顶点 v_i 到顶点 v_j 的有向边，$\langle v_i,v_j \rangle$ 与 $\langle v_j,v_i \rangle$ 表示两条不同的边，则称图 G 为"有向图"。

如果图 $G(V,E)$ 是一个无向图，并且图中任意一对顶点之间都有一条边，则称图 G 为"完全图"。在完全图中，记 n 为顶点数目，m 为边的数目，则 $m = \dfrac{1}{2}n(n-1)$。

有时图的边具有一个与它相关的数，这个数称为"权值"。这些权值可以表示从一个顶点到另一个顶点的距离、花费的代价、所需的时间等信息。如果一个图的所有边都具有权值，则称之为"加权图"。

定义 9.2（子图[13]）

设有两个图 $G(V',E')$ 和 $G(V,E)$，如果 $V' \subseteq V$，且 $E' \subseteq E$，则称图 G' 是图 G 的"子图"。

定义 9.3（支持度[14]）

给定图的集合 $\zeta = \{G_i | i = 0,1,\cdots,n\}$，子图 g 的支持度 $\sup(g)$ 定义为集合 ζ 中包含子图 g 的所有图所占的百分比，即

$$\sup(g) = \frac{|\langle G_i \mid g \subseteq G_i, G_i \subseteq \zeta \rangle|}{|\zeta|} \tag{9.1}$$

支持度挖掘是子图在输入图集合中出现的次数的度量，大部分图挖掘算法是基于支持度实现的，另外一些算法是基于支持度-置信度实现的，这些算法要求挖掘过程满足支持度最小和置信度最小原则，具体实现方法这里不再深入研究。

定义 9.4（频繁子图挖掘[14]）

给定图的集合 $\zeta = \{G_i | i = 0,1,\cdots,n\}$ 和支持度阈值 $\sup_\varepsilon$，频繁子图挖掘的目标是找出所有使 $\sup(g) \geqslant \sup_\varepsilon$ 的子图 g。

9.2.2　信息熵

信息熵是香农信息论的基本定义，通过借鉴热力学的概念，把信息中排除了冗余后的平均信息量称为"信息熵"，用来解决对信息的量化度量问题，其基本思想

是利用概率统计的方法给出了信息熵的定义。在介绍信息熵的定义之前,需要先介绍自信息的定义。

定义 9.5(自信息[15])

一个随机事件发生某一结果后所带来的信息量称为"自信息量",简称"自信息",定义为其发生概率对数的负值。若随机事件 x_i 发生的概率为 $p(x_i)$,那么它的自信息 $I(x_i)$ 为

$$I(x_i) = -\log_a p(x_i) \tag{9.2}$$

下面对自信息做出3点说明:

(1) 在实际计算中要求自信息 $I(x_i)$ 的值非负,则对数的底 a 必须大于1。常用的对数底有3种:以2为底,单位为Bit;以e为底,单位为Nat;以10为底,单位为Det或Hart。理论推导中常以e为底,因此本书也选择以e为底。

(2) 自信息为随机变量,是概率 $p(x_i)$ 的单调递减函数。

(3) 自信息表示两个方面的含义:事件 x_i 发生前,表示事件发生的不确定性的大小;事件 x_i 发生后,表示事件包含的信息量的大小。

自信息是信源发出某一具体消息所含有的信息量,发出的消息不同,它的自信息量就不同。单个事件的自信息不能用来表征整个信源能提供的信息量,而应该用所有事件的平均自信息来表征。由于信源具有不确定性,可以把信源用随机变量来表示,用随机变量的概率分布定量描述信源的不确定性,由此可求出信源的平均信息。

定义 9.6(信息熵[15])

随机变量 X 的每一个可能取值 x_i 的自信息 $I(x_i)$ 的统计平均值定义为随机变量 X 的平均自信息量,简称"平均自信息",又称"信息熵"。

$$H(X) = E[I(X)] = -\sum_{i=1}^{n} p(x_i)\log_a p(x_i) \tag{9.3}$$

其中,n 为 x_i 的个数。以下对信息熵做出几点说明:

(1) 熵的单位与自信息的单位有关,可以是比特/符号、奈特/符号或哈特/符号。

(2) 函数 $H(X)$ 是一个对称函数,即

$$H(x_1, x_2, \cdots, x_n) = H(x_2, x_1, \cdots, x_n) = \cdots = H(x_n, x_1, \cdots, x_{n-1}) \tag{9.4}$$

x_i 的次序可以任意改变,但熵值不变。对称性说明熵值与信源的总体统计特征有关,而与各消息发生的顺序无关。

(3) 信息熵是自信息的数学期望,自信息非负,所以信息熵也非负。

(4) 信息熵描述了一个系统中包含的信息量的分布情况,系统中各随机变量的不确定性越大,系统的信息熵越高;反之,随机变量的不确定性越小,信息熵越低。信息熵的取值范围为 $0 \leqslant H(X) \leqslant \log n$,当且仅当信源的各个消息出现的概率全部相等时,$H(X) = \log n$。

熵是热力学中微观状态多样性或均匀性的一种度量,反映了系统微观状态的分布概率。从通讯的角度看,出于随机性的干扰是无法避免的,因此通信系统具有统计的特征,信息源可视为一组随机事件的集合,该集合所具有的随机性不确定度与热力学中微观态的混乱度是类同的,将热力学概率扩展到系统各个信息源信号出现的概率就形成了信息熵。信息熵标志着所含信息量的多少,是对系统不确定程度的描述。

从网络中捕获的数据包中包含了源 IP 地址、目的 IP 地址、源端口和目的端口等属性,把测量数据当作信息源,把数据包中的各个属性看作一组随机事件,从中选取能够有效反映网络流量变化的属性构成一个特征序列,它们的信息熵就是异常的度量指标。这些度量指标构成一个信息熵值序列,当网络中出现异常时,网络特征分布的一致性会受到破坏,熵值序列就会发生变化,因此信息熵的异常就可以作为判断网络异常的一个有效标识。

$X = \{n_i, i = 1, 2, \cdots, N\}$ 表示在测量数据中属性 i 发生了 n_i 次,那么,信息熵的定义如下:

$$H(X) = -\sum_{i=1}^{n} \left(\frac{n_i}{S}\right) \log_2 \left(\frac{n_i}{S}\right) \tag{9.5}$$

其中,$S = \sum_{i=1}^{n} n_i$ 表示某个属性发生的总次数。网络流量异常则可以通过源 IP 地址、目的 IP 地址、源端口和目的端口等属性上的测量数据异常表征出来。王海龙等[16]以端口扫描攻击为例,分析证明了信息熵是如何有效表征在攻击下流经目的 IP 和目的端口的数据包数量的变化情况的。在正常情况下流经目的 IP 的数据包数量比较分散,流经目的端口的比较集中,而在异常情况下流经目的 IP 的数据包数量比较集中,流经目的端口的比较分散,数据量都明显增加。分析表明,基于数据包数量的统计分析很难发现端口扫描攻击产生的异常,但是基于信息熵的分析则能够有效地表现出在同一属性上对应数据的集中和分散情况,数据越集中的属性其熵值越小,数据越分散的属性其熵值越大。

9.3　基于 IFTS 图挖掘的流量异常检测算法

基于 IFTS 图挖掘的网络流量异常检测算法的基本思想是:对于从网络流量数据中提取的源/目的 IP、源/目的端口和数据包长度五元特征属性的信息熵值,分别建立 5 个启发式变阶 IFTS 预测模型,这样在时间维度上就得到了 5 个并行的熵值直觉模糊时间序列。而在任意时刻 t,以 5 个 IFTS 的值为顶点,以 2 个顶点代表的 IFTS 值的变化相似度为顶点之间的边,可以得到一个空间维度上的 5 顶点完全图。这样,在时间维度上就得到了一个 IFTS 图。在 $t+1$ 时刻,通过 5 个 IFTS 模型的预测值可以建立一个预测完全图,而通过实际测量数据又可以建立一个实际完全图,结合历史时间序列图的特性对这两个完全图进行挖掘分析,利用异常向量表征图挖掘结果,最后通过对异常向量间的距离分析,判断 $t+1$ 时刻的网络流量是否发生异常。下面给出基于 IFTS 图挖掘的流量异常检测算法的实现过程。

9.3.1　IFTS 图构建

记 t 时刻得到的 5 顶点完全图为 $G_t(V_t,E_t)$,其中,顶点 $v_p \in V_t(p=1,2,3,4,5)$ 和边 $e_m \in E_t(m=1,2,\cdots,10)$ 的表示方法如图 9.1 所示。

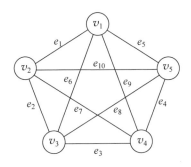

图 9.1　图 $G_t(V_t,E_t)$

(1) 顶点

利用 $t-1$ 时刻~t 时刻从网络中获取的流量数据进行计算,得到 t 时刻的源 IP 地址(source IP address,SIP)、目的 IP 地址(destination IP address,DIP)、源端口(source port,SPT)、目的端口(destination port,DPT)和数据包长度(packet length,LEN)5 个属性的信息熵值,分别记为 $H_t(\text{SIP})$,$H_t(\text{DIP})$,$H_t(\text{SPT})$,$H_t(\text{DPT})$ 和 $H_t(\text{LEN})$,作为 5 个顶点 v_1,v_2,v_3,v_4,v_5 的值。

信息熵的计算关键在于每一维特征属性概率 $p(x)$ 的计算,下面给出网络流量五元组特征属性的 $p(x)$ 计算方法:

SIP 和 DIP:

$$p(x) = \frac{\text{SIP/DIP}=x \text{ 的数据包数}}{\text{总数据包数}} \tag{9.6}$$

SPT 和 DPT:

$$p(x) = \frac{\text{SPT/DPT}=x \text{ 的数据包数}}{\text{总数据包数}} \tag{9.7}$$

LEN:

$$p(x) = \frac{\text{LEN}=x \text{ 的数据包数}}{\text{总数据包数}} \tag{9.8}$$

(2) 边

记 $e_m=(v_p,v_q)$ 为连接顶点 v_p 和 v_q 的边,s_m 为边 e_m 的权值,表示顶点 v_p 和 v_q 代表的熵值的变化相似度,即

$$s_m = \frac{\min(\Delta_p, \Delta_q)}{\max(\Delta_p, \Delta_q)} \qquad (9.9)$$

其中,

$$\Delta_p = \frac{|H_t(p) - H_{t-1}(p)|}{H_t(p) + H_{t-1}(p)} \qquad (9.10)$$

$$\Delta_q = \frac{|H_t(q) - H_{t-1}(q)|}{H_t(q) + H_{t-1}(q)} \qquad (9.11)$$

分别表示 t 时刻顶点 v_p 和 v_q 代表的熵值 $H_t(p)$ 和 $H_t(q)$ 较 $t-1$ 时刻的变化率,并且约定 $\frac{0}{0}=1, \frac{0}{\Delta}=1-\Delta$。

边的权值反映了该边所连接的 2 个顶点的信息熵值变化的相似程度,即网络流量特征属性的信息量变化程度,权值越大表示两个特征属性信息熵值的变化越相似。需要说明的是,当网络中发生异常时,相关特征属性两端点的信息熵值有可能同时增大,或者同时减小,也有可能一个增大一个减小,这是因为不同网络异常行为引起流量特征属性的信息熵变化也有所不同[14-15]。在网络流量异常的检测阶段,主要关注是否出现异常,而对于异常的种类不进行分类和识别,因此这里只考虑熵值变化幅度的相似度,即在式(9.10)和式(9.11)中使用了 $H_t(p)$ 和 $H_t(q)$ 差值的绝对值。

9.3.2   IFTS 图挖掘

按照图所含顶点的个数,可以将任意一个图 $G_t(V_t, E_t)$ 的子图分为 4 类,即 2 顶点子图、3 顶点子图、4 顶点子图和 5 顶点子图。在 IFTS 图挖掘网络流量异常检测算法中,子图的意义在于体现子图所包含的所有顶点之间熵值变化的相似度,因此只有完全图的子图对于本书的研究是有意义的。那么在图 $G_t(V_t, E_t)$ 的 4 类子图中,完全图的个数分别为:2 顶点子图 10 个,如图 9.2 (a)所示;3 顶点子图 10 个,如图 9.2(b)所示;4 顶点子图 5 个,如图 9.2(c)所示;5 顶点子图 1 个,即图 9.1 所示的图 $G_t(V_t, E_t)$。为表述方便,若无特殊说明,在本书后续内容中所出现的图和子图均指完全图。

在本书提出的基于 IFTS 图挖掘的网络流量异常检测算法中,根据网络流量特征属的计算特点,对子图支持度的计算进行了重新定义,将顶点信息熵值变化率和各边权重的均值引入支持度,提高网络流量特征属性图挖掘性能。对于子图 $g_j(V_j, E_j)$ $(j=1,2,\cdots,26)$,定义其支持度为

$$\sup(g_j) = \frac{\Delta(g_j) + S(g_j)}{2} \qquad (9.12)$$

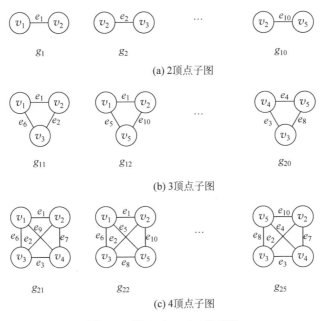

(a) 2顶点子图

(b) 3顶点子图

(c) 4顶点子图

图 9.2　图 $G_t(V_t, E_t)$ 的子图

其中，

$$\Delta(g_j) = \frac{1}{|V_j|} \sum_{p=1}^{|V_j|} \Delta_p \tag{9.13}$$

表示子图 g_j 中各顶点信息熵值的变化率的均值，反映了各网络流量特征属性信息熵值变化的幅度。

$$S(g_j) = \frac{1}{|E_j|} \sum_{m=1}^{|E_j|} s_m \tag{9.14}$$

表示子图 g_j 中各边权值的均值，反映了各网络流量特征属性信息熵值变化的相似度。

如果给定支持度阈值 $\sup_\epsilon$，那么频繁子图挖掘的目标就是找出所有使 $\sup(g_j) \geqslant \sup_\epsilon$ 的子图 g_j，g_j 被称为"频繁子图"，挖掘出的频繁子图可作为网络流量判定的基础。

9.3.3　异常判定准则

通过对网络流量数据的离线分析，可以发现正常情况下网络流量五元特征属性的信息熵值是相对平稳的，然而，仅仅通过图挖掘只能获得非常少的频繁子图，并且在这些有限的频繁子图中以 2 顶点子图居多，3 顶点子图次之，而 4 顶点和 5 顶点子图几乎没有。但是当网络流量出现异常时，频繁子图数目明显增多，其中以 3 顶点、4 顶点和 5 顶点子图数目的变化最为明显。这是因为当网络发生行为异常时，往往会导致多个流量特征属性的熵值同时出现明显的增加或减少，而式(9.12)定义的子图支持度的初衷就是为了反映各顶点熵值同时发生大幅变化的相似度。

基于上述研究的基础，本书针对这 4 类子图建立了一个四维的异常向量，用于表示各类子图中频繁子图的比例，这样就可以通过任意时刻异常向量的变化来判断该时刻流量是否出现了异常。

记 t 时刻图 $G_t(V_t,E_t)$ 的异常向量为

$$\boldsymbol{a}_t=(a_t^2,a_t^3,a_t^4,a_t^5) \tag{9.15}$$

其中，a_t^2,a_t^3,a_t^4 和 a_t^5 分别表示图 G_t 的 2 顶点子图、3 顶点子图、4 顶点子图和 5 顶点子图中，频繁子图所占的比例，即各类频繁子图的个数除以各类子图总数。

由历史数据可以得到 $t+1$ 时刻之前 t 个时刻的异常向量 $\{a_1,a_2,\cdots,a_t\}$，因为在检测的过程中会将异常时刻的数据从历史数据中剔除，所以随着时间的推进，保留下来的历史数据均为正常数据，它们的异常向量也都是处于正常范围之内的。

$t+1$ 时刻异常向量的预测值 $\hat{\boldsymbol{a}}_{t+1}=(\hat{a}_{t+1}^2,\hat{a}_{t+1}^3,\hat{a}_{t+1}^4,\hat{a}_{t+1}^5)$ 由各个网络流量特征属性信息熵值 IFTS 进行预测算法计算得到，而异常向量的实际观测值 $\boldsymbol{a}_{t+1}=(a_{t+1}^2,a_{t+1}^3,a_{t+1}^4,a_{t+1}^5)$ 由实际流量数据观测和计算得到，则预测向量 $\hat{\boldsymbol{a}}_{t+1}$ 和实际观测向量 $\boldsymbol{a}_{t+1}$ 之间的标准化欧氏距离为

$$d(\hat{\boldsymbol{a}}_{t+1},\boldsymbol{a}_{t+1})$$
$$=\sqrt{\frac{1}{4}\left[(\hat{a}_{t+1}^2-a_{t+1}^2)^2+(\hat{a}_{t+1}^3-a_{t+1}^3)^2+(\hat{a}_{t+1}^4-a_{t+1}^4)^2+(\hat{a}_{t+1}^5-a_{t+1}^5)^2\right]} \tag{9.16}$$

$d(\hat{\boldsymbol{a}}_{t+1},\boldsymbol{a}_{t+1})$ 的大小反映了预测向量 $\hat{\boldsymbol{a}}_{t+1}$ 与观测向量 $\boldsymbol{a}_{t+1}$ 之间的差异。$d(\hat{\boldsymbol{a}}_{t+1},\boldsymbol{a}_{t+1})$ 越大，表明两者间的差异越大，则 $t+1$ 时刻网络流量出现异常的可能性越大；反之，出现异常的可能性越小。

考虑到预测向量 $\hat{\boldsymbol{a}}_{t+1}$ 与历史数据的异常向量 $\boldsymbol{a}_i(i=1,2,\cdots,t)$ 之间的距离 $d(\hat{\boldsymbol{a}}_{t+1},\boldsymbol{a}_i)$ 也是一个时间序列，并且该时间序列的数据形式简单、趋势平稳，那么就可以采用简单快捷的 AR 模型来拟合该序列，描述距离 $d(\hat{\boldsymbol{a}}_{t+1},\boldsymbol{a}_i)$ 的动态特征，从而得到距离 $d(\hat{\boldsymbol{a}}_{t+1},\boldsymbol{a}_{t+1})$ 的取值范围，实现网络流量异常的自适应判定。

AR 模型[17] 是 p 阶自回归时间序列模型，记为 AR(p)。其中，p 是模型的阶数。AR 模型的基本思想是：对于平稳、零均值的时间序列，当前观测值与其前面的 p 个观测值有关，由前 p 个观测值通过线性计算得到。George[18] 对 AR 模型的研究表明，在实际应用中 AR 模型的阶数通常不超过 2，并且 AR(2) 模型也是最常用的模型。此外，阶数越大，AR 模型的参数估计的计算量也越大。因此，考虑上述因素，这里选取 AR(2) 模型进行拟合计算，给出网络流量特征属性发生异常的判定准则，具体实现步骤如下。

步骤 1：距离序列零均值化。AR 模型只适用于零均值序列，因此需对历史数据的 t 个距离值进行零均值化。记距离序列 $\{d(\hat{\boldsymbol{a}}_{t+1},\boldsymbol{a}_1),d(\hat{\boldsymbol{a}}_{t+1},\boldsymbol{a}_2),\cdots,$

$d(\hat{\boldsymbol{a}}_{t+1},\boldsymbol{a}_t)\}$的均值为$\bar{d}$,则

$$\bar{d} = \frac{1}{t}\sum_{i=1}^{t} d(\hat{\boldsymbol{a}}_{t+1},\boldsymbol{a}_i) \tag{9.17}$$

$$x_i = d(\hat{\boldsymbol{a}}_{t+1},\boldsymbol{a}_i) - \bar{d} \tag{9.18}$$

$\langle x_1,x_2,\cdots,x_t\rangle$就是零均值距离序列。

步骤 2:拟合模型。AR(2)的模型表达式为

$$x_i = \varphi_1 x_{i-1} + \varphi_2 x_{i-2} + e_i \tag{9.19}$$

其中,$i=3,4,\cdots,t$;φ_1和φ_2为 AR(2)的系数 e_i 为白噪声,是均值为零、方差为σ_e^2的独立同分布高斯随机变量。

由 $x_1,x_2,\cdots,x_t$ 估计 φ_1、φ_2 和 σ_e^2 的具体计算过程如下:

记

$$\boldsymbol{Y} = \begin{bmatrix} x_3 \\ x_4 \\ \vdots \\ x_t \end{bmatrix} \tag{9.20}$$

$$\boldsymbol{X} = \begin{bmatrix} x_2 & x_1 \\ x_3 & x_2 \\ \vdots & \vdots \\ x_{t-1} & x_{t-2} \end{bmatrix} \tag{9.21}$$

$$\Phi = [\varphi_1,\varphi_2] \tag{9.22}$$

则

$$\boldsymbol{X}^{\mathrm{T}}\boldsymbol{X} = \begin{bmatrix} \displaystyle\sum_{i=2}^{t-1} x_i^2 & \displaystyle\sum_{i=2}^{t-1} x_i x_{i-1} \\ \displaystyle\sum_{i=2}^{t-1} x_i x_{i-1} & \displaystyle\sum_{i=1}^{t-2} x_i^2 \end{bmatrix} \tag{9.23}$$

$$\boldsymbol{X}^{\mathrm{T}}\boldsymbol{Y} = \begin{bmatrix} \displaystyle\sum_{i=3}^{t} x_i x_{i-1} \\ \displaystyle\sum_{i=3}^{t} x_i x_{i-2} \end{bmatrix} \tag{9.24}$$

φ_1 和 φ_2 的估计式为

$$\hat{\Phi} = \begin{bmatrix} \hat{\varphi}_1 \\ \hat{\varphi}_2 \end{bmatrix} = (\boldsymbol{X}^{\mathrm{T}}\boldsymbol{X})^{-1}\boldsymbol{X}^{\mathrm{T}}\boldsymbol{Y} \tag{9.25}$$

白噪声 e_i 的方差 σ_e^2 的估计式为

$$\sigma_e^2 = \frac{1}{t-2} \sum_{i=3}^{t} (x_i - \hat{\varphi}_1 x_{i-1} - \hat{\varphi}_2 x_{i-2})^2 \tag{9.26}$$

步骤 3：确定阈值。AR(2)模型可表示为

$$e_i = \hat{\varphi}_2 x_{i-2} + \hat{\varphi}_1 x_{i-1} - x_i \tag{9.27}$$

那么，由零均值化的距离序列 $\{x_1, x_2, \cdots, x_t\}$ 就可以得到一个残差序列 $\{e_1, e_2, \cdots, e_t\}$。

令 $\sigma^2 = \frac{1}{t} \sum_{i=1}^{t} e_i^2$，表示历史数据 t 个残差 e_i 的平方和的均值。

令 $\lambda_{t+1} = \frac{\hat{e}_{t+1}}{\sigma}$，表示 $t+1$ 时刻距离值的残差与 σ 的比值，作为检测 x_{t+1} 是否异常的统计量，其中，$x_{t+1} = d(\hat{a}_{t+1}, a_{t+1}) - \bar{d}$，$\hat{e}_{t+1} = \hat{\varphi}_2 x_{t-1} + \hat{\varphi}_1 x_t - \hat{x}_{t+1}$。

接下来，确定统计量 λ_{t+1} 的取值范围。由残差序列 $\{e_1, e_2, \cdots, e_t\}$ 计算得到一个相应的比值序列 $\{\lambda_1, \lambda_2, \cdots, \lambda_t\}$，令 $\{\lambda_1^+, \lambda_2^+, \cdots, \lambda_{t^+}^+\}$ 和 $\{\lambda_1^-, \lambda_2^-, \cdots, \lambda_{t^-}^-\}$ 分别表示 $\{\lambda_1, \lambda_2, \cdots, \lambda_t\}$ 中的正值和负值组成的序列，个数分别为 t^+ 和 t^-，标准差为 σ^+ 和 σ^-，即

$$\overline{\lambda^+} = \frac{1}{t^+} \sum_{i=1}^{t^+} \lambda_i^+ \tag{9.28}$$

$$\sigma^+ = \sqrt{\frac{1}{t^+} \left(\sum_{i=1}^{t^+} \lambda_i^+ - \overline{\lambda^+} \right)^2} \tag{9.29}$$

$$\overline{\lambda^-} = \frac{1}{t^-} \sum_{i=1}^{t^-} \lambda_i^- \tag{9.30}$$

$$\sigma^- = \sqrt{\frac{1}{t^-} \left(\sum_{i=1}^{t^-} \lambda_i^- - \overline{\lambda^-} \right)^2} \tag{9.31}$$

那么统计量 λ_{t+1} 的取值范围为 $[\overline{\lambda^-} - 3\sigma^-, \overline{\lambda^+} + 3\sigma^+]$，就是说当 λ_{t+1} 的值落在这个范围内时，x_{t+1} 正常。而根据前面的分析可知，判断距离值 $d(\hat{a}_{t+1}, a_{t+1})$ 正常与否只需一个最大值，因为 $d(\hat{a}_{t+1}, a_{t+1})$ 越小表示网络出现异常的可能性越小，因此转化到统计量 λ_{t+1} 的取值上来看，当 $\lambda_{t+1} \leqslant \overline{\lambda^+} + 3\sigma^+$ 时，表示距离值 $d(\hat{a}_{t+1}, a_{t+1})$ 正常，即网络流量未出现异常；否则，表示网络流量出现异常。

9.3.4　算法实现

综上所述，下面给出基于 IFTS 图挖掘网络流量异常检测算法的详细步骤。

算法 9.1：基于 IFTS 图挖掘的流量异常检测算法

Input：$t+1$ 时刻之前的 t 个时刻的历史流量数据 $\{x_1, x_2, \cdots, x_t\}$

Output：$t+1$ 时刻的流量异常判断结果

步骤 1：计算历史数据信息熵值

按式(9.5)～式(9.8)计算得到历史流量数据的五元特征属性的信息熵值，分别为

$$\{H_1(\text{SIP}), H_2(\text{SIP}), \cdots, H_t(\text{SIP})\}$$
$$\{H_1(\text{DIP}), H_2(\text{DIP}), \cdots, H_t(\text{DIP})\}$$
$$\{H_1(\text{SPT}), H_2(\text{SPT}), \cdots, H_t(\text{SPT})\}$$
$$\{H_1(\text{DPT}), H_2(\text{DPT}), \cdots, H_t(\text{DPT})\}$$
$$\{H_1(\text{LEN}), H_2(\text{LEN}), \cdots, H_t(\text{LEN})\}$$

步骤 2：网络流量特征属性信息熵预测

根据启发式变阶 IFTS 预测模型的构建方法，分别对网络流量五元特征属性的信息熵值建立各自的预测模型，分别对 $t+1$ 时刻五元属性的信息熵值进行预测，得到 $\hat{H}_{t+1}(\text{SIP})$，$\hat{H}_{t+1}(\text{DIP})$，$\hat{H}_{t+1}(\text{SPT})$，$\hat{H}_{t+1}(\text{DPT})$ 和 $\hat{H}_{t+1}(\text{LEN})$。

步骤 3：建立网络流量特征属性 IFTS 图

建立网络流量历史数据各时刻上的五顶点完全图 $G_t(V_t, E_t)$ $(i=1,2,\cdots,t)$，从而得到整个时间序列上的 IFTS 图，然后根据预测数据建立 $t+1$ 时刻的预测图 $\hat{G}_{t+1}(\hat{V}_{t+1}, \hat{E}_{t+1})$。

步骤 4：挖掘 IFTS 频繁子图

分别计算图 $G_i(i=1,2,\cdots,t)$ 和 $\hat{G}_{t+1}$ 的所有子图的支持度 $\sup(g)$，确定支持度阈值 $\sup_{\varepsilon}$，对 IFTS 图进行频繁子图挖掘，得到图 G_i 和 $\hat{G}_{t+1}$ 的 4 类频繁子图的个数。

步骤 5：构建异常检测向量

分别计算图 $G_i(i=1,2,\cdots,t)$ 和 $\hat{G}_{t+1}$ 的 4 类子图中频繁子图所占的比例，得到异常向量 $\boldsymbol{a}_i = (a_i^2, a_i^3, a_i^4, a_i^5)$ $(i=1,2,\cdots,t)$ 和 $t+1$ 时刻异常向量的预测值 $\hat{\boldsymbol{a}}_{t+1} = (\hat{a}_{t+1}^2, \hat{a}_{t+1}^3, \hat{a}_{t+1}^4, \hat{a}_{t+1}^5)$。

步骤 6：构建异常向量距离时间序列

首先，根据 $t+1$ 时刻流量的实际观测值进行计算，建立 5 顶点完全图 $G_{t+1}(V_{t+1}, E_{t+1})$，并对 5 顶点完全图进行频繁子图挖掘，可以得到 $t+1$ 时刻异常向量的实际观测值 $\boldsymbol{a}_{t+1} = (a_{t+1}^2, a_{t+1}^3, a_{t+1}^4, a_{t+1}^5)$。

然后，分别计算异常向量 $\hat{\boldsymbol{a}}_{t+1}$ 与 $\boldsymbol{a}_i(i=1,2,\cdots,t+1)$ 之间的距离，这些距离可以构建得到一个距离时间序列 $\{d(\hat{\boldsymbol{a}}_{t+1}, \boldsymbol{a}_1), d(\hat{\boldsymbol{a}}_{t+1}, \boldsymbol{a}_2), \cdots, d(\hat{\boldsymbol{a}}_{t+1}, \boldsymbol{a}_{t+1})\}$。

步骤 7：时间序列异常判断

运用 AR(2) 模型拟合距离时间序列，得到判定 $d(\hat{\boldsymbol{a}}_{t+1}, \boldsymbol{a}_{t+1})$ 是否异常所需的统计量 λ_{t+1} 的值以及计算阈值 $\lambda_{\varepsilon} = \overline{\lambda^+} + 3\sigma^+$，根据阈值判定网络流量是否异常。

若 $\lambda_{t+1} \leqslant \lambda_{\varepsilon}$，则表示 $d(\hat{a}_{t+1}, a_{t+1})$ 正常，即 $t+1$ 时刻网络流量为正常。

若 $\lambda_{t+1} > \lambda_{\varepsilon}$，则表示 $d(\hat{a}_{t+1}, a_{t+1})$ 异常，即 $t+1$ 时刻网络流量出现异常。

若 $t+1$ 时刻的网络流量未见异常，则引入 $t+1$ 时刻的流量数据更新历史数据集，继续对 $t+2$ 时刻的流量进行检测；若 $t+1$ 时刻的网络流量出现异常，则不更新历史数据集，依然使用 $\{x_1, x_2, \cdots, x_t\}$ 作为历史数据继续对 $t+2$ 时刻的流量进行检测，保证距离时间序列来源于正常流量。此外，由于在步骤 7 中使用了 AR 模型拟合距离序列，为了确保拟合的准确性，AR 模型的阶数 p 与距离序列的长度 t 必须满足以下条件[19]：

$$0 \leqslant p \leqslant 0.1 \times t \tag{9.32}$$

由于在本书中 $p=2$，因此 $t \geqslant 20$，即历史距离序列中最少应包含 20 个距离数据，则算法 9.1 的输入数据即历史数据至少应包含 $t+1$ 时刻之前的 21 个时刻的流量数据。

9.4 实验和分析

9.4.1 实验数据

这里进行的网络流量异常检测实验主要用到了 3 个实验数据集：WIDE 项目的 MAWI 工作组采集的 2007 年 8 月 4 日太平洋骨干网络流量数据[20]，CAIDA 组织发布的 DDoS 2007 数据集[21]和蠕虫病毒(Witty Worm)数据集[22]。其中，MAWI 实验室的流量数据是在采样点 F(一条带宽为 150Mbps 的穿越太平洋的骨干链路)上采集的 14:00:00—14:15:01 共 15min 的流量。

DDoS 2007 数据集是 CAIDA 组织采集到的一次大规模 ICMP 类型的 DDoS 攻击，时间为 2007 年 8 月 4 日 20:50:08—21:56:16，由几台固定主机向网络中的一台特定服务器发起攻击，以使其与网络的连接瘫痪。数据集中只保留了网络攻击和攻击回应的数据，已经尽量将正常数据剔除。蠕虫病毒数据集是在 2004 年 3 月 19 日 20:01:40 ～ 3 月 24 日 23:01:40 期间通过 UCSD Network Telescope 采集到的蠕虫病毒大规模爆发后的网络流量数据。同样，数据集中也只保留了攻击发生时的异常数据。

在实验中，首先从 MAWI 数据集中随机抽样了 10% 的数据作为实验的背景流量，通过离线分析发现抽样流量较为平稳，可以满足作为背景流量的条件。由于背景流量的持续时间只有 15min，因此分别将 DDoS 2007 数据集和蠕虫病毒数据集中前 5min 的异常流量注入背景流量中，作为实验"数据集 1"和"数据集 2"。

9.4.2 对比实验

分别在数据集 1 和数据集 2 上应用 IFTS 图挖掘的算法进行网络流量异常检测。以数据集 1 为例，将采样间隔设置为 20s，则数据集 1 共包含 45 个采样时刻，异常流量从第 480s 即第 25 个时刻开始注入，持续 300s 后在第 39 个时刻结束。通过计算可以得到流量数据 5 个属性的信息熵值,如图 9.3 所示。

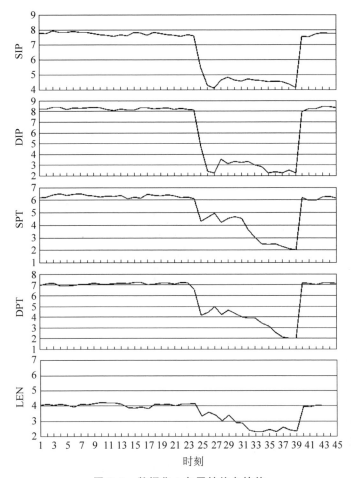

图 9.3　数据集 1 各属性信息熵值

根据式(9.32)将历史数据集个数设定为 21,则流量异常检测算法将从第 22 个时刻开始预测。令支持度阈值 $\sup_\varepsilon$ 分别取 0.3,0.35,0.375 和 0.4,得到各时刻的异常向量的实际观测值和预测值,见表 9.1。

表 9.1 中网络异常发生的时段为 25 ～ 39 时刻,根据 IFTS 图挖掘网络流量异常检测算法检测出的异常点由下划线标注出。随着阈值的增大,算法出现误检的次数减少,但是异常点的正确检测次数也随之减少;如果为了追求准确的异常点检测数而采用较小的阈值,那么误检次数又会随之增大,因此需要进行优化选择,在使用中必须根据实际情况在二者间做出权衡。

由表 9.1 的实验结果可以得到该网络流量异常检测算法在数据集 1 上的检测率(detection rate,DR)和虚警率(false alarm rate,FAR),见表 9.2。

表 9.1　数据集 1 的异常向量观测值和预测值

时刻	sup_ε = 0.3		sup_ε = 0.35		sup_ε = 0.375		sup_ε = 0.4	
	实际	预测	实际	预测	实际	预测	实际	预测
22	(0.5,0.3,0.4,0)	(0.2,0.1,0.1,0)	(0.4,0.1,0.2,0)	(0.2,0.1,0,0)	(0.3,0.1,0.1,0)	(0.1,0.1,0.1,0)	(0.2,0.1,0,0)	(0.1,0.1,0,0)
23	(0.2,0.2,0,0)	(0.2,0.1,0.1,0)	(0.2,0.1,0,0)	(0.3,0.1,0.1,0)	(0.2,0.1,0,0)	(0.2,0.1,0.1,0)	(0.2,0.1,0,0)	(0.2,0.1,0,0)
24	(0.3,0.2,0.2,1)	(0.2,0.2,0.2,0)	(0.2,0.1,0,0)	(0.2,0.1,0,0)	(0.2,0.1,0,0)	(0.2,0.1,0.1,0)	(0.2,0.1,0,0)	(0.2,0.1,0,0)
25	(0.9,0.9,1,1)	(0.3,0.2,0.2,0)	(0.7,0.9,1,1)	(0.2,0.1,0,0)	(0.7,0.7,1,1)	(0.2,0.1,0.1,0)	(0.6,0.5,0.6,1)	(0.2,0.1,0,0)
26	(0.7,0.8,1,1)	(0.3,0.2,0.2,0)	(0.4,0.2,0.4,0)	(0.2,0.1,0,0)	(0.4,0.2,0.2,0)	(0.2,0.1,0.1,0)	(0.3,0.2,0,0)	(0.2,0.1,0,0)
27	(0.6,0.8,1,1)	(0.3,0.2,0.2,0)	(0.3,0.2,0,0)	(0.2,0.1,0,0)	(0.2,0.2,0,0)	(0.2,0.1,0.1,0)	(0.2,0.2,0,0)	(0.2,0.1,0,0)
28	(1,1,1,1)	(0.3,0.2,0.2,0)	(0.9,0.9,1,1)	(0.2,0.2,0,0)	(0.7,0.9,1,1)	(0.2,0.1,0.1,0)	(0.7,0.8,1,1)	(0.2,0.2,0,0)
29	(0.6,0.8,1,1)	(0.3,0.2,0.2,0)	(0.5,0.2,0.6,0)	(0.2,0.2,0,0)	(0.3,0.2,0,0)	(0.2,0.1,0.1,0)	(0.3,0.2,0,0)	(0.2,0.2,0,0)
30	(0.6,0.8,1,1)	(0.3,0.2,0.2,0)	(0.8,0.9,1,1)	(0.2,0.2,0,0)	(0.7,0.8,1,1)	(0.2,0.3,0.2,0)	(0.6,0.6,1,1)	(0.2,0.2,0,0)
31	(0.8,0.9,1,1)	(0.3,0.2,0.2,0)	(0.7,0.7,0.6,1)	(0.2,0.2,0,0)	(0.6,0.6,0.6,1)	(0.3,0.2,0.2,0)	(0.5,0.6,0.6,1)	(0.2,0.2,0,0)
32	(0.7,0.7,1,1)	(0.3,0.2,0.2,0)	(0.7,0.7,0.8,1)	(0.2,0.2,0,0)	(0.6,0.7,0.4,0)	(0.3,0.2,0.2,0)	(0.6,0.7,0.4,0)	(0.2,0.2,0,0)
33	(0.9,1,1,1)	(0.3,0.2,0.2,0)	(0.9,0.9,1,1)	(0.2,0.2,0,0)	(0.8,0.8,1,1)	(0.3,0.2,0.2,0)	(0.7,0.5,0.8,1)	(0.2,0.2,0,0)
34	(1,1,1,1)	(0.3,0.2,0.2,0)	(1,1,1,1)	(0.2,0.2,0,0)	(1,1,1,1)	(0.3,0.2,0.2,0)	(1,1,1,1)	(0.2,0.2,0,0)
35	(1,1,1,1)	(0.3,0.2,0.2,0)	(1,1,1,1)	(0.2,0.2,0,0)	(1,1,1,1)	(0.3,0.2,0.2,0)	(1,1,1,1)	(0.2,0.2,0,0)
36	(1,1,1,1)	(0.3,0.2,0.2,0)	(1,1,1,1)	(0.2,0.2,0,0)	(1,1,1,1)	(0.3,0.2,0.2,0)	(1,1,1,1)	(0.2,0.2,0,0)
37	(1,1,1,1)	(0.3,0.2,0.2,0)	(1,1,1,1)	(0.2,0.2,0,0)	(1,1,1,1)	(0.3,0.2,0.2,0)	(1,1,1,1)	(0.2,0.2,0,0)
38	(1,1,1,1)	(0.3,0.2,0.2,0)	(1,1,1,1)	(0.2,0.2,0,0)	(1,1,1,1)	(0.3,0.2,0.2,0)	(1,1,1,1)	(0.2,0.2,0,0)
39	(1,1,1,1)	(0.3,0.2,0.2,0)	(1,1,1,1)	(0.2,0.2,0,0)	(1,1,1,1)	(0.3,0.2,0.2,0)	(1,1,1,1)	(0.2,0.2,0,0)
40	(0.5,0.4,0.2,0)	(0.3,0.2,0.2,0)	(0.5,0.3,0.2,0)	(0.2,0.2,0,0)	(0.5,0.1,0.2,0)	(0.3,0.2,0.1,0)	(0.2,0.1,0,0)	(0.2,0.1,0,0)
41	(0.3,0.2,0,0)	(0.3,0.2,0.2,0)	(0.1,0,0,0)	(0.2,0.2,0,0)	(0.1,0,0,0)	(0.3,0.2,0,0)	(0.1,0,0,0)	(0.2,0,0,0)
42	(0.2,0.1,0,0)	(0.2,0.1,0,0)	(0.2,0.1,0,0)	(0.1,0.1,0,0)	(0.1,0,0,0)	(0.1,0,0,0)	(0.1,0,0,0)	(0.1,0,0,0)
43	(0.4,0.2,0,0)	(0.2,0.1,0,0)	(0.1,0,0,0)	(0.1,0,0,0)	(0.1,0,0,0)	(0.1,0,0,0)	(0.1,0,0,0)	(0.1,0,0,0)
44	(0.4,0.2,0,0)	(0.3,0.2,0,0)	(0.2,0,0,0)	(0.1,0,0,0)	(0.1,0,0,0)	(0.1,0,0,0)	(0,0,0,0)	(0.1,0,0,0)
45	(0.1,0,0,0)	(0.4,0.2,0,0)	(0.1,0,0,0)	(0.1,0,0,0)	(0.1,0,0,0)	(0.1,0,0,0)	(0,0,0,0)	(0,0,0,0)

表 9.2　流量异常检测算法在数据集 1 上的检测性能

$\sup_\varepsilon$	DR/%	FAR/%
0.3	100	8.33
0.35	93.33	4.17
0.375	86.67	4.17
0.4	80	0

其中,DR 和 FAR 的计算如式(9.33)和式(9.34)所示。

$$DR = \frac{正确检测点个数}{发生异常点总数} \tag{9.33}$$

$$FAR = \frac{误检异常点个数}{参与检测点总数} \tag{9.34}$$

同样也可以得到网络流量异常检测算法在数据集 2 上的检测率 DR 和虚警率 FAR 的值,见表 9.3。

表 9.3　流量异常检测算法在数据集 2 上的检测性能

$\sup_\varepsilon$	DR/%	FAR/%
0.3	100	8.33
0.35	93.33	8.33
0.4	86.67	4.17
0.45	73.33	0

为了对 IFTS 图挖掘网络流量异常检测方法的检测精度进行对比验证,选择了在网络流量异常检测领域广泛使用的,且和 IFTS 图挖掘网络流量异常检测方法比较相似的 3 个异常检测模型进行对比实验,即基于图挖掘的方法[7]、基于信息熵的方法[10]和残差比检测方法[19]。利用检测率随虚警率的变化曲线评价各方法的检测性能,即接收器特性(receiver operating characteristic,ROC)曲线[23]。4 个方法分别在数据集 1 和数据集 2 上的 ROC 曲线对比结果如图 9.4 和图 9.5 所示。

在网络流量异常检测的 ROC 曲线上,纵坐标表示检测率,横坐标表示虚警率。纵坐标相同(即检测率相同)的点,越靠近纵轴表示异常检测效果越好;横坐标相同(即虚警率相同)的点,越靠近顶部表示异常检测效果越好。对于不同检测方法调节不同参数进行检测效果对比。其中,残差比检测方法的调节参数是异常判断的阈值,基于熵的方法的调节参数是不同窗口间的相对熵的阈值,基于图挖掘方法的调节参数是异常系数的阈值。

在图 9.4 中,DDoS 攻击流量较大,导致网络流量也有较大的变化,但是在攻击刚开始的几个时间序列内网络中的攻击流量较少,流量幅值变化并不明显,因此残差比检测方法的检测效果并不理想,并且该攻击由多个主机发起也使流量的特征分布在攻击前期不够明显,因此图挖掘的方法虽然累计了多个维度上的结果,但是

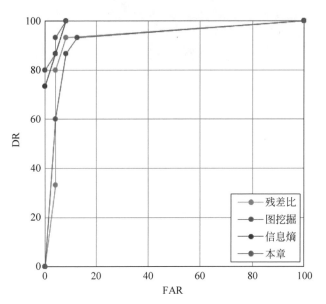

图 9.4　数据集 1 的 ROC 曲线（后附彩图）

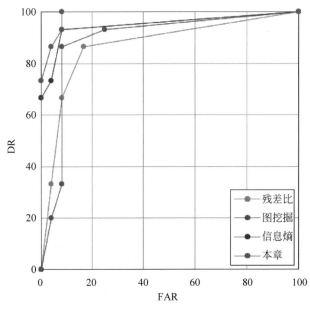

图 9.5　数据集 2 的 ROC 曲线（后附彩图）

由于对多个维度间联系的描述不够全面导致检测效果也较差,基于熵的方法由于增加了检测精度优化算法,综合了多个时刻的结果,检测精度较高。

在图 9.5 中,因为蠕虫病毒刚刚爆发时扫描流量较少,同样导致残差比检测方法和基于图挖掘方法的检测效果较差,并且当异常在多个时刻上的反应都不明显时,基于熵的异常检测方法检测精度的优化算法也没有起到很好的作用。

　　本章提出的基于 IFTS 图挖掘网络流量异常检测算法不仅充分利用了多维时刻历史数据中的信息,而且考虑了多种网络流量特征属性熵值间的变化幅值和变化相似度,使该网络流量异常检测算法对于网络中出现的多属性间的规律性变化在变化幅值较小的状态也能进行有效的检测。

参考文献

[1]　陈颖,孙小兵. 基于图挖掘的蛋白质群落算法[J]. 中南大学学报(自然科学版),2013,44(增刊2):304-307.

[2]　RAO B,MITRA A,MONDAL J. Algorithm for retrieval of sub-community graph from a compressed community graph using graph mining techniques[J]. Procedia Computer Science,2015,57:678-685.

[3]　张秋梅. 基于图挖掘技术的软件故障定位技术的图约简方法研究[D]. 赣州:江西理工大学,2015.

[4]　NOBLE C C,COOK D J. Graph-based anomaly detection[C]//Proceedings of the 9th ACM SIGKDD International Conference on Knowledge Discovering and Data Mining,August 23-27,Washington D. C. ,USA. New York:ACM,2003:631-636.

[5]　BUNKE H,KRAETZL M,SHOUBRIDGE P,et al. Detection of abnormal change in time series of graphs[J]. Journal of Interconnection Networks,2002,3(1&2):85-101.

[6]　BUNKE H,DICKINSON P,HUMM A,et al. Computer network monitoring and abnormal event detection using graph matching and multidimensional scaling[J]. Lecture Notes in Computer Science,2006,4065(1):576-590.

[7]　周颖杰. 基于行为分析的通信网络流量异常检测与关联分析[D]. 成都:电子科技大学,2013.

[8]　LAKHINA A,CROVELLA M,Diot C. Characterization of network-wide anomalies in traffic flows[C]//Proceedings of the 4th ACM SIGCOMM Conference on Internet measurement,October,Taormina Sicily,Italy. New York:ACM,2004:201-206.

[9]　LAKHINA A,CROVELLA M,Diot C. Diagnosing network-wide traffic anomalies[C]//ACM SIGCOMM 2004 Conference,August 30-September 3,Portland,Oregon,USA. New York:ACM. 2004:219-230.

[10]　ZHENG L M,ZOU P,JIA Y,et al. Traffic anomaly detection in backbone networks using classification of multidimensional time series of entropy[J]. China Communications,2012,7:108-120.

[11]　SONG Y Z,CHEN Y,WANG J J,et al. Detection of P2P botnet on network behavior features and Dezert-Smarandache theory[J]. Journal of Southeast University(English Edition),2018,34(2):191-198.

[12]　张龙,王劲松. SDN 中基于信息熵与 DNN 的 DDoS 攻击检测模型[J]. 2019,56(5):909-918.

[13]　WEST D B. Introduction to graph theory[M]. 2nd ed. London:Pearson Education,2000.

[14]　TAN P N,STEINBACH M,KUMAR V. Introduction to data mining [M]. London:

Pearson Education,2006.

[15] 吕锋. 信息理论与编码 [M]. 北京：人民邮电出版社,2004.

[16] 王海龙,杨岳湘. 基于信息熵的大规模网络流量异常检测[J]. 2007,33(18)：130-133.

[17] 黄强盛,程久军,康钦马. 基于高阶 AR 模型的网络异常检测计[J]. 计算机工程,2010,36(3)：174-176.

[18] GEORGE E P B,GWILYM M J,GREGORY C R. Time series analysis：Forecasting and control (5th Edition)[M]. New Jersey：John Wiley & Sons,2015.

[19] 邹伯贤. 网络流量异常检测与预测方法研究[D]. 北京：中国科学院,2003.

[20] Measurement and analysis on the WIDE internet (MAWI) working group traffic archive [EB/OL]. [2016-05-20]. http:// mawi. wide. ad. ip/ mawi/.

[21] The CAIDA UCSD "DDoS Attack 2007" Dataset [EB/OL]. [2016-05-20]. http:// www. caida. org/ data/ passive/ ddos-20070804_dataset. xml.

[22] The CAIDA UCSD Dataset on the Witty Worm-March 19-24,2004,[EB/OL]. [2016-05-20]. http:// www. caida. org/ data/ passive/ witty_worm_dataset. xml.

[23] 薛静锋,祝烈煌,单纯,等. 入侵检测技术[M]. 2 版. 北京：人民邮电出版社,2016.

第10章

IFR和SIFE在网络安全中的应用

本章讨论直觉模糊推理(intuitionistic fuzzy reasoning,IFR)和直觉模糊熵(intuitionistic fuzzy entropy,IFE)理论,针对网络流量具有不确定性和模糊性的特点,将直觉模糊推理理论引入异常检测领域,提出了一种基于包含度的直觉模糊推理异常检测方法。对现有的直觉模糊熵构造方法进行分析,提出严格直觉模糊熵(strict intuitionistic fuzzy entropy,SIFE)的概念并给出公理化定义,在该定义基础上给出严格直觉模糊熵构造的方法,并抽象为通用公式,使其特性在决策排序问题中更加适用。另外,本章还介绍了网络漏洞评估,将 SIFE 理论应用于网络安全评估,结合通用漏洞打分系统评估 Apache Web Server 漏洞。

10.1　流量异常检测中的推理问题

10.1.1　流量异常检测推理

异常检测是网络安全领域研究的主要问题,在前几章中,我们讨论了基于直觉模糊时间序列分析理论的一些检测方法,可以解决部分流量异常检测的问题。然而网络攻击种类多样,其模糊性不确定性等特征明显,还需要在其他维度进行分析和研究。

网络异常检测通常分为基于统计的检测和基于特征的异常检测,前者通用性较好,但准确度不够理想,后者准确度高,但特征匹配方法往往效率较低,维护特征数据库的系统开销较大。流量异常检测需要对多种类型的网络攻击进行响应,传统异常检测方法受到计算复杂度和数据规模的限制,只能选取若干特征属性作为检测指标,对网络流量全局特征的刻画能力有限。尤其是针对连续特征属性,为了提高检测准确率,传统精确数据的处理方法通常采用模式规模扩充,或者对特征属性进行更细致的划分,这些方法都是以牺牲系统资源为代价,不利于计算方法的进一步优化。直觉模糊理论可以很好地描述系统的不确定性和模糊性,通过直觉模糊化将精确数据映射到直觉模糊集中,降低规则库规模,达到优化系统的目的。为解决网络流量分类、异常检测问题提供新的思路。

包含度刻画的是一集合被另一集合所包含的程度的量,是包含关系的定量描述,它包含了"关系"的不确定性,而相似度是比较两个集合之间的相似关系。包含度理论和相似度理论相辅相成,成为研究不确定性的重要工具;相似度是比较两知识模式的重要工具。相似度和包含度是直觉模糊集合间关系的度量,能够有效地处理直觉模糊计算问题,是精确问题和模糊问题相互转换的桥梁,本章根据直觉模糊推理,提出了基于包含度的直觉模糊推理异常检测方法,通过设计异常检测中特征属性的隶属度与非隶属度函数,给出了基于包含度的强相似度计算方法并生成推理规则库,进而给出了多维、多重式直觉模糊推理规则,建立了异常检测中的直觉模糊推理方法。

10.1.2 基于蕴涵算子的包含度

假设 X 是一个非空的有限论域,且 $X = \{x_1, x_2, \cdots, x_n\}$。

定义 10.1(包含度的定义)

若映射 θ: $\mathrm{IFS}(X) \times \mathrm{IFS}(X) \rightarrow [0,1]$ 满足条件:

(1) $A \subseteq B \Rightarrow \theta(A, B) = 1$;

(2) $\theta(X, \varnothing) = 0$;

(3) $A \subseteq B \subseteq C \Rightarrow \theta(C, A) \leqslant \min\{\theta(B, A), \theta(C, B)\}$;

则称 $\theta(A, B)$ 为 A 在 B 中的"包含度",称映射 θ 为 $\mathrm{IFS}(X)$ 上的"包含度函数"。

定义 10.2

若映射 R: $[0,1] \times [0,1] \rightarrow [0,1]$ 满足条件:

(1) $R(1,0) = 0$;

(2) $R(0,0) = R(0,1) = R(1,1) = 1$;

则称 R 是"模糊蕴涵算子"。

定理 10.1(直觉模糊集的包含度)

设 $A, B \in \mathrm{IFS}(X)$,R 是一蕴涵算子,若 R 满足条件:

(1) $\forall a, b \in [0,1]$,且 $a \leqslant b \Rightarrow R(a,b) = 1$;

(2) $R(a,b)$ 关于 a 为非增函数,关于 b 为非减函数;

则函数 θ: $\mathrm{IFS}(X) \times \mathrm{IFS}(X) \rightarrow [0,1]$:

$$\theta(A, B) = \frac{1}{n} \sum_{i=1}^{n} \{\lambda R[\mu_A(x_i), \mu_B(x_i)] + (1-\lambda)R[1-\gamma_A(x_i), 1-\gamma_B(x_i)]\},$$
$$\lambda \in [0,1] \tag{10.1}$$

为直觉模糊集的包含度函数。

证明:$\forall x_i \in X$

(1) 对于 $A \subseteq B \Leftrightarrow \mu_A(x_i) \leqslant \mu_B(x_i)$,$\gamma_A(x_i) \geqslant \gamma_B(x_i)$,又根据蕴涵算子 R 的性质有 $R(\mu_A(x_i), \mu_B(x_i)) = 1$,$R(1-\gamma_A(x_i), 1-\gamma_B(x_i)) = 1$,则 $\theta(A, B) = 1$。

(2) $\theta(X, \varnothing) = \frac{1}{n} \sum_{i=1}^{n} [\lambda R(1,0) + R(1,0)] = 0$。

(3) $A \subseteq B \subseteq C \Leftrightarrow \mu_A(x_i) \leqslant \mu_B(x_i) \leqslant \mu_C(x_i), \gamma_A(x_i) \geqslant \gamma_B(x_i) \geqslant \gamma_C(x_i)$。

由 a 为非增函数，b 为非减函数可得

$$\begin{cases} R(\mu_C(x_i), \mu_A(x_i)) \leqslant R(\mu_C(x_i), \mu_B(x_i)) \\ R(1-\gamma_C(x_i), 1-\gamma_A(x_i)) \leqslant R(1-\gamma_C(x_i), 1-\gamma_B(x_i)) \end{cases}$$

则

$$\lambda R(\mu_C(x_i), \mu_A(x_i)) + (1-\lambda)$$
$$\leqslant R(1-\gamma_C(x_i), 1-\gamma_A(x_i))$$
$$\leqslant \lambda R(\mu_C(x_i), \mu_B(x_i)) + (1-\lambda) R(1-\gamma_C(x_i), 1-\gamma_B(x_i))$$

于是有 $\theta(C,A) \leqslant \theta(C,B)$。

同理可证 $\theta(C,A) \leqslant \theta(B,A)$，于是有 $\theta(C,A) \leqslant \min\{\theta(B,A), \theta(C,B)\}$。

事实上，满足定义 10.1 条件的蕴含算子有许多种，这里给出常见的 5 种算子：
$\forall a, b \in [0,1]$

(1) 卢卡西维兹(Lukasiewicz)蕴含算子：$R_L(a,b) = \min(1-a+b, 1)$；

(2) 哥根(Goguen)蕴含算子：$R_\pi(a,b) = \begin{cases} 1, & a=0 \\ \min(b/a, 1), & a>0 \end{cases}$；

(3) 哥德尔(Gödel)蕴含算子：$R_G(a,b) = \begin{cases} 1, & a<b \\ b, & a>b \end{cases}$；

(4) 盖恩-雷舍尔(Gaines-Rescher)蕴含算子：$R_{GR}(a,b) = \begin{cases} 1, & a \leqslant b \\ 0, & a>b \end{cases}$；

(5) R_0-蕴含算子：$R_0(a,b) = \begin{cases} 1, & a \leqslant b \\ \max(1-a, b), & a>b \end{cases}$。

10.1.3　基于集合基数的包含度

定义 10.3

设 X 是一个非空的有限论域，$A \in \text{IFS}(X)$，定义 A 的基数为

$$|A| = \sum_{x \in X} \frac{1 + \mu_A(x) - \gamma_A(x)}{2} \tag{10.2}$$

定理 10.2

设 X 是一非空有限论域，$A, B \in \text{IFS}(X)$，则有以下 6 种 IFS 的包含度函数。

$$\theta_1(A,B) = \begin{cases} 1, & A = \varnothing \\ \dfrac{|A \cap B|}{|A|}, & A \neq \varnothing \end{cases};$$

$$\theta_2(A,B) = \begin{cases} 1, & A = B = \varnothing \\ \dfrac{|B|}{|A \cup B|}, & \text{其他} \end{cases};$$

$$\theta_3(A,B)=\begin{cases}1, & B=X \\ \dfrac{\mid A^C \bigcap B^C \mid}{\mid B^C \mid}, & B\neq X\end{cases};$$

$$\theta_4(A,B)=\begin{cases}1, & A=B=X \\ \dfrac{\mid A^C \mid}{\mid A^C \bigcup B^C \mid}, & 其他\end{cases};$$

$$\theta_5(A,B)=\dfrac{A^C \bigcup B}{\mid A^C \bigcup A \bigcup B \bigcup B^C \mid};$$

$$\theta_6(A,B)=\begin{cases}1, & A=\varnothing\ 或\ B=X \\ \dfrac{\mid A^C \bigcap A \bigcap B \bigcap B^C \mid}{\mid A \bigcap B^C \mid}, & 其他\end{cases}。$$

证明：

（1）若 $A\subseteq B$，则 $A\bigcap B=A$，从而 $A\bigcap B/A=1$；

若 $A\bigcap B/A=A$，以及它们的非负性则有 $\min(\mu_A,\mu_B)=\mu_A$，$\max(\gamma_A,\gamma_B)=\gamma_A$，从而有 $\mu_A\leqslant\mu_B$，$\gamma_A\geqslant\gamma_B\Leftrightarrow A\subseteq B$。

（2）是平凡的；

（3）若 $A\subseteq B\subseteq C$，则 $\theta_1(C,A)=\mid A\mid/\mid C\mid\leqslant\mid B\mid/\mid C\mid=\theta_1(C,B)$；

同理，有 $\theta_1(C,A)\leqslant\theta_2(B,A)$。

类似上述证明过程，可以证明其余几种相似度。

10.1.4　基于包含度的直觉模糊相似度

定义 10.4（强相似度量）

设 X 是一非空有限论域，$A,B,C\in\mathrm{IFS}(X)$，若映射 δ：$\mathrm{IFS}(X)\times\mathrm{IFS}(X)\to[0,1]$ 满足条件：

（1）$\delta(A,B)=\delta(B,A)$；

（2）$\delta(A,A)=1$；

（3）$\delta(X,\varnothing)=0$；

则称 $\delta(A,B)$ 为直觉模糊集 A 与 B 之间的"相似度量"，称映射 δ 为直觉模糊集论域 X 上的"相似度量函数"。

若 δ 满足上述条件且满足

（4）当 $A\subseteq B\subseteq C$ 时，$\delta(A,C)\leqslant\min(\delta(A,B),\delta(B,C))$，

则称 $\delta(A,B)$ 为直觉模糊集 A 与 B 之间的"强相似度量"，称映射 δ 为直觉模糊集论域 X 上的"强相似度量函数"。

定理 10.3

设 θ 为 $\mathrm{IFS}(X)$ 上的包含度函数，则对 $\forall A,B\in\mathrm{IFS}(X)$

$$\delta(A,B)=\theta(A\bigcup B,A\bigcap B) \tag{10.3}$$

为直觉模糊集 A,B 之间的强相似度量。

证明：

(1) 由直觉模糊集的交、并运算可得

$$\delta(A,B)=\theta(A\bigcup B,A\bigcap B)\Rightarrow\theta(B\bigcup A,B\bigcap A)\Rightarrow\delta(B,A)；$$

(2) 由包含度定义 10.2 可知

$$\delta(A,A)=\theta(A\bigcup A,A\bigcap A)\Rightarrow\theta(A,A)=1；$$

(3) $\delta(X,\varnothing)=\theta(X\bigcup\varnothing,X\bigcap\varnothing)=\theta(X,\varnothing)=0；$

(4) $\delta(A,C)=\theta(A\bigcup C,A\bigcap C),\theta(A,B)=\theta(A\bigcup B,A\bigcap B)$。

由于 $A\subseteq B\subseteq C\Rightarrow A\bigcup C\supseteq A\bigcup B,A\bigcap C=A\bigcap B$ 则由模糊蕴涵算子和包含度定义可知：

$$\theta(A\bigcup C,A\bigcap C)\leqslant\theta(A\bigcup B,A\bigcap B)$$

故 $\delta(A,C)\leqslant\delta(A,B)$。

同理可证 $\delta(A,C)\leqslant\delta(B,C)$。于是有 $\delta(A,C)\leqslant\min(\delta(A,B),\delta(B,C))$。

10.1.5　基于包含度的直觉模糊推理方法

根据包含度的相关定义，给出基于包含度的直觉模糊推理方法。假设论域 $X=\{x_1,x_2,\cdots,x_n\}$，$Y=\{y_1,y_2,\cdots,y_n\}$，$X\in\mathrm{IFS}(X),Y\in\mathrm{IFS}(Y)$。

定义 10.5（直觉模糊集的数量乘积）

设论域 X 上的直觉模糊集 $A=\sum\limits_{i=1}^{n}\langle\mu_A(x_i),\gamma_A(x_i)\rangle/x_i,x_i\in X,\forall a\in[0,1]$，直觉模糊集 A 与 a 的数量乘积定义为

$$aA=\sum_{i=1}^{n}\langle a\mu_A(x_i),1-a(1-\gamma_A(x_i))\rangle/x_i,\quad x_i\in X \qquad (10.4)$$

特别地，若 $a=0$，则 $aA=\sum\limits_{i=1}^{n}\langle 0,1\rangle/x_i,x_i\in X$；若 $a=1$，则 $1A=A$。

下面讨论基于包含度的直觉模糊推理方法。这里只对拒式推理进行详细讨论，关于取式推理可通过类似方法得到。对于直觉模糊拒式推理根据命题规则条件主要包括以下两种情况：

(1) 直觉模糊拒式推理的单规则命题

在拒式推理规则中令

$$\delta(B^*,B)=\delta$$

则推理结果 A^* 为

$$A^*=\delta A=\sum_{i=1}^{n}\langle\delta\mu_A(x_i),1-\delta(1-\gamma_A(x_i))\rangle/x_i \qquad (10.5)$$

显然，当 $B^*=B$ 时，有 $\delta=1$，则 $A^*=A$。

（2）直觉模糊拒式推理的多规则命题

直觉模糊拒式推理的多规则模型为

$$
\begin{aligned}
&\text{规则：} &&\text{IF} &&x &&\text{is} &&A_1 &&\text{THEN} &&y &&\text{is} &&B_1 \\
&&&\text{IF} &&x &&\text{is} &&A_2 &&\text{THEN} &&y &&\text{is} &&B_2 \\
&&&&&&&&&\vdots \\
&&&\text{IF} &&x &&\text{is} &&A_k &&\text{THEN} &&y &&\text{is} &&B_k \\
&\text{输入：} &&&&&&&&&&&&y &&\text{is} &&B^* \\
\hline
&\text{输出：} &&&&x &&\text{is} &&A^*
\end{aligned}
$$

其中，k 为规则的数量。

在推理模型中令

$$\delta(B^*, B_i) = \delta_i \quad i = 1, 2, \cdots, n$$

则由式（10.6）可得每条规则的推理结果 A_i^* 为

$$A_i^* = \sum_{i=1}^{k} \langle \delta_i \mu_{A_i}(x_j), 1 - \delta_i(1 - \gamma_{A_i}(x_j)) \rangle / x_j, \quad \forall x_j \in X \quad (10.6)$$

由以下推理合成算法，得到最终推理结果为

$$A^* = A_1^* \vee A_2^* \vee \cdots \vee A_k^* \quad (10.7)$$

例 10.1

假设有如下的拒式推理：

$$
\begin{aligned}
&\text{规则：} &&\text{IF} &&x &&\text{is} &&A &&\text{THEN} &&y &&\text{is} &&B \\
&\text{事实：} &&&&&&&&&&&&y &&\text{is} &&B^* \\
\hline
&\text{结论：} &&&&x &&\text{is} &&A^*
\end{aligned}
$$

其中，$A \in \text{IFS}(X)$，论域为 $U = 1 + 2 + 3 + 4 + 5$，$B, B^* \in \text{IFS}(Y)$，论域 $V = 1 + 2 + 3 + 4 + 5$，且

$B = \langle 0.75, 0.12 \rangle / 1 + \langle 1, 0 \rangle / 2 + \langle 0.5, 0.4 \rangle / 3 + \langle 0.3, 0.6 \rangle / 4$，

$A = \langle 0.1, 0.8 \rangle / 1 + \langle 0.3, 0.5 \rangle / 2 + \langle 0.5, 0.2 \rangle / 3 + \langle 1, 0 \rangle / 4 + \langle 0.5, 0.2 \rangle / 5$，

$B^* = \langle 0.8, 0.1 \rangle / 1 + \langle 0.8, 0.1 \rangle / 2 + \langle 0.5, 0.4 \rangle / 3 + \langle 0.3, 0.6 \rangle / 4$

已知规则：若 y 是 B，则 x 是 A，且已知 y 是 B^*，那么 x 是 A^* 的结果是什么？

根据式（10.1），取 $\lambda = 0.1$，R 取 R_L，求得包含度 θ，并将其结果代入式（10.3），于是有

$$
\begin{cases}
\delta_1 = \delta(B_1, B^*) = \theta(A_1 \cup A^*, A_1 \cap A^*) = 1 \\
\delta_2 = \delta(B_2, B^*) = \theta(A_2 \cup A^*, A_2 \cap A^*) = 0.91 \\
\delta_3 = \delta(B_3, B^*) = \theta(A_3 \cup A^*, A_3 \cap A^*) = 1 \\
\delta_4 = \delta(B_4, B^*) = \theta(A_4 \cup A^*, A_4 \cap A^*) = 1
\end{cases}
$$

根据式（10.6），则最终的推理结果为

$$A^* = \langle 0.1, 0.8 \rangle / 1 + \langle 0.27, 0.55 \rangle / 2 + \langle 0.5, 0.2 \rangle / 3 + \langle 1, 0 \rangle / 4 + \langle 0.5, 0.2 \rangle / 5$$

从上述结果不难看出,因为 B 与 B^* 很相似,所以 A 与 A^* 也很相似。通过算例研究与理论分析表明,基于包含度的直觉模糊推理方法是一种有效的推理方法。

10.2 基于 IFR 的流量异常检测方法

10.2.1 数据直觉模糊化

直觉模糊推理的一般过程包括系统输入变量直觉模糊化,推理规则的建立,推理规则合成,输出结果等步骤。运用直觉模糊推理方法进行异常检测时,首先要对网络流量特征属性直觉模糊化,然后建立相应的推理规则库,根据推理规则合成,将检测数据输入系统,最后得到输出结果。根据网络流量特征属性确定直觉模糊系统的隶属度和非隶属度函数,该方法实际上是一个集合映射的过程,将每一个特征属性定义为一个直觉模糊变量,根据特征属性类型确定函数。

这里使用 KDD99 数据集[1],DARPA 1999 年评测数据是目前最为全面的攻击测试数据集。同时,作为研究领域共同认可和广泛使用的基准评测数据集,KDD99 数据集为新提出的检测算法与其他算法之间的比较提供了可能。KDD CUP 99 数据集是 DARPA 为 1999 年 KDD(knowledge discovery and data mining)竞赛所建立的评估入侵检测系统的基准数据集。该数据集是从一个模拟的局域网上采集的 9 个星期的网络连接数据,共分为两部分:训练数据集和测试数据集。其中,训练数据包含了 500 万个连接数据,测试数据集包含了 200 万个连接数据。数据记录划分为 5 类,分别是正常行为(Normal)和 4 类入侵行为(DoS,Probing,U2R,R2L)。

(1) 拒绝服务攻击(DoS attack):如 Back,Land,Neptune,Pod,Smurf,Teardrop 等攻击。

(2) 刺探攻击(Probing attack):自动扫描一个网段上的计算机,获取信息或者发现系统的脆弱点,如 Ipsweep,Nmap,Portsweep,Satan 等攻击。

(3) 获取根权限(U2R):执行攻击程序,使普通用户获得根权限,如 Buffer-overflow,Loadmodule,Perl,Rootkit 等攻击。

(4) 远程攻击(R2L attack):通过在网络上发送数据包,没有账号的攻击者在被攻击机上获得了合法用户账号,如 Warezclient,ftp-write,Imap,Guess-passwd,phf,spy 等攻击。

每条连接记录有 41 个属性,分属于 4 种类型的属性集。

(1) 基本特征集,每个网络连接的基本特征,如:连接的持续时间、协议、服务、发送字节数、接收字节数等;

(2) 内容特征集,即用领域知识获得与网络信息内容相关的特征,如:连接中的 hot 标志的个数、本连接中登录失败次数、是否登录成功等;

(3) 流量特征集,即基于时间的与网络流量相关的特征,这类特征又分为两种集合,一种为 Same Host 特征集,即在过去 2s 内与当前连接具有相同目标主机的连接中,有关协议行为、服务等的一些统计信息;另外一种为 Same Service 特征集,即在过去 2s 内与当前连接具有相同服务的连接中做出的统计信息;

(4) 主机流量特征集,即基于主机的与网络流量相关的特征,这类特征是为了发现慢速扫描而设的特征,获取的办法是统计在过去的 100 个连接中的一些统计特性,如过去 100 个连接中与当前连接具有相同目的主机的连接数、与当前连接具有相同服务的连接在总连接中所占的百分比等。数据集中的属性包括离散型和连续型,由于该数据集中离散型数值各自互斥,没有明显的相关性和相似性,可以采用严格三角隶属度,涉及的主要特征属性参数说明见表 10.1。

表 10.1　KDD99 数据集主要特征参数说明

特征属性	参数说明	类型	取值
duration	连接持续时间/s	连续	$[0,58329]$
protocl_type	协议类型,包括 TCP,UDP,ICMP	离散	3
service	目标主机的网络服务类型	离散	70
flag	连接正常或错误的状态	离散	11
src_bytes/dst_bytes	从源(目的)主机到目标(源)主机的字节数	连续	$[0,1379963888]$
urgent	加急包的个数	连续	$[0,14]$
hot	访问系统敏感文件和目录的次数	连续	$[0,101]$
count	与当前连接相同的目标主机连接数	连续	$[0,511]$

假设某一特征属性 A 有 N 个离散属性值,定义第 i 个属性值对应隶属度函数为 $(i-1)/n$,令犹豫度 $\pi_A(x)=0$,则非隶属度函数为 $\gamma_A(x)=1-\mu_A(x)$。例如,KDD99 数据集中的 protocol_type 特征属性包括 3 个离散变量 TCP,UDP 和 ICMP,根据上述定义,可以计算得到其特征属性函数分别为 $\langle 0,1 \rangle$、$\langle 0.333,0.667 \rangle$ 和 $\langle 0.667,0.333 \rangle$。为了合理描述网络流量分布特性,对于连续型变量,采用高斯型隶属度函数,即

$$\begin{cases} \mu_A(x) = \exp\left(-\dfrac{(x-c)^2}{2\sigma^2}\right) \\ \gamma_A(x) = \delta_A(x) - \exp\left(-\dfrac{(x-c)^2}{2\sigma^2}\right) \\ \delta_A(x) = 1 - \pi_A(x) \end{cases} \tag{10.8}$$

据式(10.8),首先对特征属性的论域进行划分,得到特征属性子集,其次确定参数 σ 和 c,得到各个特征变量函数,计算特征属性值对应各个直觉模糊子集的相关输入函数参数。

步骤 1:根据属性特征划分特征子集 x 变化范围,记作 $I_1, I_2, \cdots, I_n$。

步骤 2:设特征属性子集 A_i 的定义域为 $[A, B]$,确定对应的值域为 $[C, D]$,记映射函数为 $f(x, a, b, c)$。

步骤 3：计算映射参数，$D = \sigma + c$，其中，c 为中心，σ 为宽度，$a = A + (B - A)/2$，将定义域和值域带入映射函数 $f = c + (x - a)/b$，计算得到 b。

步骤 4：多次代入数值检验 x 输出分布是否均匀，调整参数和区间划分。

步骤 5：根据式(10.8)计算隶属度与非隶属度函数。

例如对于数据包 bytes 这一特征属性进行直觉模糊化，由于网络中字节数这一指标是非均匀分布，存在大量空数据包，而小数据包变化单位为字节级，而大数据包变化尺度为百字节级甚至千字节级，平均划分论域不能很好地描述数据特征。因此，对全局论域变尺度划分，得到数据包由大到小分别为 $B_1 = [10240, \infty)$，$B_2 = [4096, 10240)$，$B_3 = [1024, 4096)$，$B_4 = [256, 1024)$，$B_5 = [1, 256)$，$B_6 = 0$。相应的直觉模糊子集可划分为 $I_1 = [0, 0.1)$，$I_2 = [0.1, 0.3)$，$I_3 = [0.3, 0.5)$，$I_4 = [0.5, 0.7)$，$I_5 = [0.7, 0.9)$，$I_6 = 1$，隶属度函数如图 10.1 所示，特征属性 bytes 函数参数值见表 10.2。根据以上步骤，可以得出特征属性 bytes 的输入函数为式(10.9)。

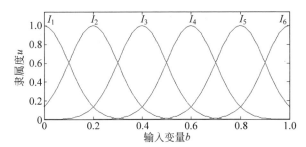

图 10.1　变量 bytes 隶属度函数

表 10.2　特征属性 bytes 函数参数值

特征属性	变量	$[A, B]$	$[C, D]$	a	b	c	σ
		$[10240, \infty)$	$[0, 0.1)$	—	51200	0	
		$[4096, 10240)$	$[0.1, 0.3)$	7168	30720	0.2	
bytes	b	$[1024, 4096)$	$[0.3, 0.5)$	2560	15360	0.4	0.1
		$[256, 1024)$	$[0.5, 0.7)$	640	3840	0.6	
		$[1, 256)$	$[0.7, 0.9)$	128.5	1275	0.8	
		0	1	—	—	1	

$$b = \begin{cases} 0, & x \geqslant 20480 \\ (x - 10240)/51200, & 10240 < x \leqslant 20480 \\ (x - 7168)/30720 + 0.2, & 4096 < x \leqslant 10240 \\ (x - 2560)/15360 + 0.4, & 1024 < x \leqslant 4096 \\ (x - 640)/3840 + 0.6, & 256 < x \leqslant 1024 \\ (x - 128.5)/1275 + 0.8, & 0 < x \leqslant 256 \\ 1, & x = 0 \end{cases} \quad (10.9)$$

同理可以分别得到特征属性 duration,service,flag,urgent 的函数,将特征属性 service 和 flag 直接线性映射在[0,1]区间,其余连续函数如式(10.10)和式(10.11)所示。

$$d = \begin{cases} (x-30000)/20000, & 10000 < x \leqslant 50000 \\ (x-5500)/4500+0.25, & 1000 < x \leqslant 10000 \\ (x-550)/4500+0.5, & 100 < x \leqslant 1000 \\ (x-50)/500+0.75, & 0 < x \leqslant 100 \\ 1, & x=0 \end{cases} \qquad (10.10)$$

$$u = \begin{cases} (x-12.5)/4.5005+0.333, & 10 < x \leqslant 14 \\ (x-7.5)/7.5+0.6667, & 5 < x \leqslant 10 \\ -x/15.015+1, & 0 < x \leqslant 5 \end{cases} \qquad (10.11)$$

最后,定义输出论域 U'。将流量检测结果分为 5 类,Normal,Probe,DoS,U2R 和 R2L,分别对应 5 个直觉模糊子集[0,0.2],[0.2,0.4],[0.4,0.6],[0.6,0.8]和[0.8,1]。对于 U2R 和 R2L 之类的攻击,其数据包与正常连接没有明显区别,所以选择若干基于连接内容和连接时间的特征属性如 hot,count。经过特征属性直觉模糊化后,得到异常检测参数变量 D(duration),S(service),F(flag),B(bytes),U(urgent),H(hot),C(count),则异常检测推理系统推理规则数 $N = N_d \times N_s \times N_f \times N_b \times N_u \times N_h \times N_c = 4 \times 70 \times 11 \times 6 \times 3 \times 3 \times 3 = 498960$。这样的推理规则数量过于庞大,可以进行再次直觉模糊化。例如,service 特征属性包含 70 个变量,而 csnet_net,ctf,discard,daytime 等均对应 neptune 攻击,将这些可以推理出相同分类结果的服务类型进行聚合,最后得到 12 个新的直觉模糊子集,约简后推理规则 $N' = 4 \times 12 \times 11 \times 6 \times 3 \times 3 \times 3 = 85536$ 条,可见利用属性约简的方法可以大大降低推理规则数量。另一方面,这里的 N' 是理论规则库,并非所有规则都需要生成,通过前期对样本数据的训练,得到理论规则库的一个子集,可进一步缩减规则库的规模,达到提高效率的目的。

10.2.2 推理规则和合成

根据直觉模糊包含度和强相似度量的定义和公式,算法 10.1 给出了基于包含度的直觉模糊推理的多维多重式规则形式。

算法 10.1 基于包含度的直觉模糊推理形式

规则:IF d is D_i and s is S_i and f is F_i and b is B_i and u is U_i and h is H_i and c is C_i,Then z is U_j'(CF_i);

输入:d^* is D_i and s^* is S_i and f^* is F_i and b^* is B_i and u^* is U_i and h^* is H_i and c^* is C_i

输出:z^* is U_j'(CF_i)

其中, $i(D)=1,2,\cdots,N_d$; $i(S)=1,2,\cdots,N_s$; $i(F)=1,2,\cdots,N_f$; $i(B)=1,2,\cdots,N_b$; $i(U)=1,2,\cdots,N_u$; $i(H)=1,2,\cdots,N_h$; $i(C)=1,2,\cdots,N_c$; CF_i 为直觉模糊推理可信度因子; d,s,f,b,u,h,c 是输入特征属性变量; z 是输出变量。 D,S,F,B,U,H,C 是语言前件,即 $\langle d,\mu_{Di},\gamma_{Di}\rangle,d\in D$; $\langle s,\mu_{Si},\gamma_{Si}\rangle,s\in S$; $\langle f,\mu_{Fi},\gamma_{Fi}\rangle,f\in F$; $\langle b,\mu_{Bi},\gamma_{Bi}\rangle,b\in B$; $\langle u,\mu_{Ui},\gamma_{Ui}\rangle,u\in U$; $\langle h,\mu_{Hi},\gamma_{Hi}\rangle,h\in H$; $\langle c,\mu_{Ci},\gamma_{Ci}\rangle,c\in C$ 。 U' 为推理后件,即输出论域的直觉模糊子集, $\langle z,\mu_{U'j},\gamma_{U'j}\rangle,z\in U'$ 。

根据以上定义,可以构建出直觉模糊推理方法。

步骤 1: 根据式(10.1)选取 λ 和直觉模糊蕴含算子 R ,若 X 表示规则特征属性变量, X^* 表示检测数据特征属性,求得包含度 $\theta(X,X^*)$,进而根据式(10.3)求得强相似度 $\delta(X,X^*)$ 。

步骤 2: 利用马丹尼算子 $R_c(A\rightarrow B)$ 推导输出结果 z 。

$$R_u=\bigcup_{i_d,i_s,i_f,i_b,i_u,i_c;j=1}^{N_d,N_s,N_f,N_b,N_u,N_c;N_{u'}}\cdots\bigcup R(D_i,S_i,F_i,B_i,U_i,H_i,C_i;C_j)$$

$$=\bigcup_{i_d,i_s,i_f,i_b,i_u,i_c;j=1}^{N_d,N_s,N_f,N_b,N_u,N_c;N_{u'}}\cdots\bigcup R(D_i\bigcap S_i\bigcap F_i\bigcap B_i\bigcap U_i\bigcap H_i\bigcap C_i\bigcap C_j)$$

$$(\mathrm{CF}_i,i=1,2,\cdots,N')$$

$$(10.12)$$

$$\mu_R=\bigvee_{i_d,i_s,i_f,i_b,i_u,i_c,i=1;j=1}^{N_d,N_s,N_f,N_b,N_u,N_c,N;N_{u'}}\cdots\bigvee(\mu_{Di}\wedge\mu_{Si}\wedge\mu_{Fi}\wedge\mu_{Bi}\wedge$$

$$\mu_{Ui}\wedge\mu_{Hi}\wedge\mu_{Ci}\wedge\mu_{Zi}\wedge\mathrm{CF}_i)\qquad(10.13)$$

$$\gamma_R=\bigwedge_{i_d,i_s,i_f,i_b,i_u,i_c,i=1;j=1}^{N_d,N_s,N_f,N_b,N_u,N_c,N;N_{u'}}\cdots\bigwedge(\gamma_{Di}\vee\gamma_{Si}\vee\gamma_{Fi}\vee\gamma_{Bi}\vee$$

$$\gamma_{Ui}\vee\gamma_{Hi}\vee\gamma_{Ci}\vee\gamma_{Zi}\vee\mathrm{CF}_i)\qquad(10.14)$$

则 $Z=\langle\mu_R,\gamma_R\rangle,z\in U'$ 。

步骤 3: 当 $\sum_{i=1}^{N}\delta_i\neq 0$ 时,根据推理规则 $\delta_i(X,X^*)$ 的推理结果为

$$Z^*=\langle\frac{1}{N}\mu_R\sum_{i=1}^{N}\delta_i,\frac{1}{N}\gamma_R\sum_{i=1}^{N}\delta_i\rangle/z_i,z_i\in U'\qquad(10.15)$$

其中, N 是特征属性维数。根据上述推理过程,将检测数据在规则库中进行匹配,选择最大强相似度输出直觉模糊集作为推导结果。

10.2.3　实验设计和分析

为验证本书提出的直觉模糊推理异常检测的方法,利用 KDD99 实验数据集的 10% 的训练样本集生成一个直觉模糊推理规则库,对 corrected 测试数据集进行直觉模糊化,得到输入向量,经过推理系统得到输出结果,以分类准确率验证方法

性能。

　　训练样本集的部分数据见表 10.3,每条数据由 7 维特征属性和 1 个类别标签构成,根据变量直觉模糊化方法得到相应的推理规则库,部分规则见表 10.4。

表 10.3　异常检测样本数据集

duration	service	flag	bytes	urgent	hot	count	label
0	http	SF	181	0	0	8	normal
0	http	SF	239	0	0	8	normal
0	http	SF	235	0	0	6	normal
0	http	SF	212	0	1	8	normal
⋮		⋮				⋮	
0	smtp	SF	1551	0	0	1	normal
0	smtp	SF	1367	0	0	1	normal
⋮		⋮				⋮	
184	telnet	SF	1511	0	3	1	U2R
305	telnet	SF	1735	0	3	1	U2R
⋮		⋮				⋮	
0	ecr_i	SF	1032	0	0	316	DoS
0	ecr_i	SF	1032	0	0	511	DoS
⋮		⋮				⋮	
0	private	REJ	0	0	0	1	Probe
⋮		⋮				⋮	
0	ftp_data	SF	334	0	0	1	R2L
⋮		⋮				⋮	
0	http	REJ	0	0	0	1	normal
0	domain_u	SF	30	0	0	1	normal
⋮		⋮				⋮	

表 10.4　推理规则库

duration	service	flag	bytes	urgent	hot	count	label
1.0000	0.0833	0.1818	0.8414	1	0	0.0160	0.2
1.0000	0.0833	0.1818	0.8867	1	0	0.0160	0.2
1.0000	0.0833	0.1818	0.8836	1	0	0.0120	0.2
1.0000	0.0833	0.1818	0.8656	1	0.01	0.0160	0.2
⋮		⋮				⋮	
1.0000	0.3320	0.1818	0.3343	1	0	0.0020	0.2
1.0000	0.3320	0.1818	0.3223	1	0	0.0020	0.2
⋮		⋮				⋮	
0.4187	0.1660	0.1818	0.3343	1	0.03	0.0020	0.8
0.4456	0.1660	0.1818	0.3463	1	0.03	0.0020	0.8
⋮		⋮				⋮	

续表

duration	service	flag	bytes	urgent	hot	count	label
1.0000	0.7470	0.1818	0.3005	1	0	0.6320	0.6
1.0000	0.7470	0.1818	0.3005	1	0	0.9980	0.6
1.0000	0.7470	0.1818	0.3005	1	0	0.9941	0.6
⋮		⋮					⋮
1.0000	0.9130	0.5454	1.0000	1	0	0.0020	0.4
⋮		⋮					⋮
1.0000	0.4980	0.1818	0.9609	1	0	0.0020	1.0
⋮		⋮					⋮
1.0000	0.0833	0.5454	0	1	0	0.0020	0.2
1.0000	0.3320	0.1818	0.7234	1	0	0.0020	0.2
⋮		⋮					⋮

　　规则推理求解如图 10.2 所示,从图中可以看出,前 4 条规则可以合并为 1 条,由此可见直觉模糊化具有化简规则库的作用。

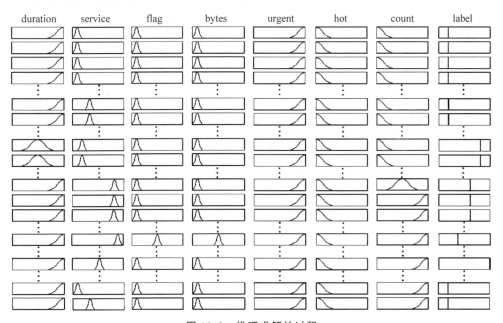

图 10.2　推理求解的过程

　　在实验中,本章首先验证了推理方法的有效性,以 corrected 测试数据集随机选取的 9 条数据为例,如表 10.5 的前 8 列所示,首先对检测数据进行直觉模糊化,得到了如下的输入向量:$I_1 = [1, 0.9130, 0.1818, 0.7820, 1, 0, 0.0020]$,$I_2 = [1, 0.9130, 0.1818, 0.7820, 1, 0, 0.0040]$,$I_3 = [1, 0.7470, 0.1818, 0.3005, 1, 0, 0.9785]$,$I_4 = [1, 0.7470, 0.1818, 0.3005, 1, 0, 0.9941]$,$I_5 = [1, 0.7470, 0.1818,$

$0.3005,1,0,0.9980]$, $I_6 = [1,0.7470,0.1818,0.7141,1,0,0.0020]$, $I_7 = [0.7880,0.1660,0.1818,0.9586,1,0,0.0040]$, $I_8 = [1,1,0.5454,1,1,0,0.0040]$, $I_9 = [1,1,0.5454,1,1,0,0.0020]$。接着,将向量输入规则库,分别求出与每条规则的强相似度,取最大强相似度输出结果 Z^*,得到推理结果 $O_1 = 0.2$, $O_2 = 1.0$, $O_3 = 0.6$, $O_4 = 0.6$, $O_5 = 0.6$, $O_6 = 0.6$, $O_7 = 0.4$, $O_8 = 0.8$, $O_9 = 0.8$,最后反推出所属类别 label,结果见表 10.5 第 9 列。经过与原始标签的对比,9 条数据分类结果正确,通过实验可以看出,基于该直觉模糊推理系统的异常检测方法是有效的。

表 10.5　检测数据集

序号	duration	service	flag	bytes	urgent	hot	count	label
1	0	private	SF	105	0	0	1	normal
2	0	private	SF	105	0	0	2	R2L
3	0	ecr_i	SF	1032	0	0	501	DoS
4	0	ecr_i	SF	1032	0	0	509	DoS
5	0	ecr_i	SF	1032	0	0	510	DoS
6	0	eco_i	SF	18	0	0	1	Probe
7	69	telnet	SF	331	0	0	1	R2L
8	0	other	REJ	0	0	0	2	U2R
9	0	other	REJ	0	0	0	1	U2R

为了与其他异常检测方法进行比较,选择 KDD99 测试数据集中的 corrected 数据,包括大约 300000 条数据,从中随机选择 10000 条数据,其中包括 5227 条正常数据和 4773 条异常数据,数据分布情况见表 10.6 第 1 列。分别对测试数据进行 8 次实验取平均值。前 3 次实验得到的分类结果和 8 次平均正类正确分类率 TP 及正类错误分类率 FP 的值见表 10.6。将实验分类正确率结果与相关经典方法比较,根据文献[2]的实验部分,对比 Wenke Lee 的异常检测方法、SVM、BP network、免疫算法和遗传模糊系统基于密歇根算法的方法,取平均分类正确率,结果见表 10.7。

表 10.6　异常检测结果

类别	数据分布	正确分类结果	TP	错误分类结果	FP	平均 TP	平均 FP
Normal	5227	5156/5155/5150	0.9860	4/2/5	0.0004	0.9637	0.0004
Dos	2547	2481/2450/2498	0.9723	32/25/34	0.0119	0.9735	0.0132
Probing	1241	1219/1132/1228	0.9613	31/31/38	0.0269	0.9621	0.0273
R2L	851	832/836/823	0.9757	58/42/54	0.0603	0.9714	0.0652
U2L	134	126/128/124	0.9403	11/12/9	0.0796	0.9392	0.0783

表 10.7　算法对比结果　　　　　　　　　　　　　　%

类别	Dos	Probing	R2L	U2L	平均
Wenke	97.00	79.93	75.00	60.00	77.98
SVM	98.57	99.11	64.00	97.33	89.75
BP network	92.71	97.47	48.00	95.02	83.30
IIDV	97.33	93.70	97.50	96.25	96.19
GFS	92.90	68.20	79.40	44.00	71.12
本章	97.35	96.21	97.14	93.92	96.16

通过对比结果可以看出,基于包含度的直觉模糊推理方法在网络流量异常检测中具有良好的表现,由于 DoS 攻击具有明显的特征属性,各种异常检测方法均能达到良好的检测结果,对于 Probing 攻击,本章提出的方法仅较 SVM 和 BP network 略有逊色,仍然具有较高的检测率,R2L 和 U2L 攻击特征属性并不明显,不同方法特征提取的不同导致检测结果差异较大,而基于直觉模糊推理的方法有规则库作为支持,对该类攻击检测结果均能达到 90% 以上,从而说明该方法的有效性和泛化能力。

10.3　严格直觉模糊熵

10.3.1　直觉模糊熵

在直觉模糊集理论中,直觉指数 $\pi_A(x)$ 描述了模糊集合中立的特征属性,提高了传统模糊集理论的表述能力。熵是信息理论中一种经典的不确定性度量,为了研究 IFS 集的不确定性特征,许多学者自然将 IFS 的不确定性和熵理论进行结合,Bruilo 等[3] 最早提出直觉模糊熵的公理化定义,随后根据 IFE 公理化定义给出了基本计算公式,随着 IFE 理论的发展,Zeng[4] 提出了区间值直觉模糊熵以及基于直觉模糊距离的区间值直觉模糊熵的概念,标志着直觉模糊熵的应用范围扩展到区间值范围。另一方面,一些文献研究了 IFE 理论存在的局限性,比如 Zhang[5] 提出了一种 Vague 集的熵测量方法,通过公理化定义和满足约束条件的详细论证,可以证明了该方法等价于 IFE 定义。针对支持证据等于反对证据的情况,王毅[6] 分析了 IFE 并且修改了公理化定义中的第一条限制条件,改进了 IFE 的构造方法,使其更加合理可信。同时,一些经典的数学方法和 IFE 理论进行了广泛的结合,比如基于指数函数的 IFE 构建方法、基于三角函数的 IFE 构建方法,这些 IFE 理论通过与经典数学函数结合,寻找满足 IFE 公理化定义的构造方法,可以简单方便地应用于各种不同的模型中。

从研究进展来看,IFE 的研究涉及模式识别、决策判断、图像分割和医学等领域,然而现有 IFE 理论在某些条件下依然还存在一定的局限性。通过分析深入 IFE 公理化定义,可以发现其在决策控制中存在固有缺陷。通常,我们认为多属性条件下的决策方法应当满足单一条件下的决策问题,假设一个 IFS 包括多个形如 $A = \langle a,a \rangle, a \in [0,0.5]$ 的直觉模糊数,当多特征决策退化为单一特征时,现有的 IFE 构建方法不能够进行有效的决策排序。这是因为在所有的 IFE 定义中计算隶属度函数和非隶属度函数相等的情况时,均得到了 $E(A)=1$,表明现存的 IFE 理论并不完善。因为这些 IFE 并不能严格反映不同直觉模糊数之间的差异,本书称该类 IFE 为"非严格直觉模糊熵",并提出了严格直觉模糊熵概念,进一步完善了 IFE 的公理化定义,扩大了 IFE 的应用范围并且可以区分不同条件下的直觉模糊数的熵值。

10.3.2　IFS 公理化定义

首先基于 IFS 集合的基本定义和概念,给出直觉模糊熵 IFE 定义:

定义 10.6（直觉模糊熵）

假设一个集合到点的映射 $E: \text{IFS}(X) \rightarrow [0,1]$,如果 E 是一个熵的度量且满足以下 4 条公理化约束条件,则称为"直觉模糊集 X 的直觉模糊熵":

条件 1　$E(A)=0$,当且仅当 A 是经典集合;

条件 2　$E(A)=1$,当且仅当 $\forall x_i \in X$,满足 $\mu_A(x_i)=\gamma_A(x_i)$;

条件 3　$E(A) \leqslant E(B)$,对于 $\forall x_i \in X$,当 $\mu_B(x_i) \leqslant \gamma_B(x_i)$ 时,$\mu_A(x_i) \leqslant \mu_B(x_i)$ 且 $\gamma_A(x_i) \geqslant \gamma_B(x_i)$;当 $\mu_B(x_i) \geqslant \gamma_B(x_i)$ 时,$\mu_A(x_i) \geqslant \mu_B(x_i)$ 且 $\gamma_A(x_i) \leqslant \gamma_B(x_i)$;

条件 4　$E(A)=E(A^C)$。

Burillo 和 Bustince[3] 将直觉模糊熵概括为式(10.16),这里表示为 E_{BB},当函数 Φ 满足:

(1) $\Phi(x,y)=1$ 当且仅当 $x+y=1$;

(2) $\Phi(x,y)=0$ 当且仅当 $x=y=0$;

(3) $\Phi(x,y)=\Phi(y,x)$;

(4) 当 $x \leqslant x'$ 且 $y \leqslant y'$ 时,$\Phi(x,y) \leqslant \Phi(x',y')$

$$E_{BB}(A) = \sum_{i=1}^{n} (1-\Phi(\mu_A(x),\gamma_A(x))) \tag{10.16}$$

Szmidt 和 Kacprzyk[7] 提出基于最大集合势测量的 IFE,如式(10.17)所示。其中,$A_i \bigcap A_i^c = \langle \min(\mu_{Ai},\mu_i^c), \max(\gamma_{Ai},\gamma_i^c) \rangle$,$A_i \bigcup A_i^c = \langle \max(\mu_{Ai},\mu_i^c), \min(\gamma_{Ai},\gamma_i^c) \rangle$。

$$E_{SK}(A) = \frac{1}{n} \sum_{i=1}^{n} \left(\frac{\max\text{count}(A_i \bigcap A_i^c)}{\max\text{count}(A_i \bigcup A_i^c)} \right) \tag{10.17}$$

Li[8] 提出的 IFS 集上的熵处理方法和 Zhang 提出的基于 Vague 集的熵可以统一表示为式(10.18),记作 E_L。

$$E_L(A) = \frac{\sum_{i=1}^{n} \mu_A(x_i) \wedge \gamma_A(x_i)}{\sum_{i=1}^{n} \mu_A(x_i) \vee \gamma_A(x_i)} \tag{10.18}$$

考虑到这些 IFE 构造方法没有考虑犹豫度的缺陷,提出一种改进的 IFE 构造方法,记作 E_{WL},表示为

$$E_{\mathrm{WL}}(A) = \frac{1}{n} \sum_{i=1}^{n} \frac{\min(\mu_A(x_i), \gamma_A(x_i)) + \pi_A(x_i)}{\max(\mu_A(x_i), \gamma_A(x_i)) + \pi_A(x_i)} \tag{10.19}$$

可以证明式(10.17),式(10.18)和式(10.19)是等价的,并统一转换为式(10.15)。

$$E_W(A) = \frac{1}{n} \sum_{i=1}^{n} \frac{1 - |\mu_A(x_i) - \gamma_A(x_i)| + \pi_A(x_i)}{1 + |\mu_A(x_i) - \gamma_A(x_i)| + \pi_A(x_i)} \tag{10.20}$$

上述 IFE 的构建方法极大地启发了相关研究工作,因此可以指数函数和三角函数构建 IFE,如式(10.21)和式(10.22)所示:

$$E_e(A) = \frac{\sum_{i=1}^{n} (1 - e^{-\gamma_A(x_i)})_I + (1 - e^{-\mu_A(x_i)})_I}{\sum_{i=1}^{n} 1 - e^{-\frac{t_i}{2}}} \tag{10.21}$$

$$E_{\sin}(A) = \frac{1}{n} \sum_{i=1}^{n} \left(\sin \frac{\pi \times (1 + \mu_A(x_i) - \gamma_A(x_i))}{4} + \sin \frac{\pi \times (1 - \mu_A(x_i) + \gamma_A(x_i))}{4} - 1 \right) \times \frac{1}{\sqrt{2} - 1}$$

$$E_{\cos}(A) = \frac{1}{n} \sum_{i=1}^{n} \left(\cos \frac{\pi \times (1 + \mu_A(x_i) - \gamma_A(x_i))}{4} + \cos \frac{\pi \times (1 - \mu_A(x_i) + \gamma_A(x_i))}{4} - 1 \right) \times \frac{1}{\sqrt{2} - 1}$$
$$\tag{10.22}$$

Meng 和 Chen[9]结合 E_{SK} 和 E_{WL} 的公式,提出了一种新的 IFE 构造方法,可以记作 E_{MC}:

$$E_{\mathrm{MC}}(A) = \frac{\sum_{i=1}^{n} \mu_A(x_i) \wedge \gamma_A(x_i) + \pi_A(x_i)}{\sum_{i=1}^{n} \mu_A(x_i) \vee \gamma_A(x_i) + \pi_A(x_i)} \tag{10.23}$$

10.3.3　SIFE 公理化定义

对现有的直觉模糊熵定义和构造方法进行分析,可以发现上述理论存在一定的缺陷,考虑以下一个直觉模糊数的排序问题:

例 10.2　假设一个直觉模糊集 $A = \{\langle x_1, 0.3, 0.6 \rangle, \langle x_2, 0.4, 0.4 \rangle, \langle x_3, 0.7, 0.1 \rangle, \langle x_4, 0.5, 0.5 \rangle\}$。根据式(7.2)～式(7.6)计算,得到 $E(x_3) < E(x_1) < E(x_2) = E(x_4) = 1$。

对于 $x_2(\pi(x_2) = 0.2)$ 和 $x_4(\pi(x_4) = 0)$ 来说,其犹豫度是不同的,当 $\mu_A(x) = \gamma_A(x)$,上述 IFE 计算公式均不能反映直觉模糊数犹豫度对 IFE 的影响,因此,本章

提出一个新的 IFE 定义,通过参数调节既满足了传统 IFE 公理化定义,又满足了其他模型的需求。

现存的 IFE 构造方法均是基于定义 10.4 给出的,在一定的条件下缺少一般性。考虑更多的 IFE 应用条件,根据经典数学概念,强调运算符">"和"<"可以称为"严格大于"和"严格小于",因此,本章提出了一种严格直觉模糊熵 E_s 的定义。那么两种不同的 SIFE 的定义如下。

定义 10.7(SIFE Type-1)

假设一个集合到点的映射 E_s:IFS(X) → $[0,1]$,如果 E_s 是一个熵的度量且满足以下 4 条公理化限定条件,称为"直觉模糊集 X 的严格直觉模糊熵":

条件 1　$E_s(A)=0$,当且仅当 A 是经典集合;

条件 2　$E_s(a,b) < E_s(a,a) \leqslant 1$,其中 $a \in [0,0.5]$,$b \in [0,1]$ 且 $a \neq b$,当且仅当 $\mu_A(x)=\gamma_A(x)=0.5$,对于任意的 $x \in X$,$E_s(A)=1$(最大唯一性);

条件 3　$E_s(A) \leqslant E_s(B)$,对于 $\forall x_i \in X$,当 $\mu_B(x_i) \leqslant \gamma_B(x_i)$ 时,$\mu_A(x_i) \leqslant \mu_B(x_i)$ 且 $\gamma_A(x_i) \geqslant \gamma_B(x_i)$;当 $\mu_B(x_i) \geqslant \gamma_B(x_i)$ 时,$\mu_A(x_i) \geqslant \mu_B(x_i)$ 且 $\gamma_A(x_i) \leqslant \gamma_B(x_i)$;

条件 4　$E_s(A)=E_s(A^C)$。

在定义 10.5 的条件 2 中,如果 $a>0.5$,则交换变量 a 和 b。条件 2 的意义在于区分那些形如 $A=\langle a,a \rangle$ 的直觉模糊数的 IFE。这里定义 $\mu_A(x)=\gamma_A(x)$ 条件下的 SIFE 大于 $\mu_A(x) \neq \gamma_A(x)$ 条件下的 SIFE,表明在两种条件下,前者的不确定性大于后者。另外,有 $E_s(\mu_A(x)=\gamma_A(x))$ 是关于 x_i 的单调递增函数。当 $\mu_A(x)=\gamma_A(x)=0.5$ 时,$E_s(A)$ 达到最大值 1。

考虑另外一种情况,认为没有任何支持证据和没有任何反对信息使得直觉模糊熵的不确定性达到最大,即当 $\mu_A(x)=\gamma_A(x)=0$ 时,$E_s(A)=1$。类似地,建立 $E_s(\mu_A(x)=\gamma_A(x))$ 为关于 x_i 的单调递减函数。那么另一种 SIFE 的定义如下:

定义 10.8(SIFE Type-2)

假设一个集合到点的映射 E_s:IFS(X) → $[0,1]$,如果 E_s 是一个熵的度量且满足以下 4 条公理化限定条件,那么称其为"直觉模糊集 X 的严格直觉模糊熵"。

条件 1　$E_s(A)=0$,当且仅当 A 是经典集合;

条件 2　$E_s(a,b) < E_s(a,a) \leqslant 1$,其中,$a \in [0,0.5]$,$b \in [0,1]$ 且 $a \neq b$,当且仅当 $\mu_A(x)=\gamma_A(x)=0$ 时,对于任意的 $x \in X$,$E_s(A)=1$(最大唯一性);

条件 3　$E_s(A) \leqslant E_s(B)$,对于 $\forall x_i \in X$,当 $\mu_B(x_i) \leqslant \gamma_B(x_i)$ 时,$\mu_A(x_i) \leqslant \mu_B(x_i)$ 且 $\gamma_A(x_i) \geqslant \gamma_B(x_i)$;当 $\mu_B(x_i) \geqslant \gamma_B(x_i)$ 时,$\mu_A(x_i) \geqslant \mu_B(x_i)$ 且 $\gamma_A(x_i) \leqslant \gamma_B(x_i)$;

条件 4　$E_s(A)=E_s(A^C)$。

定义 10.7 与定义 10.8 的不同之处在于达到最大熵值的条件不同,分别称两种定义为"SIFE Type-1"和"SIFE Type-2"。不同的 SIFE 定义适用于不同特定的模型,本章提出的严格直觉模糊熵更适用于直觉模糊数排序问题。

10.3.4　SIFE 构建方法

根据 10.3.3 节中 SIFE 的定义,给出两种 SIFE 的构造方法并加以证明。对于 SIFE Type-1,假设 $E_s(0.5,0.5)=1$,那么根据定义可以构建一个 SIFE。

定理 10.4

假设一个 $U=\{x_1,x_2,\cdots,x_n\}$ 的全局论域,使 $A=\sum_{i=1}^{n}\langle\mu_B(x_i),\gamma_B(x_i)\rangle/x_i$,则 A 的 SIFE Type-1 可由式(10.24)计算得到:

$$E_s(A)=\frac{1}{n}\sum_{i=1}^{n}(\delta(x_i)-\sigma\delta(x_i)(1-2\min(\mu(x_i),\gamma(x_i)))) \quad (10.24)$$

其中,

$$\delta(x_i)=\frac{1-|\mu(x_i)-\gamma(x_i)|}{1+|\mu(x_i)-\gamma(x_i)|}$$

其中,σ 为调节因子,用来控制在隶属度函数与非隶属度函数相等条件下的严格直觉模糊熵 $E_s(a,a)$ 的取值范围。在式(10.24)中,$E_s(\mu_A(x_i)=\gamma_A(x_i))\in[1-\sigma,1]$。通常认为熵值相对精确和相对模糊的边界值为 0.5,因此设 $\sigma\in[0,0.5]$。σ 的取值要求在定义域的左侧区间。特别地,当 $\sigma=0$ 时,该式退化为原始 IFE 表达式。由此可见,这里提出的 SIFE 定义比原始 IFE 的泛化性能更广。

定理 10.4 满足定义 10.7 的限定条件证明过程如下。

证明:

条件 1　首先证明充分性。如果 $E_s(A)=0$,因为 $\sigma\in[0,0.5]$,那么 $\delta(x_i)>\sigma\delta(x_i)>\sigma\delta(x_i)(1-2\min(\mu(x_i),\gamma(x_i)))$,因此 $\delta(x_i)=0$,即 $|\mu(x_i)-\gamma(x_i)|=1$,也就是 $\mu(x_i)=1,\gamma(x_i)=0$ 或 $\mu(x_i)=0,\gamma(x_i)=1$;再证必要性,如果 $\mu(x_i)=1$,$\gamma(x_i)=0$ 或 $\mu(x_i)=0,\gamma(x_i)=1$,显然 $E_s(A)=0$。

条件 2　因为 $0\leqslant1-|\mu(x_i)-\gamma(x_i)|<1$,当 $a<b$ 时,$E_s(a,a)=1-\sigma(1-2a)>\delta_{a,b}-\sigma(1-2a)$,且 $\delta_{a,b}-\sigma(1-2a)>\delta_{a,b}-\sigma\delta_{a,b}(1-2\min(a,b))=E_s(a,b)$,条件成立;当 $a>b$ 时,要证明 $E_s(a,a)>E_s(a,b)$,只需证明 $1-\sigma(1-2a)>\delta_{a,b}(1-\sigma(1-2b))$,因为 $\delta_{a,b}$ 是关于 b 的单调增函数,因为 $0<\delta_{a,b}<1$ 且 $0<1-\sigma(1-2a),(1-\sigma(1-2b))<1$,只需证明当 $b\to a$ 时,$1-\sigma(1-2a)>1-\sigma(1-2b)$,即 $1-2a<1-2b$,也就是 $a>b$。接着证明唯一性。先证明充分性,如果 $E_s(A)=1$,即 $\delta(x_i)(1-\sigma(1-2\min(\mu(x_i),\gamma(x_i))))=1$,因为 $0\leqslant\delta(x_i)\leqslant1$,所以 $(1-\sigma(1-2\min(\mu(x_i),\gamma(x_i))))=1$,即 $(1-2\min(\mu(x_i),\gamma(x_i)))=0$,因此 $2\min(\mu(x_i),\gamma(x_i))=1$,即 $\min(\mu(x_i),\gamma(x_i))=0.5,\mu(x_i)=\gamma(x_i)=0.5$;再证必要性,如果 $\mu(x_i)=\gamma(x_i)=0.5$,显然 $E_s(A)=1$,唯一性满足。因此,条件 2 成立。

条件 3　当 $\mu_B(x_i)\leqslant\gamma_B(x_i)$ 时,对于任意的 $\forall x_i\in X,\mu_A(x_i)\leqslant\mu_B(x_i)$ 且

$\gamma_A(x_i) \geqslant \gamma_B(x_i)$，即 $\min(\mu_A(x_i), \gamma_A(x_i)) \leqslant \min(\mu_B(x_i), \gamma_B(x_i))$，即 $\delta(x_A) \leqslant \delta(x_B)$，那么 $1-2\min(\mu_A(x_i), \gamma_A(x_i)) \geqslant 1-2\min(\mu_B(x_i), \gamma_B(x_i))$，即 $\sigma(1-2\min(\mu_A(x_i)), \gamma_A(x_i)) \geqslant \sigma(1-2\min(\mu_B(x_i), \gamma_B(x_i)))$，那么 $1-\sigma(1-2\min(\mu_A(x_i), \gamma_A(x_i))) \leqslant 1-\sigma(1-2\min(\mu_B(x_i), \gamma_B(x_i)))$，即 $\delta_A(x_i)(1-\sigma(1-2\min(\mu_A(x_i), \gamma_A(x_i)))) \leqslant \delta_B(x_i)(1-\sigma(1-2\min(\mu_B(x_i), \gamma_B(x_i))))$，那么 $E_s(A) \leqslant E_s(B)$。类似地，当 $\mu_B(x_i) \geqslant \gamma_B(x_i)$ 时，条件成立。

条件 4　显然成立。

例 10.3　假设集合 A 包括 3 个不同的直觉模糊数，$A_1 = \langle 0.3, 0.6 \rangle$，$A_2 = \langle 0.4, 0.4 \rangle$，$A_3 = \langle 0.7, 0.1 \rangle$。

设 $\sigma = 0.1$，取 4 位有效数字，根据式(7.9)计算得到 A 的 SIFE-Type1 为 $E_s(A) = (0.5169 + 0.9800 + 0.2300)/3 = 0.5756$。

类似地，根据定义 10.8，可以得到另外一个严格直觉模糊熵的构造方法，如下所示。

定理 10.5

假设一个 $U = \{x_1, x_2, \cdots, x_n\}$ 的全局论域，使 $A = \sum_{i=1}^{n} \langle \mu_B(x_i), \gamma_B(x_i) \rangle / x_i$，则 A 的 SIFE Type-2 可由式(10.25)计算得到。

$$E_s(A) = \frac{1}{n} \sum_{i=1}^{n} (\delta(x_i) - \sigma\delta(x_i)\max(x, y)) \tag{10.25}$$

其中，$\delta(x_i) = \dfrac{1 - |\mu(x_i) - \gamma(x_i)|}{1 + |\mu(x_i) - \gamma(x_i)|}$ 且 $\sigma \in [0, 0.5]$，当 $\sigma = 0$ 时，该式同样退化为原始直觉模糊熵表达式。满足定义 10.8 的限定条件证明过程如下。

证明：

条件 1　首先证明充分性，如果 $E_s(A) = 0$，即 $\delta(x_i)(1-\sigma\max(u(x_i), \gamma(x_i))) = 0$，因为 $\sigma \in [0, 0.5]$，因此 $\delta(x_i) = 0$，即 $\mu(x_i) - \gamma(x_1)| = 1$，也就是 $\mu(x_i) = 1, \gamma(x_i) = 0$ 或 $\mu(x_i) = 0, \gamma(x_i) = 1$；再证必要性，如果 $\mu(x_i) = 1, \gamma(x_i) = 0$ 或 $\mu(x_i) = 0, \gamma(x_i) = 1$，显然 $E_s(A) = 0$。

条件 2　因为 $0 \leqslant 1 - |\mu(x_i) - \gamma(x_i)| < 1$，当 $a > b$ 时，$E_s(a, a) = 1 - \sigma a > \delta_{a,b} - \sigma a$ 且 $\delta_{a,b} - \sigma\delta_{a,b}a > \delta_{a,b} - \sigma\delta_{a,b}\max(a, b) = E_s(a, b)$，条件满足；当 $a < b$ 时，为了证明 $E_s(a, a) > E_s(a, b)$，只需证明 $1 - \sigma a > \delta_{a,b}(1-\sigma b)$，因为 $\delta_{a,b}$ 是关于 b 的单调增函数，$0 < \delta_{a,b} < 1$ 且 $0 < 1 - \sigma a, 1 - \sigma b < 1$，只需证明当 $b \to a$ 时，$1 - \sigma a > 1 - \sigma b$，即 $-\sigma a > -\sigma b$，也就是 $a < b$。接着证明唯一性，先证充分性，如果 $E_s(A) = 1$，即 $\delta(x_i)(1-\sigma\max(\mu(x_i), \gamma(x_i))) = 1$，因为 $0 \leqslant \delta(x_i) \leqslant 1$，所以 $1 - \sigma\max(\mu(x_i), \gamma(x_i)) = 1$，即 $\max(\mu(x_i), \gamma(x_i)) = 0$，因此 $\max(\mu(x_i), \gamma(x_i)) = 0$，即 $\mu(x_i) = \gamma(x_i) = 0$；再证必要性，如果 $\mu(x_i) = \gamma(x_i) = 0$，显而易见 $E_s(A) = 1$，唯一性满足。因此条件 2 满足。

条件 3　当 $\mu_B(x_i) \leqslant \gamma_B(x_i)$ 时，$\mu_A(x_i) \leqslant \mu_B(x_i)$ 且 $\gamma_A(x_i) \geqslant \gamma_B(x_i)$，即 $\max(\mu_A(x_i), \gamma_A(x_i)) \geqslant \max(\mu_B(x_i), \gamma_B(x_i))$，$\delta(x_A) \leqslant \delta(x_B)$，那么 $\sigma\max(\mu_A(x_i), \gamma_A(x_i)) \geqslant \sigma\max(\mu_B(x_i), \gamma_B(x_i))$，即 $1 - \sigma\max(\mu_A(x_i), \gamma_A(x_i)) \leqslant \sigma\max(\mu_B(x_i), \gamma_B(x_i))$，即 $\delta_A(x_i)(1 - \sigma\max(\mu_A(x_i), \gamma_A(x_i))) \leqslant \delta_B(x_i)(1 - \sigma\max(\mu_B(x_i), \gamma_B(x_i)))$，因此 $E_s(A) \leqslant E_s(B)$。类似地，当 $\mu_B(x_i) \geqslant \gamma_B(x_i)$ 时，条件成立。

条件 4　显然成立。

例 10.4　集合 A 包括 3 个直觉模糊数 $A_1 = \langle 0.3, 0.6 \rangle$，$A_2 = \langle 0.4, 0.4 \rangle$，$A_3 = \langle 0.7, 0.1 \rangle$。

设 $\sigma = 0.1$，取 4 位有效数字，根据式(10.20)计算得到 A 的 SIFE-Type2 为 $E_s(A) = (0.5062 + 0.9600 + 0.2325)/3 = 0.5662$。

10.3.5　SIFE 一般式

从定理 10.4 可以看出，为了区分形如 $A = \langle a, a \rangle$ 的直觉模糊熵，SIFE 的构造公式由两部分组成，前一部分源于基本 IFE 函数，后一部分通过调节因子 σ 将 $E_s(A)$ 映射到给定范围。因此可以将 SIFE Type-1 和 SIFE Type-2 的构造公式分别抽象为一般表达式，如式(10.26)和式(10.27)所示。

$$E_s(A) = \frac{1}{n}\sum_{i=1}^{n}(f(x_i) - \sigma f(x_i)(1 - 2\min(\mu(x_i), \gamma(x_i)))) \quad (10.26)$$

$$E_s(A) = \frac{1}{n}\sum_{i=1}^{n}(f(x_i) - \sigma f(x_i)\max(\mu(x_i), \gamma(x_i))) \quad (10.27)$$

其中，$f(x_i)$ 为基本 IFE 函数。类似地，若干基于传统 IFE 公式的 SIFE 可以构造如下，两个简单的基于隶属度和非隶属度函数差的 SIFE 分别式(10.28)和式(10.29)所示。

$$E_s(A) = (1 - |\mu(x_i) - \gamma(x_i)|) - \sigma(1 - |\mu(x_i) - \gamma(x_i)|) \cdot$$
$$(1 - 2\min(\mu(x_i), \gamma(x_i))) \quad (10.28)$$

$$E_s(A) = (1 - |\mu(x_i) - \gamma(x_i)|) - \sigma(1 - |\mu(x_i) - \gamma(x_i)|)\max(\mu(x_i), \gamma(x_i)) \quad (10.29)$$

基于最大最小熵的 SIFE 构造方法如式(10.30)和式(10.31)所示。

$$E_s(A) = \frac{\min(\mu(x_i), \gamma(x_i)) + \pi(x_i)}{\max(\mu(x_i), \gamma(x_i)) + \pi(x_i)}(1 - \sigma(1 - 2\min(\mu(x_i), \gamma(x_i))))$$

$$(10.30)$$

$$E_s(A) = \frac{\min(\mu(x_i), \gamma(x_i)) + \pi(x_i)}{\max(\mu(x_i), \gamma(x_i)) + \pi(x_i)}(1 - \sigma\max(\mu(x_i), \gamma(x_i))) \quad (10.31)$$

根据三角函数，可以构造相关 SIFE 公式，分别如式(10.32)和式(10.33)所示。

$$E_s(A) = \cos\left(\frac{|\mu(x_i) - \gamma(x_i)|}{2(1 + \pi(x_i))}\pi\right)(1 - \sigma(1 - 2\min(\mu(x_i), \gamma(x_i))))$$

$$(10.32)$$

$$E_s(A) = \cos\left(\frac{|\mu(x_i) - \gamma(x_i)|}{2(1 + \pi(x_i))}\pi\right)(1 - \sigma\max(\mu(x_i), \gamma(x_i))) \qquad (10.33)$$

在上述公式中,设 $\sigma = 0.1$,式(10.24)和式(10.25)分别如图 10.3 和图 10.4 所示,式(10.28)和式(10.29)分别如图 10.5 和图 10.6 所示,式(10.30)和式(10.31)分别如图 10.7 和图 10.8 所示,式(10.32)式(10.33)分别如图 10.9 和图 10.10 所示。从图 10.5 和图 10.6 中可以看出,基于式(10.28)和式(10.29)的 SIFE 是一种线性函数,图 10.3、图 10.4、图 10.7 和图 10.8 表明基于式(10.24)、式(10.25)、式(10.30)和式(10.31)的 SIFE 相对平滑,而图 10.9 和图 10.10 表明基于式(10.32)和式(10.33)的 SIFE 收敛速度较快。SIFE 示意图直观地说明了不同 SIFE 定义下最大熵值的取值条件。

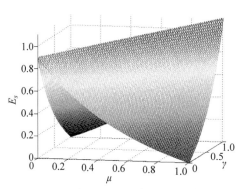

图 10.3 式(10.24)示意图(后附彩图)

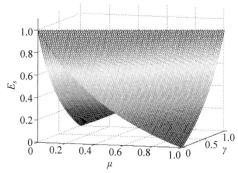

图 10.4 式(10.25)示意图(后附彩图)

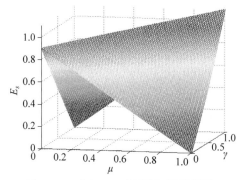

图 10.5 式(10.28)示意图(后附彩图)

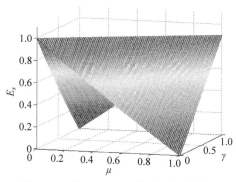

图 10.6 式(10.29)示意图(后附彩图)

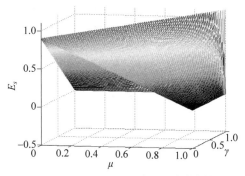

图 10.7　式(10.30)示意图(后附彩图)

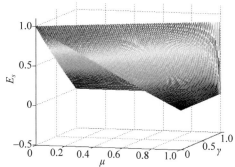

图 10.8　式(10.31)示意图(后附彩图)

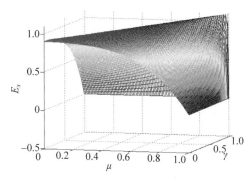

图 10.9　式(10.32)示意图(后附彩图)

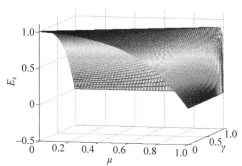

图 10.10　式(10.33)示意图(后附彩图)

根据上述 SIFE 的构造方法,可以将两种 SIFE 的定义统一为一个表达式,如式(10.34)所示,其中,$f(\mu(x_i),\gamma(x_i))$ 是基本 IFE 函数,$g(\mu(x_i),\gamma(x_i))$ 是最大熵值控制函数。当构建 SIFE 公式时,只需要设置 $g(\mu(x_i),\gamma(x_i))$ 满足一定限定条件即可。对于 SIFE Type-1 来说,满足当且仅当 $g(0.5,0.5)=0$;对于 SIFE Type-2 来说,满足当且仅当 $g(0,0)=1$。不同限定条件适用于不同的模型需求。

$$E_s(A) = \frac{1}{n}\sum_{i=1}^{n}(f(\mu(x_i),\gamma(x_i)) - (1 - \sigma g(\mu(x_i),\gamma(x_i)))) \quad (10.34)$$

10.3.6　算例分析

为了证明本章提出 SIFE 的实用性,设计算例对比不同的 IFE 计算方法。一个测试算例应当包括不同类型的直觉模糊数,如隶属度与非隶属度函数相等而直觉指数不同、隶属度函数或非隶属度函数为 0 等情况。多样直觉模糊数算例有利于边界检验。

例 10.5　假设一个多特征直觉模糊方案集合 X。根据最小直觉模糊熵原则识别和决策最优方法,有 3 种决策方案 x_1,x_2 和 x_3,每一种决策方案依赖于特征集 A,见表 10.8。算例中的数据包含多种不同的数据类型,如非隶属度函数为 0、直觉指数为 0、隶属度与非隶属度相等而直觉指数不同，尤其是该种条件表示支持证据和反对证据相等但都不充分的情况。

表 10.8　决策方案直觉模糊数

X	A_1	A_2	A_3	A_4
x_1	$\langle 0.1, 0.8 \rangle$	$\langle 0.5, 0.5 \rangle$	$\langle 0.6, 0.2 \rangle$	$\langle 0.3, 0.1 \rangle$
x_2	$\langle 0.2, 0.7 \rangle$	$\langle 0.2, 0.3 \rangle$	$\langle 0.8, 0 \rangle$	$\langle 0.7, 0.1 \rangle$
x_3	$\langle 0.1, 0.7 \rangle$	$\langle 0.3, 0.3 \rangle$	$\langle 0.4, 0.4 \rangle$	$\langle 0.4, 0.6 \rangle$

根据定理 10.4 计算每一种决策方法的 SIFE，计算结果见表 10.9。接着计算平均 SIFE，得到 $E(A_1)=0.5446$，$E(A_2)=0.3531$，$E(A_3)=0.7058$，那么决策结果为方案 x_2 优于方案 x_1 优于方案 x_3。

表 10.9　SIFE 计算结果

X	$E(A_1)$	$E(A_2)$	$E(A_3)$	$E(A_3)$
x_1	0.1624	1.0000	0.4029	0.6133
x_2	0.3133	0.7691	0.1000	0.2300
x_3	0.2300	0.9600	0.9800	0.6533

另外，根据 10.3.5 节中不同的 IFE 定义公式可以分别计算结果，$E_s(A)$ 为 SIFE，计算结果的对比见表 10.10。从表中可以看出，基于 SIFE 计算可以得到正确的决策结果，证明了该方法的正确性。

表 10.10　IFE 对比结果

X	$E_L(A)$	$E_w(A)$	$E_{\cos}(A)$	$E_s(A)$
x_1	0.4479	0.6250	0.8468	0.5446
x_2	0.2738	0.4458	0.7393	0.3531
x_3	0.7024	0.7500	0.9145	0.7058

假设特征集退化为仅有 A_2 时，见表 10.11，基于不同 IFE 方法的计算结果见表 10.12。分析退化决策方案 IFE 的比较结果，其他几种 IFE 模型只能计算得到 $E(x_2)>E(x_1)=E(x_3)$，并不能满足严格排序的要求，说明传统的 IFE 理论存在局限性。在这些方法中，利用专家系统或多特征属性加权机制其实在本质上回避了对这种熵值相等的情况的分析。通过这个算例，可以看出 SIFE 即使在单一特征的条件下，依然可以得到正确的决策结果，所以说 SIFE 在决策判断领域具有更好的适用性。

表 10.11　退化决策方案

X	x_1	x_2	x_3
A_2	$\langle 0.5, 0.5 \rangle$	$\langle 0.2, 0.3 \rangle$	$\langle 0.3, 0.3 \rangle$

表 10.12 退化 IFE 比较结果

X	$E_L(A)$	$E_w(A)$	$E_{\cos}(A)$	$E_s(A)$
x_1	1.0000	1.0000	1.0000	1.0000
x_2	0.6667	0.6250	0.9350	0.7691
x_3	1.0000	1.0000	1.0000	0.9600

10.4 基于 SIFE 的漏洞评估

在前边的章节中,我们研究了直觉模糊集理论和直觉模糊时间序列在流量级的网络信息安全应用问题,这里将侧重于系统级网络漏洞安全评估问题的研究。漏洞评估是一个典型的决策问题,传统的评估模型并没有区分考虑评估对象特征的主观性和客观性。另一方面,现有模型必须要求多个专家均进行评估打分,忽略了评估信息缺失的情况。那么将 SIFE 理论与网络漏洞评估结合,建立一个评估模型,使直觉指数可以有效解决评估信息缺省的问题。

10.4.1 漏洞评估

在网络信息系统中,安全漏洞评估和风险控制是网络防御的必要措施,通用评估打分系统(Common Vulnerability Scoring System,CVSS)[10] 由美国国家基础设施顾问委员会(National Infrastructure Advisory Committee,NIAC)开发,并由 FIRST(Forum of Incident Response and Security Teams)工作组进行维护,其目的在于管理和检测操作系统、网络和数据库等漏洞,进而达到改善系统工作环境、判断漏洞修复优先级等作用。CVSS 提供根据 3 个不同评估指标组来计算一个得分,包括基本评价组(base metric group)、暂时评价组(temporal metric group)和环境评价组(environmental metric group)。所有已知的漏洞都记录在美国国家漏洞数据库(National Vulnerability Database,NVD)[11]。CVSS 提供 0~10 的漏洞打分代替传统的语言值描述,如"危机""严重"等,该得分越高说明系统安全漏洞越大,风险也越高,从而判断出安全漏洞的严重程度。

CVSS 评价指标和取值范围见表 10.13。基本评价组分析漏洞特征,评估特征影响效果,暂时评价组和环境评价组分别评估周期、系统环境和漏洞之间的关系。对 CVSS 评价组中的各个要素进行分析,可以看出这些要素包括客观特征,如 Access Vector,Authentication 等,也包括主观特征,如 Confidentiality,Integrity 等。对于漏洞评估系统中的主观特征,不同专家可能提供不同的评分结果,传统的评估模型往往没有考虑专家评分结果的融合问题,这里将 SIFE 理论应用在漏洞评估模型中,以解决评估结果融合的问题,更全面合理地考虑不同评分结果对系统的影响。

表 10.13　CVSS 评价指标及取值

评价组	评价要素	量化结果	排序	评分标准
基本评价	Access vector	Local or network attack ability	Network/Local	0.7/1.0
	Access complexity	Visit condition	High/Medium/Low	0.6/0.8/1.0
	Authentication	Authentication instances	Multiple/Single/None	0.6/0.8/1.0
	Confidentiality	Impact level	None/Partial/Complete	0/0.7/1.0
	Integrity	Data tampering	None/Partial/Complete	0/0.7/1.0
	Availability	Resource availability	None/Partial/Complete	0/0.7/1.0
	Bias	Attribute bias	Average/ Assigning	0.33/0.5
暂时评价	Exploitability	Coding	Unproved/Proof of concept (POC)/Function/Full	0.85/0.9/0.95/1
	Remediation Level	Remedy or not	Official patch/Temporal patch/Temporal scheme/None	0.87/0.9/0.95/1.0
	Report confidence	Confidence level	Hearsay/Unfirmed/Confirmed	0.9/0.95/1.0
环境评价	Collateral Damage Potential	Impact	None/Low/Medium/High	0/0.1/0.3/0.5
	Target Distribution	Distribution scale	None/Low/Medium/High（0/1%～15%/16%～49%/50%～100%）	0/0.25/0.75/1.0

10.4.2　实验设计与分析

这里设计一个基于 SIFE 的网络安全漏洞评估系统,其系统框架如图 10.11 所示,评价具体步骤如例 10.5 所示。

例 10.6　Apache Web Server 块编码远程溢出漏洞[12]。Apache 在处理 HTTP 请求时存在设计上的漏洞,服务器会分配一个缓冲区存放收到 chunked 编码方式的数据,如果接受的数据大小未知,那么客户端会以预设分块大小向服务器提交数据。分块长度由符号变量储存,并分配固定大小的堆栈缓冲区来储存分块

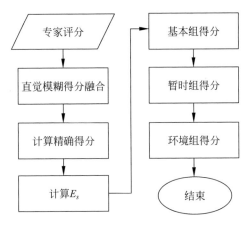

图 10.11　基于 SIFE 漏洞评估系统流程图

数据。Apache 包括一个分块长度检查机制,如果传输数据的分块长度大于缓冲区长度,Apache 最多只拷贝缓冲区长度的数据,否则,根据分块长度进行数据拷贝。该检查机制,没有将分块长度转换为无符号型进行比较,因此,如果分块长度被设置成负值,就会绕过安全检查,Apache 会将一个超长(大于 0x80000000bytes)的分块数据拷贝到缓冲区中,造成一个缓冲区溢出。

　　假设 5 个专家基于 CVSS 对该漏洞进行评估,评估结果见表 10.14。缺省值表示专家无法对评估结果评分。那么基于 SIFE 的漏洞评估的具体步骤如下所示。

表 10.14　漏洞评估

基本评价	评价标准	专家 1	专家 2	专家 3	专家 4	专家 5
Access Vector	Remote (1.0)	1.0	1.0	1.0	1.0	1.0
Access Complexity	Low (1.0)	1.0	0.8	—	0.75	1.0
Authentication	Not-Required (1.0)	1.0	1.0	1.0	1.0	1.0
Confidentiality Impact	Partial (0.7)	0.8	0.7	0.9	0.7	0.7
Integrity Impact	Partial (0.7)	0.7	0.8	0.7	0.7	—
Availability Impact	Complete (1.0)	1.0	1.0	1.0	1.0	1.0
Bias	Availability	0.5	0.5	0.5	0.5	0.5
暂时评价	评价标准	专家 1	专家 2	专家 3	专家 4	专家 5
Exploitability	Functional (0.95)	0.95	0.95	0.95	0.95	0.95
Remediation Level	Official (0.9)	0.9	0.9	0.9	0.9	0.9
Report Confidence	Confirmed (1.0)	1.0	1.0	1.0	1.0	1.0
环境评价	评价标准	专家 1	专家 2	专家 3	专家 4	专家 5
Collateral Damage Potential	High (0.5)	0.7	0.5	0.5	0.6	0.5
Target Distribution	Medium (0.75)	—	0.75	0.6	0.75	0.55

　　步骤 1:计算每一项特征直觉模糊得分。隶属度函数 μ 和非隶属度函数 γ 分

别由式(10.35)计算。为了简化,隶属度和非隶属度函数基于直角三角函数计算,如图 10.12 所示,直觉指数 π 由缺省专家评分决定。例如 4 个专家对 Access complexity 评分,那么 $\pi=0.25$,直觉模糊得分 Access Complexity$=\langle 0.67,0.08\rangle$。其余基础评分的直觉模糊得分结果见表 10.15 中第 3 栏。

$$\begin{cases} \pi = \dfrac{\text{default}}{n} \\ \mu = \dfrac{1}{n}\sum_{i=1}^{n}\dfrac{\text{socre}(\text{expert }i)}{\text{evaluaction}}(1-\pi) \\ \gamma = 1-\mu-\pi \end{cases} \tag{10.35}$$

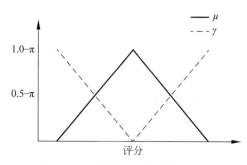

图 10.12 隶属度和非隶属度函数

表 10.15 基础评价得分结果

基础评分	评价标准	直觉模糊得分	精确得分
Access Vector	Remote (1.0)	$\langle 1.0,0\rangle$	1.0
Access Complexity	Low (1.0)	$\langle 0.67,0.08\rangle$	0.76
Authentication	Not-Required (1.0)	$\langle 1.0,0\rangle$	1.0
Confidentiality Impact	Partial (0.7)	$\langle 0.91,0.09\rangle$	0.64
Integrity Impact	Partial (0.7)	$\langle 0.72,0.03\rangle$	0.58
Availability Impact	Complete (1.0)	$\langle 1.0,0\rangle$	1.0

步骤 2:根据公式(10.36)计算每一项特征的精确得分,计算结果见表 10.15 中第 4 栏。

$$\text{Accuracy Score} = \text{Evaluation} \times (1 - E_s(\text{Intuitionistic Fuzzy Score})) \tag{10.36}$$

根据式(10.37)计算 BaseScore,其中,E_s 由式(10.19)计算得到,$\sigma=0.1$。

$$\begin{aligned}\text{Base Score} = \text{round}(&\text{AccessVector} \times \text{Access Complexity} \times \text{Authentication} \times \\ &(\text{Confidentiality Impact} \times \text{Bias} + \text{Integrity Impact} \times \text{Bias} + \\ &\text{Availiability Impact} \times \text{Bias}))\end{aligned} \tag{10.37}$$

则计算得到 Base Score$=10\times 1.0\times 0.76\times 1.0\times(0.64\times 0.33+0.58\times 0.33+1.0\times 0.5)=6.8598$。

步骤 3：类似地，根据式（10.38）计算 Temporal Score，评估得分结果见表 10.16。

$$\text{Temporal Score} = \text{round}(\text{Base Score} \times \text{Exploitability} \times$$
$$\text{Remediation Level} \times \text{Report Confidence}) \quad (10.38)$$

表 10.16　暂时评价得分结果

暂时评价	评价标准	直觉模糊得分	精确得分
Exploitability	Functional (0.95)	⟨1.0,0⟩	0.95
Remediation Level	Official (0.9)	⟨1.0,0⟩	0.9
Report Confidence	Confirmed (1.0)	⟨1.0,0⟩	1.0

则计算得到 Temporal Score=（6.8598×0.95×0.9×1.0）=5.8651。

步骤 4　最后根据式（10.39）计算 Environmental Score，评估得分结果见表 10.17。

$$\text{Environmental Score} = \text{round}(\text{Temporal Score} + ((10 - \text{Temporal Score}) \times$$
$$\text{Collateral Damage Potential}) \times \text{Target Distribution})$$
$$(10.39)$$

表 10.17　环境评价得分结果

环境评价	评价标准	直觉模糊得分	精确得分
Collateral Damage Potential	High (0.5)	⟨0.88,0.12⟩	0.44
Target Distribution	Medium (0.75)	⟨0.66,0.09⟩	0.56

则计算得到 Environmental Score=（5.8651+（10−5.8651）×0.44）×0.56=4.3033。最终的漏洞评估得分等于 Environmental Score。

通过上述 CVSS 漏洞评估实验可以看出，本章提出的基于 SIFE 的评估模型充分考虑了专家评分的主观性和客观性，对缺省评估信息进行有效的融合，使该评估模型的应用范围更加广泛。

参考文献

[1] HETTICH S,BAY S D. KDD cup 1999 data[EB/OL].[2017-09-12]. http://kdd.ics.uci.edu/databases/kddcup99/kddcup99.html,1999.

[2] GUO S Q,GAO C,YAO J,et al. An intrusion detection model based on improved random forests algorithm[J]. Journal of Software,2005,16(8)：1490-1498.

[3] BURILLO. P,BUSTINCE H. Entropy on intuitionistic fuzzy sets and interval valued fuzzy sets[J]. Fuzzy Sets and Systems,1996,78(1)：305-316.

[4] ZENG W Y,LI H X. Relationship between similarity measure and entropy of interval-valued fuzzy sets[J]. Fuzzy Sets and System,2006,157(11)：1477-1484.

［5］ ZHANG Q S,JIANG S Y. A note on information entropy measures for vague set and its application［J］. Information Sciences,2008,178(21):4184-4191.

［6］ 王毅,雷英杰. 一种直觉模糊熵的构造方法［J］. 控制与决策,2007,12(12): 1390-1394.

［7］ SZMIDT. E,KACPRZYK. J. Entropy for intuitionistic fuzzy sets［J］. Fuzzy Sets and Systems,2001,118(3):467-477.

［8］ LI J,DENG G,LI H,ZENG W. The relationship between similarity measure and entropy of intuitionistic fuzzy sets［J］. Information Sciences,2012,188(1):314-321.

［9］ MENG F Y,CHEN X H. Entropy and similarity measure of Atanassov's intuitionistic fuzzy sets and their application to pattern recognition based on fuzzy measures［J］. Pattern Analysis & Applications. 2016,19(1):11-20.

［10］ MELL P, SCARFONE K, ROMANOSKY S. A complete guide to the common vulnerability scoring system version 2. 0 ［EB/OL］. ［2017-09-12］. http://www. first. org/cvss/cvss-guide. html. 2007.

［11］ National Vulnerability Database Version 2 ［EB/OL］. ［2017-09-12］. http://nvd. nist. gov. 2009.

［12］ Apache Web Server chunk vulnerability ［EB/OL］. ［2017-09-12］. http://httpd. apache. org/info/security_ bulletin_ 20020617. txt. 2002.

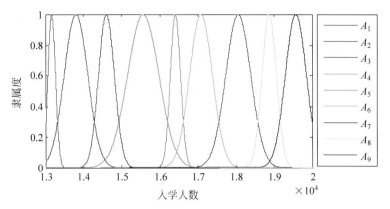

图 2. 2　各直觉模糊集的隶属度函数

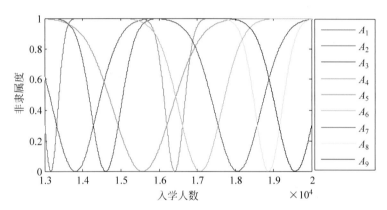

图 2. 3　各直觉模糊集的非隶属度函数

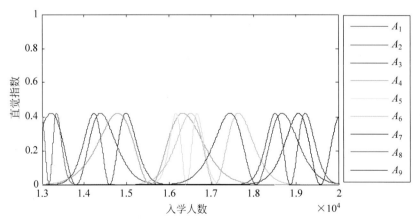

图 2. 4　各直觉模糊集的直觉指数函数

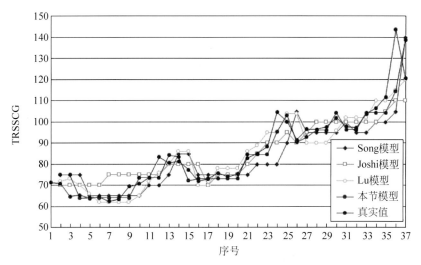

图 2.5   各模型对 TRSSCG 数据集的预测结果

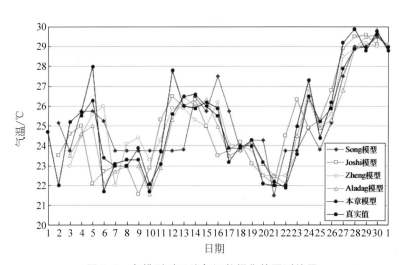

图 3.2   各模型对日均气温数据集的预测结果

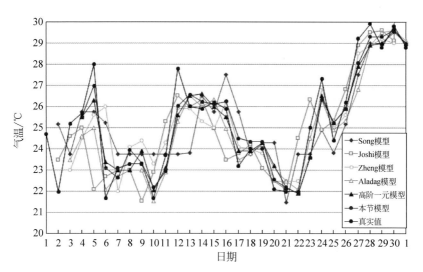

图 3.3　各模型对日均气温数据集的预测结果

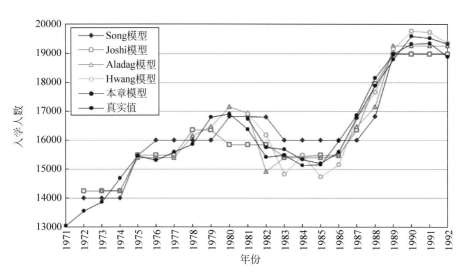

图 4.1　各模型对亚拉巴马大学入学人数的预测结果

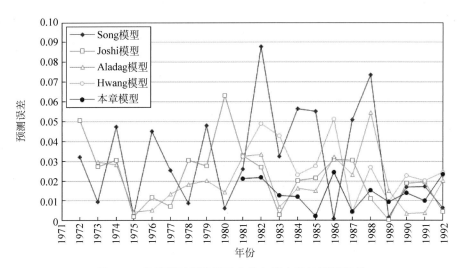

图 4.2 各模型对亚拉巴马大学入学人数的预测误差

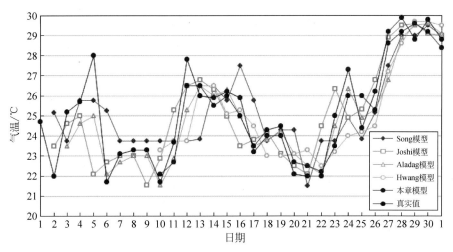

图 4.3 各模型对日均气温数据集的预测值

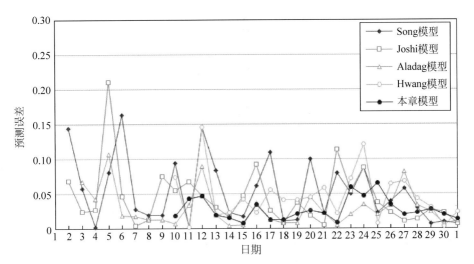

图 4.4　各模型对日均气温数据集的预测误差

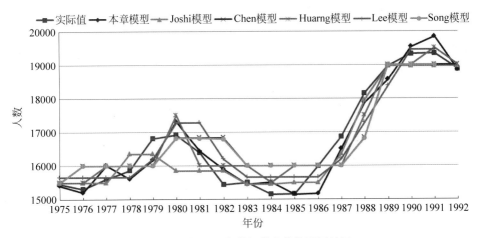

图 5.7　亚拉巴马大学入学人数的预测结果

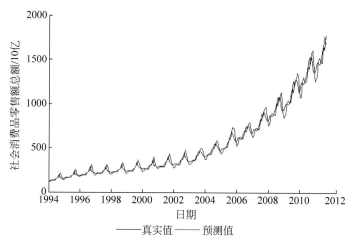

图 5.9　TRSSCG 预测结果

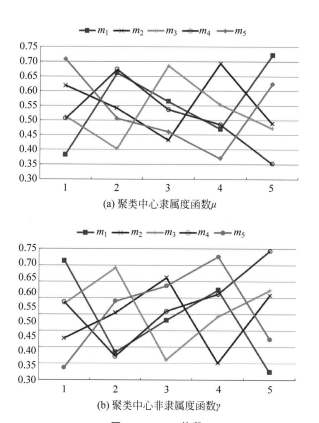

(a) 聚类中心隶属度函数μ

(b) 聚类中心非隶属度函数γ

图 6.5　IFTS 片段

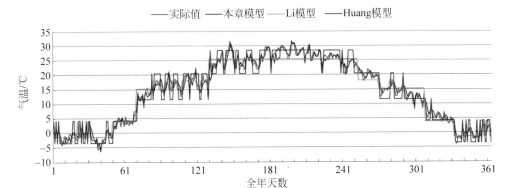

(a) 本章模型与Li模型、Huang模型的全年气温预测结果

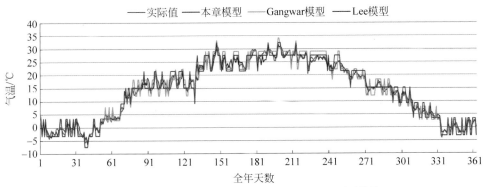

(b) 本章模型与Gangwar模型、Lee模型的全年气温预测结果

图6.6 全年气温预测结果

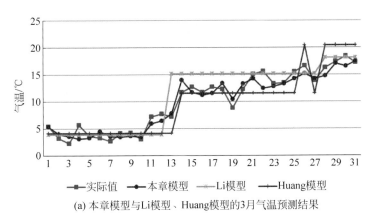

(a) 本章模型与Li模型、Huang模型的3月气温预测结果

图6.7 月气温预测结果

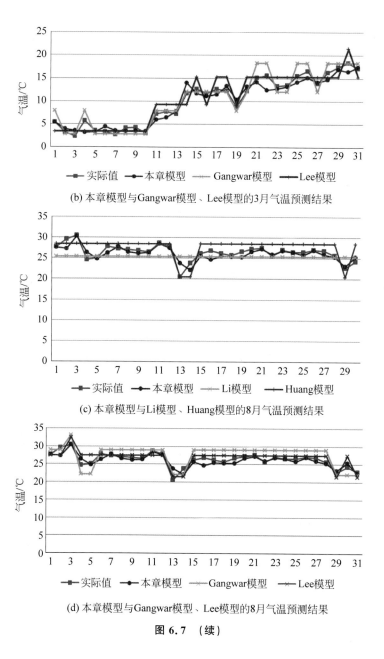

(b) 本章模型与Gangwar模型、Lee模型的3月气温预测结果

(c) 本章模型与Li模型、Huang模型的8月气温预测结果

(d) 本章模型与Gangwar模型、Lee模型的8月气温预测结果

图 6.7 （续）

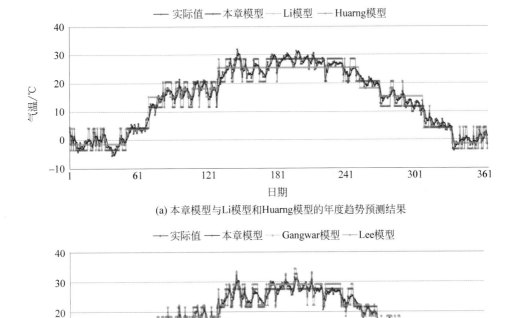

(a) 本章模型与Li模型和Huarng模型的年度趋势预测结果

(b) 本章模型与Gangwar模型和Lee模型的年度趋势预测结果

图7.8　年度趋势气温数据预测结果

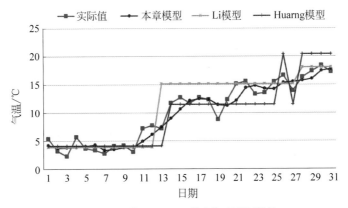

(a) 与Li模型和Huarng模型的3月预测结果

图7.9　随机趋势气温数据预测结果

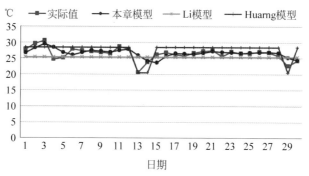

(b) 与Li模型和Huarng模型的8月预测结果

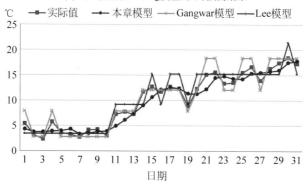

(c) 与Gangwar模型和Lee模型的3月预测结果

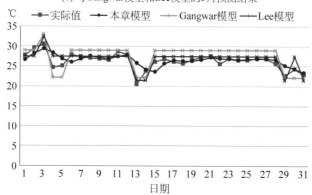

(d) 与Gangwar模型和Lee模型的8月预测结果

图7.9 续

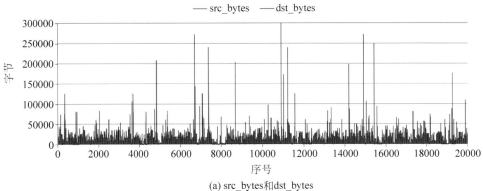

(a) src_bytes和dst_bytes

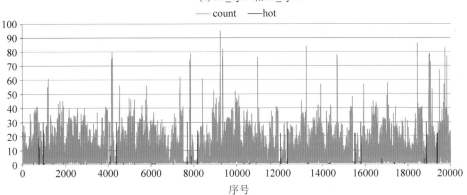

(b) count和hot

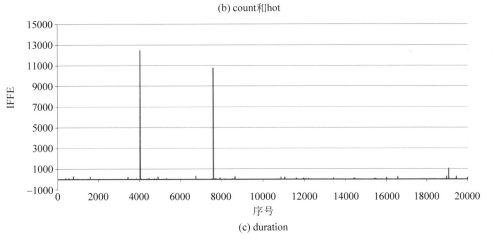

(c) duration

图 8.13 正常流量特征属性分布

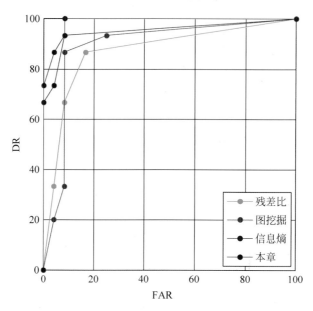

图 9.5　数据集 2 的 ROC 曲线

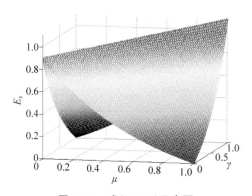

图 10.3　式(10.24)示意图

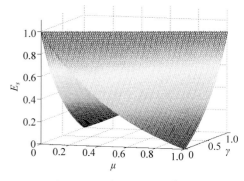

图 10.4　式(10.25)示意图

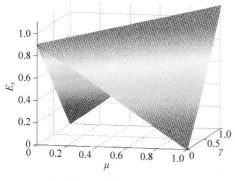

图 10.5　式(10.28)示意图

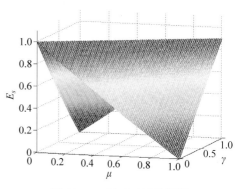

图 10.6　式(10.29)示意图

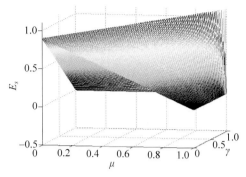

图 10.7　式(10.30)示意图

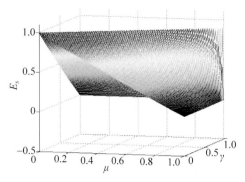

图 10.8　式(10.31)示意图

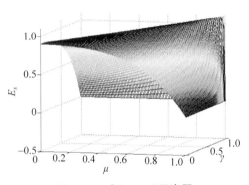

图 10.9　式(10.32)示意图

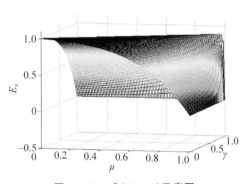

图 10.10　式(10.33)示意图